人工智能技术应用核心课程系列教材

计算机视觉案例教程

主 编　刘小华　杨　晨　胡兴鸿　鄢小虎

電子工業出版社·
Publishing House of Electronics Industry
北京·BEIJING

内 容 简 介

计算机视觉是一门研究和应用学科，它研究如何使用计算机来处理和理解图像与视频，该研究领域涵盖了从图像采集和处理到图像分析和识别等多项技术。它的目标是使计算机能够像人类一样理解视觉信息，并且能够自动执行视觉任务。

本书是一本以应用为导向的计算机视觉案例教材，全书共分 11 章。第 1 章讲述计算机视觉概述；第 2 章讲述系统环境搭建；第 3 章主要讲述图像处理基础；第 4 章主要讲述图像滤波；第 5 章讲述图像特征提取和匹配；第 6 章讲述图像分割基础；第 7 章讲述基于经典机器学习的图像分类；第 8 章讲述基于全连接网络和卷积神经网络的图像分类基础；第 9 章讲述基于卷积神经网络的图像分类程序的规范写法；第 10 章讲述基于 YOLO 的目标检测和物体追踪；第 11 章讲述基于深度学习的人脸检测、人脸识别和表情识别。前 7 章主要讲述必要的理论基础和基于经典机器学习的计算机视觉；后 4 章主要讲述基于深度学习的计算机视觉。学习本书学生有必要的 Python 基础知识即可，无须事先学习深度学习课程，最好具备一定的机器学习基础。

本书希望做到：知识技能较系统，写法深入浅出，案例有较好的实用性；能帮助学生入门，能帮助学生树立解决问题的信心。

图书在版编目（CIP）数据

计算机视觉案例教程 / 刘小华等主编. —北京：电子工业出版社，2023.8
ISBN 978-7-121-45922-1

Ⅰ．①计… Ⅱ．①刘… Ⅲ．①计算机视觉—教材Ⅳ．①TP302.7

中国国家版本馆 CIP 数据核字(2023)第 123953 号

责任编辑：贺志洪
印　　刷：固安县铭成印刷有限公司
装　　订：固安县铭成印刷有限公司
出版发行：电子工业出版社
　　　　　北京市海淀区万寿路 173 信箱　邮编：100036
开　　本：787×1092　1/16　印张：20　字数：512 千字
版　　次：2023 年 8 月第 1 版
印　　次：2024 年 12 月第 3 次印刷
定　　价：59.00 元

前　言

在英国皇家学会举行的"2014图灵测试"大会上,聊天程序"尤金·古斯特曼"(Eugene Goostman)首次通过了图灵测试,预示着人工智能进入全新时代。随后的几年,人工智能一词频频被包括深圳职业技术大学在内的各教育机构提起。作为向人工智能转型的举措之一,深圳职业技术大学软件技术专业从2018级开始,在拓展课程中加入了"人工智能视觉"课程,该课程的任务是讲授在人工智能背景下,计算机视觉的基础知识和基本技能以及初步应用。接受任务的任课教师们很快发现:尽管计算机视觉是一门相当传统的学科,但要在书籍市场上找到一本适合职业教育的计算机视觉教材是相当困难的事,无奈之下,任课教师们勉强选用了某翻译版的基于OpenCV3的计算机视觉书籍。使用后任课教师们发现该翻译版书籍错误不少,且案例不以应用为目标,应用准确性严重偏低,失去了实用价值。在随后的教学过程中,任课教师们对人工智能背景下计算机视觉的基础知识、基本技能进行了梳理,并结合日常生活中的一些典型案例对它们进行了应用展示。案例的准确性很高,具有较好的实用性。

本书以讲义的形式在深圳职业技术大学人工智能学院使用了三个学期。学生在第一个学期的使用反馈是综合案例偏简单,于是作者对综合案例做了调整,增加了代码量,提高了综合性和工程化水平。学生在第二、第三学期的使用反馈是课程有一定难度,紧跟教师能够学到东西,对树立解决问题的信心有一定的帮助。本书部分实践拓展问题和解决方法来自于深圳职业技术大学师生课堂交互。

全书共分11章。

第1章:从人类视觉系统讲到计算机视觉,概述其原理,简单介绍其主要应用。

人工智能课程介绍

第2章:学习搭建计算机视觉应用所需的开发环境,以Windows系统下的开发环境为例进行讲解,Linux系统下的开发环境及GPU的使用放到附录中。

第3章:图像处理基础,向读者介绍数字图像的组成、ROI、色彩空间等概念,通过按位操作完成贴图项目。

第4章:空间图像滤波,本章学习卷积、去噪、傅里叶变换、数学形态学、哈夫变换等的基本原理和应用,完成可用于自动驾驶的视频车道线提取项目。

第5章:图像特征提取与匹配,本章学习图像特征、特征提取、描述符匹配等的基本原理和应用,对不同特征提取方法进行比较,完成可乐标志视频搜索项目。

第6章:图像的经典分割,本章学习Otsu方法、自适应阈值法以及分水岭算法等,最终以专业翔实的过程完成数独图片中数字分割项目。

第7章:使用经典机器学习的图像分类,从这一章开始引入训练的概念,使用经典机器学习中的KNN和SVM算法完成数独数字识别(是第6章项目的延续)和汽车目标检测项目。

第8章:基于深度学习的图像分类,本章通过两个基础案例,为读者展示了基于全连接网络和CNN的图像分类的入门知识和技能。

第9章:基于本地数据的猫狗图像分类,本章以工程化方法展示了在企业开发中搭建深度学习计算机视觉项目的步骤。

第10章:基于YOLO的行人追踪,本章进入CNN的热门系列应用YOLO,向读者展示了CNN的深入应用技巧以及用于目标检测和物体追踪的方法。

第11章：人脸检测、人脸识别和表情识别，本章向读者展示了采用CNN技术的专业级的人脸检测、人脸识别和表情识别方法。

本书有以下特点：

● 注重基础知识和技能的系统性。作者深入研究了国内外知名课程平台上计算机视觉类课程，提炼出了这些课程中的共性知识与技能。本书内容既有图像处理的入门知识，又有结合经典机器学习的应用案例，还有与卷积神经网络紧密结合的应用案例。

● 注重综合案例的工程化水平。书中部分案例已不是"玩具"案例，作者努力把部分中大型项目中的关键技巧写出来。

● 注重总结和对比。这使得本书既适合入门，又适合有一定基础的学生进行章节选读。

● 注重内涵和细节。书中有足够的"干货"，例如，结合可靠的应用研究者的研究结论，GPU在应用项目中的使用等。

● 本书结构体例采用案例式写法，但如果仅写案例，则容易造成基础知识、基本技能的不系统，所以作者在每章的知识链接中对相关基础知识和技能进行了较系统的阐述，同时又不会过分偏离案例主题。在写作案例时，不仅有翔实的步骤，还重视解题思路研究和难点剖析，强调代码不同部分之间的联系，注重逻辑的完备性。

本书的读者定位于职业教育专科层次学生，也可作为相关职业本科专业计算机视觉课程的实践教材。

本书第3章、第4章、第6章的项目部分、第7章由刘小华编写，第1章、第2章、第9章、第11章由杨晨编写，第5章、第8章、第10章由胡兴鸿编写，第6章的知识链接部分由鄢小虎编写，每章后面的习题由刘小华、杨晨编写。每章的课后习题均为客观题（单选题、多选题或判断题），每章的任务拓展均为主观题或编程题。

本教材建议使用学时为64学时，各章学时分配可参考表1。

表1 各章学时分配建议表

序 号	章 名	讲 授	实 践	每章学时
01	第1章	2	0	2
02	第2章	1	1	2
03	第3章	4	4	8
04	第4章	5	5	10
05	第5章	2	2	4
06	第6章	2	4	6
07	第7章	2	4	6
08	第8章	3	3	6
09	第9章	4	4	8
10	第10章	3	3	6
11	第11章（选学）	2	4	6
	累计和	30	34	64

致谢：深圳职业技术大学人工智能学院20级软件技术专业部分学生参与了本书的试读工作，并给出了宝贵的建议，在此向他们表示衷心的感谢！

编者
2023年

目　录

第 1 章 计算机视觉概述

计算机视觉是一门研究和应用学科，它研究如何使用计算机来处理和理解图像与视频，该研究领域涵盖了从图像采集和处理到图像分析和识别等多项技术。它的目标是使计算机能够像人类一样理解视觉信息，并且能够自动执行视觉任务。本章将较深入地探讨以下方面内容：人类视觉系统、计算机视觉发展简史、计算机视觉与人工智能的交叉融合和典型计算机视觉应用场景等。

1.1 从人类视觉系统到计算机视觉

人类通过视觉、听觉、触觉等来感知外界的信息，而其中80%以上的信息通过视觉得到，俗话说"百闻不如一见"也印证了视觉的重要性。人类眼球中有一个叫作中心凹（fovea，也叫中央凹）的区域，该区域内光感受器非常密集，是视网膜上视觉最敏锐的部位，如图1-1所示。这也是为什么当人类在阅读或驾驶的时候需要转动眼球，从而把中心凹引向新的感兴趣的物体或者补偿导致中心凹从目标移开的干扰。人类的视网膜有两种光感受器：视杆细胞和视锥细胞，如图1-2所示。视杆细胞对光的强度敏感，视锥细胞对颜色敏感。视锥细胞可以根据其对不同波长的光的敏感程度而被分为三类：S-视锥细胞、M-视锥细胞和L-视锥细胞，峰值分别对应着蓝紫色、绿色和黄绿色，如图1-3所示。

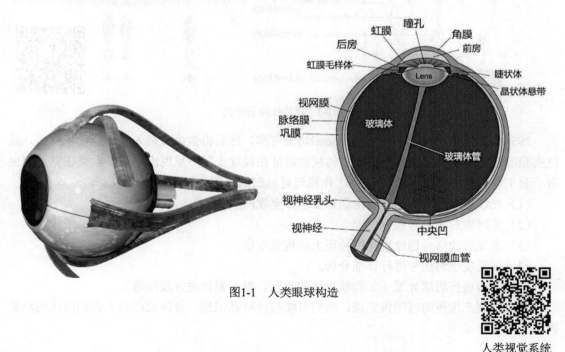

图1-1 人类眼球构造

人类视觉系统

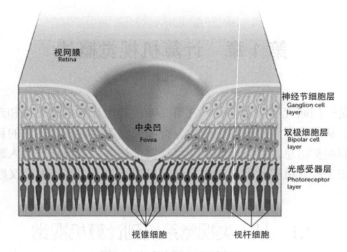

图1-2　视杆细胞和视锥细胞

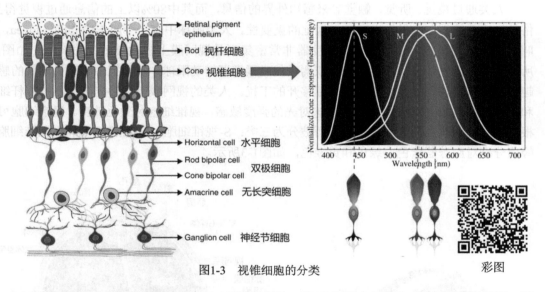

图1-3　视锥细胞的分类

彩图

1959年，David Hubel和Torsten Wiesel将猫麻醉，然后将微电极插入其初级视觉皮层，通过实验展示了视觉系统是怎样将简单的视觉特征在视觉皮层中呈现出来的。人类视觉系统也有一套工作流程，如图1-4所示，其工作原理可以归纳如下：

（1）光线进入眼睛，通过眼角膜等器官直至视网膜。

（2）视网膜对光信号做预处理。

（3）处理后的信号通过视神经传至大脑视觉皮层。

（4）视觉皮层对信号进行详细分析。

（5）大脑进行后续处理（如判断物体的类别、指挥躯体进行反应等）。

整个过程在极短的时间内完成，我们可能都没有意识到，身体已经基于我们以往的经验做出了反应。

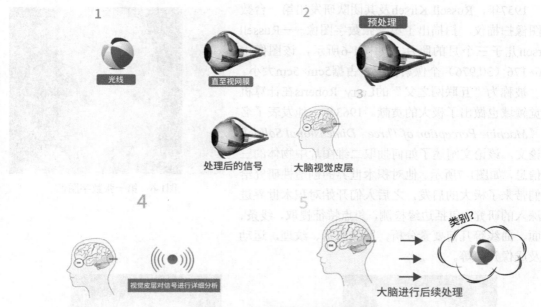

图1-4 人类视觉系统的工作原理

人类视觉系统拥有良好的性能。例如，给出一张非常模糊的图片，人类可以推理该图片的情境以及相应的关键信息。又或者让一张图片在眼前一闪而过，人类也可以构建出该图片的情境。如果让这张图片停留得更久，则人类可以观察出更为详细的信息。人类视觉系统也有不足之处。例如容易误判大小、颜色和移动。如图1-5（左）所示，在我们看来，左边的中心圆比右边的中心圆要小，但实际上两者大小一样，这就是著名的艾宾浩斯错觉。图1-5（右）是另一个人类容易误判大小的例子——缪勒-莱尔错觉。实际上图1-5（右）上下两部分的两条线段具有同样的长度。

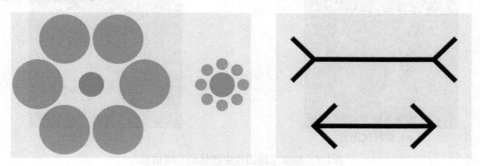

图1-5 艾宾浩斯错觉和缪勒-莱尔错觉

信号处理、计算机等出现之后，人类使用摄像机拍摄图像，将其转换成数字信号，然后使用计算机对视觉信息进行处理，也就形成了一门新兴而又具有挑战的学科——计算机视觉。计算机视觉从单张图片或图片的序列中自动抽取、分析和理解有用的信息，包括开发用于实现自动化视觉理解的理论和算法基础。自20世纪50年代计算机视觉出现，至今已经有数十年的历史，成千上万的研究者和实践者致力于这一学科。以下给出一些标志性任务和事件。

1957年，Russell Kirsch及其团队研发出第一台数字图像扫描仪，扫描出了第一张数字图像——Russell Kirsch儿子三个月的照片，如图1-6所示，该图像由176×176（30,976）个像素构成，占据5cm×5cm大小。

被称为"互联网之父"的Larry Roberts在计算机视觉领域也做出了极大的贡献。1963年，他发表了名为《*Machine Perception of Three - Dimensional Solids*》的论文。该论文阐述了如何抽取二维图片中物体的三维信息，如图1-7所示。他对积木世界的创造性研究给人们带来了极大的启发，之后人们开始对积木世界进行深入的研究，包括边缘检测，角点特征提取，线条、平面、曲线等几何要素分析，图像明暗、纹理，运动以及成像几何等。

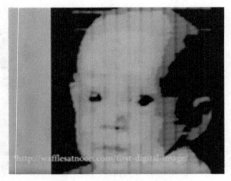

图1-6　第一张数字图像

（a）原始图像

（b）图像的计算机显示

（c）差异化图片

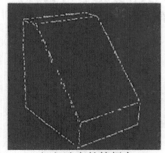

（d）选定的特征点

图1-7　抽取二维图片中物体的三维信息

1966年，Marvin Minsky和他的学生Gerald Jay Sussman在一个暑期项目中，实现了将相机和计算机连接，并用计算机显示相机的图像，如图1-8所示。1969年，美国贝尔实验室的Willard Boyle和George Smith发明了电荷耦合器件（Charge-coupled Device，CCD）。该器件能够感应光线，并将影像转变成数字信号。该器件被用于高质量数字图像采集任务，并逐渐应用于工业相机传感器。

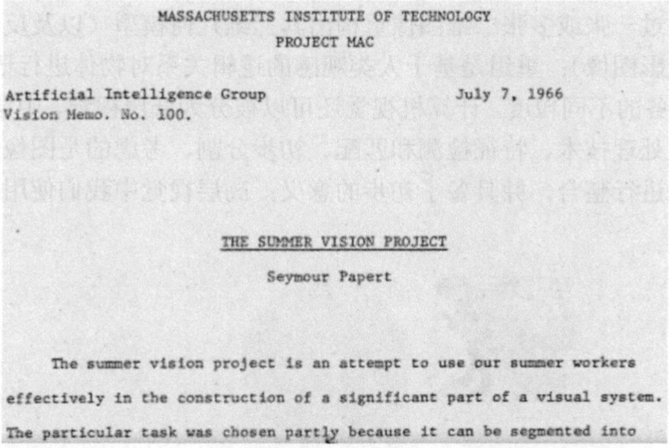

MASSACHUSETTS INSTITUTE OF TECHNOLOGY

PROJECT MAC

Artificial Intelligence Group　　　　　　　　July 7, 1966
Vision Memo. No. 100.

THE SUMMER VISION PROJECT

Seymour Papert

The summer vision project is an attempt to use our summer workers effectively in the construction of a significant part of a visual system. The particular task was chosen partly because it can be segmented into

图1-8　Marvin Minsky给他的学生Gerald Jay Sussman的暑期项目

　　1975年，柯达工程师Steve Sasson创造了世界上第一台数码相机，如图1-9所示。该相机大部分零件来自柯达的工厂，需要花费23秒拍摄一张相片。

　　20世纪70年代David Marr提出了视觉计算理论。1982年，David Marr的工作被整理为书籍出版，也就是《*Vision: A Computational Investigation into the Human Representation and Processing of Visual Information*》，并在2010年由MIT Press重新修订，如图1-10所示。他提出了著名的三层次视觉框架，即计算理论层、表达与算法层、硬件实现层。其中计算理论层关注计算的目标是什么；表达与算法层关注表达和算法如何完成计算；硬件实现层关注算法、程序、硬件的物理实现。

图1-9　第一台数码相机 　　　　　　　　　　图1-10　David Marr的研究成果

　　除David Marr提出的框架之外，2016年Jitendra Malik也提出了一套框架：3R理论。该框架包括三个部分：识别、重构和重组，这三者相互关联，如图1-11所示。识别是对物体、情境、事件、活动等进行分类，识别整体与局部、全局与个体的层级关系，以及特定粒度的类

别识别；重构是通过一张或多张二维图像重构出其三维几何模型（以及反过来通过三维物体重新生成其二维投影图像）；重组是基于人类观感的逻辑关系对物体进行语义分割、分组等。最后，基于视觉任务的不同粒度，计算机视觉还可以被分为低层视觉、中层视觉和高层视觉。低层视觉包括图像处理技术、特征检测和匹配、初步分割，考虑的是图像的局部属性；中层视觉中对元素开始进行整合，并具备了初步的意义；高层视觉中我们使用算法完成特定的视觉任务。

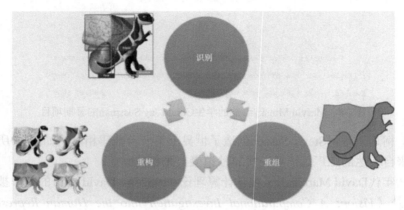

图1-11　Jitendra Malik的3R理论

　　计算机视觉与多门学科交叉，包括但不限于信号处理、数字图像处理、神经科学、神经生物学、数学、固体物理学、统计学、人工智能，如图1-12所示。例如在生物视觉中，计算机视觉被用于构建人类视觉系统的计算模型。又如在工程学中，计算机视觉被用于构建自动化系统，以执行人类视觉系统可以执行的任务，甚至于超越人类。一个简单的计算机视觉系统通常具有四个基本部分：电源、视觉器件（如摄像头）、处理器（如CPU、GPU、TPU、VPU）、控制和通信连接件（如网线）。此外，还可能有一些专用的软件、显示器等。

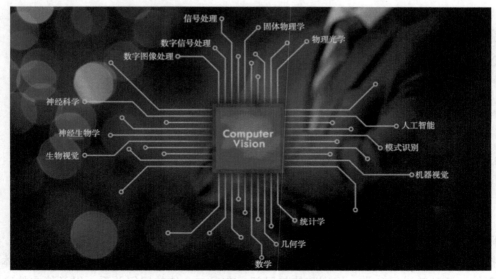

图1-12　计算机视觉与多学科交叉

1.2　计算机视觉与人工智能

计算机视觉简史

　　在计算机视觉与多学科的交叉中，涌现出了大量的理论、方法、技术和工具，本书后半部分聚焦于计算机视觉与人工智能（Artificial Intelligence，AI）的交叉方向。1957年，Frank Rosenblatt就职于康奈尔航空实验室时提出了感知机（一种人工神经网络），并在IBM 704机上完成了感知机的仿真，后续在定制化的机器上实现（名为Mark 1感知机，如图1-13所示），并主要用于图像识别。1958年，Frank Rosenblatt在美国海军举办的会议上针对感知机做了一个报告，在当时引起了高度关注。纽约时代评价其为开创机器能够行走、交谈、看见、写作、具有知觉等能力的萌芽。然而，后面人们发现感知机具有一些重大的缺陷，例如不能训练感知机来解决线性不可分的问题。1969年，Marvin Minsky和Seymour Papert写了一本书——《Perceptrons》来批判Frank Rosenblatt提出的感知机，并指出即使是多层感知机网络也无法解决异或（XOR）问题（这一观点不正确）。这本书对神经网络研究产生了巨大的负面影响，直到80年代反向传播算法的提出，该影响才得以消除。1987年，《Perceptrons》中的一些错误被修订，新书名叫《Perceptrons - Expanded Edition》。

图1-13　Mark 1感知机

　　1959年，麻省理工学院资助了人工智能的项目，之后Marvin Minsky、John McCarthy等创立了人工智能实验室。该实验室主要关注基于图像的手术、基于自然语言的网页访问、机器人等方面，后在2003年与计算机科学实验室合并。合并后的实验室被改名为计算机科学和人工智能实验室（Computer Science & Artificial Intelligence Lab，CSAIL），主要关注人工智能、计算生物学、图像和视觉等方面的研究。20世纪70年代有许多技术得到了发展，例如边缘提取、直线检测、物体建模、光流和运动估计。20世纪80年代，计算机视觉领域的研究者提出了一些数学方法，对计算机视觉的特定方面进行了量化。1986年，Wayland Research公司的Robert K. McConnell在一个专利中首次描述了梯度直方图（Histogram of Oriented Gradient，HOG）的概念。1994年，Mitsubishi Electric Research实验室也使用了这个概念。但是直到2005年，Navneet Dalal和Bill Triggs在CVPR会议（Conference on Computer Vision and Pattern Recognition）上报告他们的行人检测工作时，梯度直方图的概念才被真正推广。梯度直方图是一种常用的描述图像局部纹理的特征方法。

　　到了20世纪90年代，投影三维重建、基于多图的稀疏三维重建、图像分割、人脸识别等技术得到了极大发展。1999年，David Lowe提出尺度不变特征变换方法（Scale-invariant Feature Transform，SIFT）。该方法是用于图像处理领域的一种描述，如图1-14所示。这种描述具有尺度不变性，可在图像中检测出关键点，是一种局部特征描述。SIFT所查找到的关键点是一些不会因光照、仿射变换和噪声等因素而变化的点，如角点、边缘点、暗区的亮点及亮区的暗点等。1999年，英伟达（NVIDIA）公司推出了第一款GPU-GeForce 256。

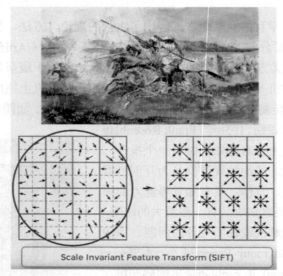

图1-14　尺度不变特征变换

2001年，Paul Viola和Michael Jones在人脸检测领域取得了突破，并将其成功集成于数码相机。他们在论文《*Rapid Object Detection Using a Boosted Cascade of Simple Features*》中提出了相应的Viola－Jones 目标检测框架，该框架几乎是OpenCV中最流行的目标检测框架。2005年，Pattern Analysis, Statistical Modelling和Computational Learning Visual Object Classes（PASCAL VOC）挑战赛启动。PASCAL VOC数据集提供了用于目标检测的标准化图片数据。2009年，ImageNet数据集被推出。该数据集是一个拥有超过1,400万图片、20,000类别的庞大视觉数据集，如图1-15所示。该数据集常被用于目标识别的研究，并形成了ImageNet挑战赛。

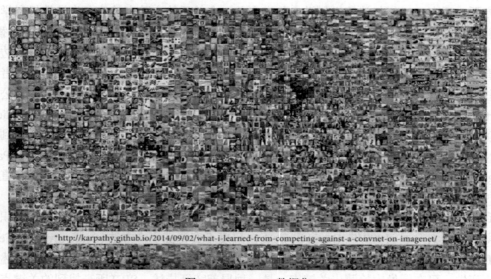

图1-15　ImageNet数据集

2012年，在ImageNet挑战赛的分类任务中，多伦多大学SuperVision战队提出的AlexNet神经网络（卷积神经网络CNN的一种），Top-5错误率（对每幅图像可以同时预测5个类别标签，如果正确的标签在这5个预测标签中，就算预测正确，当5个标签全都不对，才算预测错误，这种分类错误率就叫Top5错误率）仅为15.315%，而亚军的Top-5错误率为26.172%，如图1-16所示，自此之后，CNN引起了大家的高度关注。2014年，Ian Goodfellow和他的同事设计出了生成式对抗网络（Generative Adversarial Network，GAN）。该网络由两个子网络组成，两个子网络在一个零和游戏中竞争。同年，Facebook宣称在一个标准双选项的人脸识别测试中，其人脸识别技术达到了97.25%的准确率，而当时人类在该测试中的准确率是97.5%。

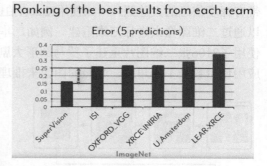

图1-16　2012年ImageNet挑战赛

需要注意的是，除上述例子之外，在人工智能计算机视觉领域还有许多其他的成果，限于篇幅，在此不再赘述，感兴趣的读者可以自行查阅相关资料。

1.3　计算机视觉应用

随着算法、数据和硬件算力的突破，人工智能技术开始发挥巨大作用，其在计算机视觉领域产生了广泛的应用。例如光学字符识别（Optical Character Recognition，OCR）就是对文本资料的图像文件进行分析、识别和处理，获取文字及版面信息的过程。此外还有目标识别（Object Recognition）和目标检测（Object Detection）。目标识别用于回答图像或视频中有什么东西，而目标检测用于回答某个东西在图像或视频中的什么位置。人脸检测就是目标检测问题的一个子集。在人脸检测中，我们识别图像或视频中的人脸在什么位置，并标上框，但不管这些人对应的身份。在人脸检测的基础上，还可以对人脸对应的身份做进一步判断，这也就是我们通常所说的人脸识别，如图1-17所示。除了人脸识别外，常见的还有指纹识别、虹膜识别和表情识别等。图1-18展示了微软公司开发的一个App，其中左图表示了使用摄像头识别人物年龄、性别、是否戴眼镜和情绪；中图表示了通过OCR技术从图片中识别和提取文字，以及进行人脸识别；右图不仅识别出一个年轻女子在公园的情境，还识别出了其行为（扔飞盘）。进一步地，通过人脸检测和识别，我们还可以利用变换矩阵，将人物A的脸与人物B的脸进行调换，

计算机视觉的应用

计算机视觉的
基本概念

也就是俗称的换脸。另外一个例子是图像重定向。该概念最初由Vidya Setlur、Saeko Takage、Ramesh Raskar、Michael Gleicher和Bruce Gooch在2005年提出。我们知道，HTML在页面布局和文字等方面支持动态变化，但不包括图像。而图像重定向可以实现将图像无失真地显示在各种大小的屏幕或位置上，如手机和投影。

除二维图像之外，计算机视觉在三维图像中也有着许多应用的例子。例如我们可以训练

微软公司的Kinect识别物体，也可以用其识别我们的肢体动作（最典型的应用就是Kinect体感游戏）。除微软公司的Kinect系列产品之外，英特尔公司也推出了类似的系列产品——RealSense。在Shu Liang、Ira Kemelmacher-Shlizerma和Linda G. Shapiro的工作中，使用一张带有深度信息的人脸照片（如使用Kinect拍摄的照片），形成了高分辨率的3D模型。我们还可以通过二维图像来进行三维重建。例如，华盛顿大学的"Building Rome in a Day"项目中，使用了2106张二维图片重建了罗马圆形大剧场的三维形态，如图1-19所示。此外，还有一些应用使用数张不同角度、光照的图像来推理物体的完整形状，如图1-20所示。

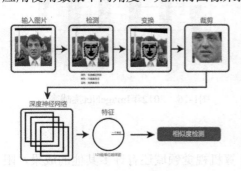

图1-17　人脸识别过程

图1-18　微软Seeing AI App

图1-19　"Building Rome in a Day"项目

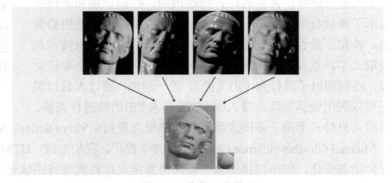

图1-20　物体形状推理

　　虚拟现实（Virtual Reality，VR）和增强现实（Augmented Reality，AR）是人工智能在计算机视觉中的重要应用。虚拟现实利用计算机模拟产生一个三维空间的虚拟世界，提供用户关于视觉等感官的模拟，让用户感觉仿佛身临其境，可以即时、没有限制地观察三维空间内的事物。增强现实是指透过摄影机影像的位置及角度精算并加上图像分析技术，让屏幕上的虚拟世界能够与现实世界场景进行结合与交互的技术。图1-21是增强现实的一个例子。

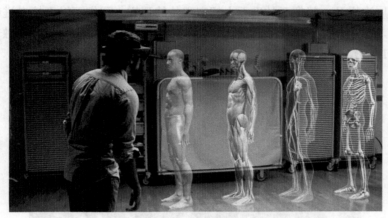

图1-21　增强现实

　　在行业应用方面，一个典型例子是近几年大量采用的人工智能计算机视觉相关技术。例如在体温检测时，采用红外辐射作为体温测量的手段，并形成影像。这是因为温度和红外辐射间存在关系，因此可以通过测量人体辐射的红外线能量来计算人体的体温。红外辐射光谱如图1-22所示。因为人体的红外辐射多为远红外电磁波，因此通常使用远红外电磁波进行体温测量。热传感器大致可以分为热电堆/热电偶、热释电、光机械和微测辐射热计等几种类型。其中微测辐射热计型产品较为常见。微测辐射热计型产品中的红外吸收层吸收了由红外光学系统聚焦的红外能量后发生温度变化，与其相连的热敏电阻层的阻值随温度变化。通过测量热敏电阻层的阻值变化，将采集的信号进行处理，最终获得视域内的温度分布图像。图1-23是在公共场所利用红外辐射测量人体体温并成像的例子。进一步地，我们还可以将同时捕捉到的热成像图像及可见光图像进行配准，通过测量指定区域以获取图像中人员的准确体温。

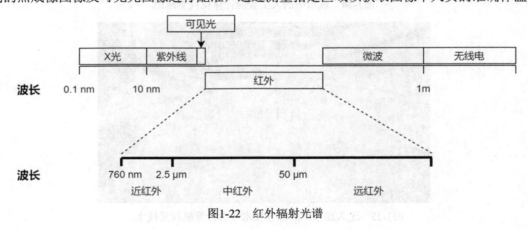

图1-22　红外辐射光谱

　　随着全球城市向着信息化、智能化不断推进，各国街道、建筑等安装了海量的监控设备，人工智能计算机视觉设备就是其中的典型代表。这些视觉设备被广泛应用于城市安防、交通、消防等各个领域，图1-24展示了一个示例。医学是人工智能计算机视觉的另一大应用领域，如我们常见的磁共振成像（Magnetic Resonance Imaging，MRI）、计算机X线断层扫描（Computed Tomography，CT）、基于人工智能计算机视觉的手术。除此之外，近年来无人超市的概念也被屡次提及。就像亚马逊无人超市宣传的那样，我们可以直接走进超市，拿走需要购买的物品，然后直接走出超市。这背后大量依赖于计算机视觉、传感器融合和深度学习等技术，如图1-25所示。

图1-23　在公共场所使用红外测温形成的图像

图1-24　城市中的人工智能计算机视觉应用

图1-25　无人超市中的部分技术（含计算机视觉技术）

从20世纪80年代自动驾驶首次成功演示，到2007年举行的DARPA城市挑战赛，自动驾驶已经成为当今各国的焦点之一。然而，由于自动驾驶汽车需要在现实世界中感知、预测、决策、计划并执行其决策，而其所处环境常常较为复杂，开发可靠的自动驾驶系统仍然具有极大的挑战性。为了解决这些问题，人工智能计算机视觉被视为自动驾驶的重要组成部分。例如车辆可以通过车载摄像机识别前方车道线来实现车辆居中、变道等功能，如图1-26所示。又如我们可以通过目标检测、目标识别、语义分割等帮助车辆"理解"当前的情境，如图1-27所示。需要说明的是，视觉设备在自动驾驶中并非孤立存在，而往往需要和其他设备（如激光雷达、毫米波雷达、超声波传感器）协同工作。

图1-26 特斯拉的车道线识别技术

图1-27 基于目标检测、目标识别和语义分割的自动驾驶

我们还可以想到一些其他的使用人工智能计算机视觉的典型场景，如火星探测、街景拍摄、产品质量检测、工业制造和电影特效制作等。限于篇幅，在此不再赘述，感兴趣的读者可以自行查阅相关资料。

1.4 课后习题

一、单选题

1. 人类通过视觉获取的信息量占人类通过感官获取的信息总量的百分比大概是多少？（ ）

    A、50%　　　　　　B、60%　　　　　　C、70%　　　　　　D、80%

2. 为什么人类阅读时需要转动眼球？（ ）

    A、防治眼球痴呆　　　　　　　　　　B、防治眼睛近视

    C、使 fovea 更好地接收物体漫反射过来的光线

    D、为了眼观六路

3. 螳螂虾拥有动物界最复杂的视觉系统，与人类只有3种视锥细胞，仅能分辨三原色相比，螳螂虾的视锥细胞有16种，其眼睛能分辨12种原色，可以看到紫外线、红外线和偏振光。螳螂虾看到的世界是怎样的？（　）

    A、大部分时候都是五彩缤纷的   B、与人类一样

    C、比人类稍强   D、不如人类

4. 第一张数字图像出现于哪一年？（　）

    A、1949   B、1950   C、1956   D、1957

5. 谁扫描出了第一张数字图像？（　）

    A、Frank Rosenblatt   B、Russell Kirsch

    C、Larry Roberts   D、Marvin Minsky

6. 以下关于梯度直方图的说法中，错误的是？（　）

    A、梯度直方图在 1986 年首次被提出

    B、梯度直方图在提出后很快就得到了广泛应用

    C、梯度直方图可用于行人检测

    D、梯度直方图是一种描述图像局部纹理的特征方法

7. 以下关于电磁波的说法中错误的是：（　）。

    A、可见光是电磁波，它在电磁波谱带上所占据的空间非常窄

    B、某些动物的"可见光"范围比人类的可见光范围大

    C、可以通过测量红外光能量来计算人的体温，这是大多数非接触式体温计的原理

    D、电磁波的频率越大，对人的伤害越小

8. 如果三种原色光表示时各分到10比特，那么对应显卡能产生多少种颜色？（　）

    A、16777216   B、1073741824   C、256   D、30

二、多选题

1. Malik提出的3R理论包括哪三部分？（　）

    A、识别   B、重构   C、重组   D、重建

2. 以下简称正确的包括（　）。

    A、OCR 指光学字符识别   B、VR 指虚拟现实

    C、AR 指增强现实   D、HOG 指梯度直方图

3. 自动驾驶用到了哪些技术？（　）

    A、计算机视觉   B、雷达   C、传感器   D、磁共振成像

4. 从一个人投球，到我们接住球，整个过程中从视觉的角度看都发生了哪些事情？（　）

    A、光线进入眼睛，通过眼角膜等器官直至视网膜

    B、视网膜对光信号做预处理

    C、将处理后的信号通过视神经传至大脑视觉皮层

    D、视觉皮层对信号进行详细分析

E、大脑进行后续处理（如判断物体的类别、指挥躯体进行反应等）

5. 亚马逊无人超市中采用了以下哪些技术？（　）

A、计算机视觉技术　　　　　　　　B、深度学习技术

C、传感器融合技术　　　　　　　　D、语音识别技术

E、自然语言处理技术

1.5　本章小结

　　人类社会对视觉要素高度依赖，使得计算机视觉一直是计算机和人工智能领域的核心课题。计算机视觉的发展至少在某些阶段或路径上参考了人类视觉系统，所以本章从人类视觉系统讲起，接着简单回顾了计算机视觉发展过程中的一些标志性事件。考虑到现阶段计算机视觉与人工智能已深度融合，本章接着回顾了计算机视觉与人工智能交叉融合过程中的一些标志性事件。由于本书是职业教育教材，定位于培养学生将计算机视觉技术应用于解决生产、生活实际中的视觉问题，所以本章最后一部分概述了计算机视觉的一些典型应用场景。图1-28是第1章的思维导图。

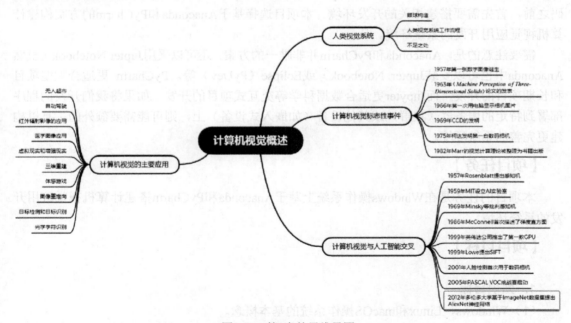

图1-28　第1章的思维导图

第 2 章　系统环境搭建

本书第1章概述了计算机视觉发展史，还谈到了计算机视觉的一些典型应用场景。本书的重点在于应用，而做应用是需要开发环境支持的，所以本章的主要任务就是指导读者搭建计算机视觉应用开发的系统环境。

2.1　项目1　搭建计算机视觉应用开发的系统环境

【项目导入】

计算机视觉应用中涉及到不同模块的开发，以解决不同的问题，例如系统配置模块、设备管理模块、服务基础设施模块、数据管理模块、机器学习算法模块、过程管理模块和监控模块等。本书的所有代码均采用Python语言书写。需要注意的是，本书假设读者已经掌握Python语言的相关知识，因此，对于Python语言的相关知识不再赘述。在我们编写具体的代码之前，首先需要搭建相关的开发环境。本项目选择基于Anaconda和PyCharm的方案构建计算机视觉应用开发的系统环境。

需要注意的是，Anaconda和PyCharm并非唯一的方案，还可以采用Jupter Notebook（虽然Anaconda中也可以安装Jupter Notebook）或Eclipse（PyDev）等。PyCharm 更适合大型项目和长期项目的开发，而Jupyter更适合数据科学等交互式项目的开发。如果将我们开发的程序部署到特定的服务器（集群）或其他设备（如嵌入式设备）上，则可能需要额外的工具以构建更完善的系统环境。

【项目任务】

本项目的任务是在Windows操作系统上基于Anaconda和PyCharm搭建计算机视觉应用开发的系统环境。

【项目目标】

1．知识目标

（1）Windows、Linux和macOS操作系统的基本概念。

（2）Python语言的基本概念。

（3）Anaconda和PyCharm软件的基本概念。

（4）理解使用Anaconda管理多个虚拟环境的好处。

2．技能目标

（1）能够在Windows操作系统上基于Anaconda和PyCharm搭建计算机视觉应用开发的系统环境。

（2）掌握使用PyCharm调试程序的基本方法。

3．职业素养目标

（1）培养学生严谨、细致、规范的职业素质。

（2）培养学生独立工作的能力。

（3）培养学生的技术标准意识、操作规范意识等。

【知识链接】

2.1.1　Windows 操作系统

早期版本的Windows通常被看作仅仅是一个运行于微软磁盘操作系统（Microsoft Disk Operating System，MS-DOS）中的图形用户界面，而不是操作系统。这是因为它们都在MS-DOS上运行并且被用作文件系统服务。不过，即使最早的16位版本Windows也已经具有了许多典型操作系统的功能，如拥有独有的可执行文件格式以及为应用程序提供特定的设备驱动程序（计时器、图形、打印机、鼠标、键盘以及声卡等设备）。与MS-DOS不同，Windows通过协作式多任务允许用户在同一时刻执行多个图形应用程序。Windows还实现了一个设计精良的、基于存储器分段的软件虚拟内存方案，使其能够运行大于物理内存的应用程序。16位版本的Windows包括Windows 1.0、Windows 2.0和Windows 3.X。

Windows 9x是Windows 95、Windows 98和Windows ME等以Windows 95内核作为基础的操作系统通称，与Windows NT分别处于两个开发路线。它是一种多任务图形方式的操作系统。Windows 9x仍然需要依赖16位的MS-DOS程序才能运行，不算是真正意义上的32位操作系统。由于使用MS-DOS代码，其体系结构也与16位MS-DOS一样，核心属于单核心，但也引入了部分32位操作系统的特性，具有一定的32位的处理能力。Windows 9x可视为微软公司将MS-DOS操作系统与早期Windows图形用户界面集成的产品。

Windows NT体系结构操作系统，是真正的32位操作系统。Windows NT体系结构操作系统是一个系列产品，核心采用混合式核心（改良式微核心），包括Windows NT 3.1、Windows NT 3.5、Windows NT 3.51、Windows NT 4.0、Windows 2000 32位、Windows XP 32位、Windows Vista 32位、Windows 7 32位、Windows 8 32位、Windows 8.1 32位、Windows 10 32位和Windows Server 2003/2003R2/2008。

64位Windows NT体系结构操作系统，分为支持IA-64（英特尔安腾，Itanium）体系结构和x86-64体系结构的两种不同版本。由于两种体系结构的核心设计思想不同，因此两种体系结构的操作系统和应用软件不具有互通性，但都对传统的IA-32体系结构的软件提供一定程度上的支持。微软在发布Windows Server 2012 R2前放弃了对Itanium体系结构的支持。因此现在微软的64位产品指的仅仅是x86-64体系结构，而在微软公司的词汇中称为x64。支持Itanium家族体系结构的Windows产品有Windows 2000 Advanced/Datacenter Server Limited Edition、Windows XP 64-bit Edition、Windows XP 64-bit Edition Version 2003、Windows Server 2003/2003 R2 Enterprise/Datacenter、Windows Server 2008/2008 R2 for Itanium Based System。支持x64体系结构的Windows产品有：Windows XP Professional x64 Edition、Windows Server 2003/2003R2全线产品（Web版除外）、Windows Vista/7/8/8.1、Windows Server 2008/2008R2/2012/2012R2

全线产品、Windows 10、Windows 11。

微软公司还针对移动产品开发了精简移动设备操作系统，包括Windows Mobile、Windows Phone和Windows 10 Mobile等。其中基于Windows CE内核的产品有Pocket PC 2000、Pocket PC 2002、Windows Mobile 2003、Windows Mobile 2003 SE、Windows Mobile 5、Windows Mobile 6、Windows Mobile 6.1、Windows Mobile 6.5、Windows Mobile 6.5.3和Windows Phone 7；基于Windows NT内核的产品有Windows Phone 8/8.1、Windows RT、Windows RT 8.1和Windows 10 Mobile。

2.1.2 Linux 操作系统

Linux是一种自由和开放源码的类UNIX操作系统。该操作系统的内核由Linus Benedict Torvalds在1991年10月5日首次发布，在加上用户空间的应用程序之后，成为Linux操作系统。Linux也是自由软件和开放源代码软件发展中最著名的例子。只要遵循GNU（GNU's Not UNIX!）通用公共许可证（GPL，General Public License），任何个人和机构都可以自由地使用Linux的所有底层源代码，也可以自由地修改和再发布。Linux严格来说仅仅指操作系统的内核，因操作系统中包含了许多用户图形接口和其他实用工具，如今Linux常用来指基于Linux的完整操作系统，内核则改以Linux内核称之。

Linux最初是作为支持英特尔x86体系结构个人计算机的一个自由操作系统。目前Linux已经被移植到更多的计算机硬件平台，远远超过其他任何操作系统。Linux可以运行在服务器和其他大型平台之上，如大型计算机和超级计算机。Linux也被广泛应用在嵌入式系统上，如手机、平板电脑、路由器、电视机和电子游戏机。在移动设备上广泛使用的Android操作系统就是创建在Linux内核之上的。

通常情况下，Linux被打包成供个人计算机和服务器使用的Linux发行版，一些流行的主流Linux发布版包括Debian（及其派生版本Ubuntu、Linux Mint）、Fedora（及其相关版本Red Hat Enterprise Linux、CentOS）和openSUSE等。Linux发行版包含Linux内核和支撑内核的实用程序和库，通常还带有大量可以满足各类需求的应用程序。个人计算机使用的Linux发行版通常包含X Window和一个相应的桌面环境，如GNOME或KDE。桌面Linux操作系统常用的应用程序，包括Firefox网页浏览器、LibreOffice办公软件和GIMP图像处理工具等。Linux是自由软件，任何人都可以创建一个符合自己需求的Linux发行版。

2.1.3 macOS 操作系统

macOS是苹果公司推出的基于图形用户界面的操作系统，为麦金塔（Macintosh，Mac）系列计算机的主要操作系统。macOS是1999年发行的Classic Mac OS最终版本Mac OS 9的后继者。1999年，苹果公司发布macOS Server的首个版本Mac OS X Server 1.0。桌面版Mac OS X 10.0 Cheetah于2001年3月24日发布。截至目前，macOS Big Sur已于2020年6月23日发布，苹果公司也在2021年的苹果全球开发者大会（Worldwide Developers Conference，WWDC）发布了maxOS monterey。

2012 年，苹果将Mac OS X更名为OS X，第一个使用此命名的系统为OS X Mountain Lion。以前版本的macOS以大型猫科动物命名，例如Mac OS X v10.8被称为Mountain Lion，但随着2013年6月OS X Mavericks的公布，命名开始采用加州地标。2016年6月，苹果公司宣布OS X更名为macOS，以便与苹果其他操作系统iOS、watchOS和tvOS保持统一的命名风格。

macOS Server体系结构与工作站（客户端）版本相同，仅在所包含的工作群组管理和管理软件工具上有所差异，提供对于关键网络服务的简化访问，如邮件传输服务器、Samba软件、轻型目录访问协议服务器以及域名系统。同时它也有不同的授权类型。macOS 包含两个主要部分：核心名为Darwin，是以BSD源代码和Mach微核心为基础，由苹果公司和独立开发者社群合作开发；另一个由苹果公司开发，名为Aqua的专利图形用户界面。

2.1.4　Python 语言

Python语言的创始人为Guido van Rossum（范罗苏姆），当时他在阿姆斯特丹的荷兰数学和计算机科学研究学会工作。1989年，Guido van Rossum为了打发时间，决心开发一个新的脚本解释程序，作为ABC语言的一种继承，替代使用UNIX shell和C语言进行系统管理，担负同Amoeba操作系统的交互和异常处理。之所以选中Python作为程序的名字，是因为他是BBC电视剧——《蒙提·派森的飞行马戏团》（*Monty Python's Flying Circus*）的爱好者。1991年2月，范罗苏姆发布了最初代码（标记为版本0.9.0）于alt.sources，这时就已经存在了带继承的类、异常处理、函数和核心数据类型list、dict、str等。在这个最初发行版中就有了从Modula-3引进的模块系统，它的异常模型也类似于Modula-3。1994年1月，Python升级到了版本1.0。这个发行版主要的新特征包括了Amrit Prem提供的函数式编程工具lambda、map、filter和reduce。Python 1.4增加了受Modula-3启发的关键字参数，和对复数的内建支持，还包含了采取名字修饰的一种基本形式的数据隐藏。Python 2.0于2000年10月16日发布，加入了列表推导式，这是从函数式编程语言SETL和Haskell中引入的。它还向垃圾收集系统增加了环检测算法，并且支持Unicode。Python 2.1支持了嵌套作用域，就像其他静态作用域语言一样。Python 2.2的重大革新是将Python的类型（用C写成）和类（用Python写成）统一为一个层级，使得Python的对象模型成为纯粹和一致的面向对象的模型；另外，该版本还增加了迭代器，受CLU和Icon启发的生成器和描述器协议。Python 2.4加入了集合数据类型和函数修饰器。Python 2.5加入了with语句。Python 3.0于2008年12月3日发布，它对语言做了较大修订而不能完全后向兼容。Python 3发行版包括了2to3实用工具，它（至少部分地）自动将Python 2代码转换成Python 3代码。Python 3的很多新特性后来也被移植到旧的Python 2.6或2.7版本中。Python 2.7的产品寿命结束日期最初被设定为2015年，但出于对大量的现存代码不能移植到Python 3的担心而延期至2020年。

2.1.5　Anaconda 和 PyCharm

许多包依赖特定的Python版本，而在同一台计算机上很难同时安装和使用多个不同版本、不同内容的Python环境。Anaconda是一个包管理器，也是一个环境管理器，使得在同一台计算机上管理多个Python环境变得简单。安装Anaconda的时候会自动安装超过250个包。此外，Anaconda还集成了超过7500个开源包（需要手动安装），以及超过1000个Anaconda.org提供的包（需要手动安装）。常用的包括NumPy、SciPy、Matplotlib、Pandas、Seaborn、Bokeh、

Scikit-Learn、NLTK和Jupter Notebook等。Anaconda是一个跨平台软件，拥有Windows、Linux和macOS版本。

使用Anaconda管理多个虚拟环境的好处如下。

- 隔离库的版本：每个项目可以使用不同版本的库，而不会影响其他项目。
- 更好的重现性：如果知道每个项目所使用的库版本，就可以在不同的计算机上重现项目的环境。
- 更好的协作性：团队成员可以共用同一个环境，并且可以预先准备好项目所需要的环境。
- 更好的资源利用：可以在不同环境中分别安装库。

PyCharm是一个用于计算机编程的集成开发环境（Integrated Development Environment，IDE），主要用于Python语言应用的开发，由捷克公司JetBrains推出，提供代码分析、图形化调试器、集成测试器、集成版本控制系统等功能，并支持使用Django进行网页开发。PyCharm是一个跨平台开发环境，拥有Windows、Linux和macOS版本。社区版在Apache许可证下发布，另外还有专业版在专用许可证下发布，其拥有许多额外功能。

【项目准备】

1. 硬件条件

一台台式计算机或笔记本电脑。

系统环境搭建

2. 软件条件

Windows 10，64位。

【任务实施】

1. 项目任务概述

本项目包含以下7项任务，流程如图2-1所示。

2. 步骤1：下载 Anaconda

打开浏览器，进入Anaconda官方网站（官网已稍作更新，所述软件也可从随书电子资源中下载）[1]，单击"Products"菜单，然后选择"Individual Edition"，如图2-2所示。

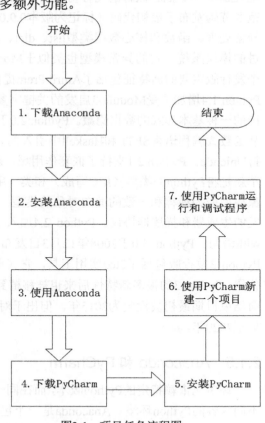

图2-1　项目任务流程图

---

[1] https://www.anaconda.com/

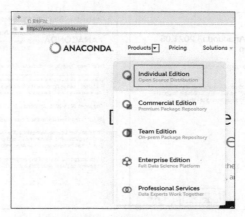

图2-2　Anaconda官方网站主页

　　该网站会自动检测用户计算机当前操作系统，并推荐相应的版本。如果版本正确，可以单击"Download"按钮，如图2-3所示。

　　虽然图2-3所示的示例是基于Windows操作系统的，但在Linux操作系统和macOS操作系统中操作也类似。如果不希望下载默认的版本，可以单击如图2-4所示的图标，然后单击希望安装的版本，如图2-5所示。

图2-3　下载推荐的Anaconda版本

图2-4　下载Anaconda的其他版本

图2-5　Anaconda可下载版本一览

3. 步骤 2：安装 Anaconda

　　使用鼠标左键双击下载的安装文件，进入安装界面，然后单击"Next"按钮，如图2-6所示。

　　单击"I Agree"按钮，如图2-7所示。

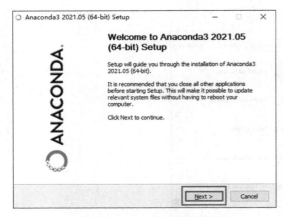 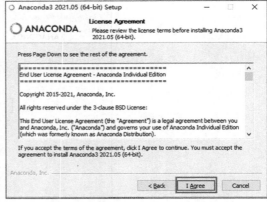

图2-6　Anaconda安装界面　　　　　　　　图2-7　Anaconda协议界面

选择为哪些用户安装，然后单击"Next"按钮，如图2-8所示。需要注意的是，Anaconda安装程序推荐选择"Just Me"，即只为当前用户安装。

设置安装路径，然后单击"Next"按钮，如图2-9所示。

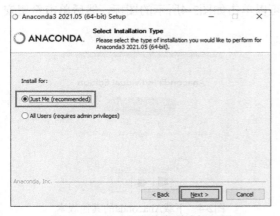 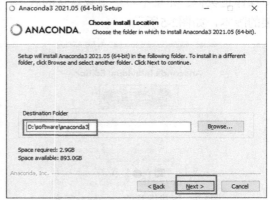

图2-8　Anaconda安装类型选择界面　　　　图2-9　Anaconda安装路径设置界面

设置高级安装选项，第一个选项为是否配置Anaconda的环境变量，第二个选项为是否注册Anaconda为系统默认的Python环境，然后单击"Install"按钮，如图2-10所示。需要注意的是，Anaconda的安装引导程序建议不勾选第一个选项。如果安装了杀毒软件，安装过程中可能会弹出提示窗口，此时应选择"允许"，或在安装时暂时关闭杀毒软件。

若显示"Installation Complete"，则表示安装完成，单击"Next"按钮，如图2-11所示。

单击"Next"按钮，如图2-12所示。

单击"Finish"按钮，完成安装，如图2-13所示。

4.　步骤3：使用 Anaconda

Anaconda使用一个叫作conda的包管理工具，允许用户在单独的虚拟环境中管理库和版本。

启动Anaconda Prompt。对于Windows 10操作系统，可以通过搜索的方式启动，如图2-14（左）所示，也可以通过开始菜单打开，如图2-14（右）所示。

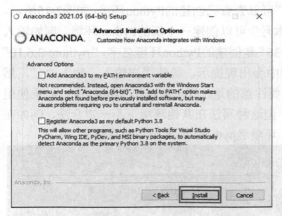

图2-10　Anaconda高级安装选项设置界面

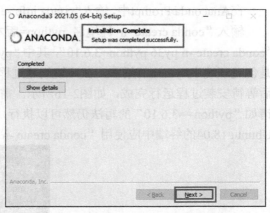

图2-11　Anaconda安装完成界面

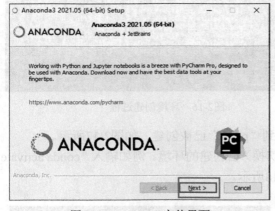

图2-12　Anaconda宣传界面

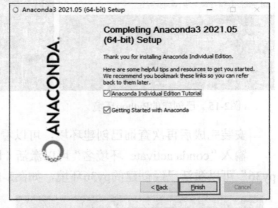

图2-13　Anaconda安装引导程序完成界面

图2-14　启动Anaconda Prompt

在Anaconda Prompt中，输入"conda info -e"可以查看已创建的Python环境，如图2-15所示。

输入"conda create -n 环境名 python=版本号"可以创建一个新的Python环境。例如输入"conda create -n py36 python=3.6.10"，其中"py36"是创建的Python环境名字，"python=3.6.10"是创建环境中Python的版本。在环境创建过程中会出现提示，等待用户输入，输入"y"，然后等待安装过程运行完成，如图2-16所示。需要注意的是，在Anaconda Prompt中，如果使用诸如"python==3.6.10"的写法仍然可以执行，但这种写法在其他环境下不一定合法，例如在Ubuntu 18.04的终端中应使用"conda create -n 环境名python=版本号"的写法。

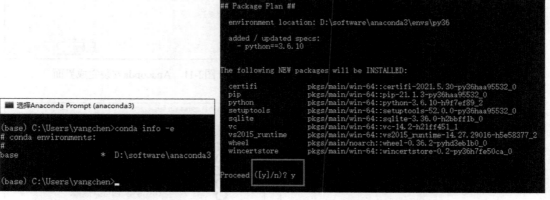

图2-15 已创建的Python环境　　　　　　　图2-16 环境创建过程

安装完成后再次查询已创建环境，可以看到"py36"已被创建，如图2-17所示。

输入"conda activate 环境名"可以激活（切换）已创建的环境。例如输入"conda activate py36"可以激活已经创建的py36环境，如图2-18所示。

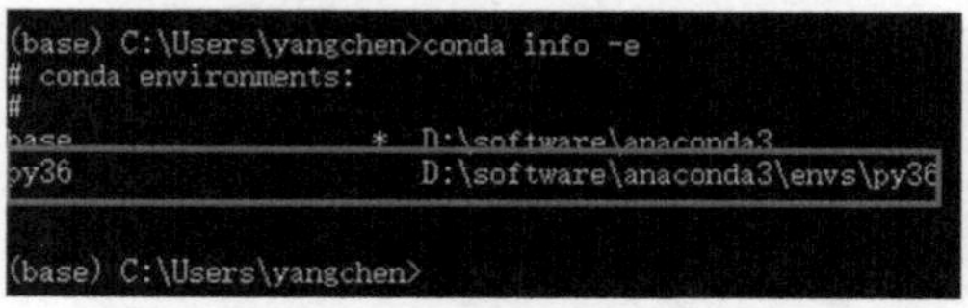

图2-17 已创建的Python环境 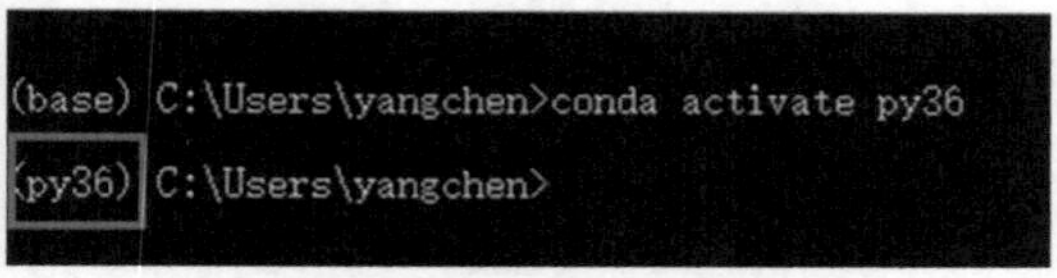　　　　　　　图2-18 激活已创建的Python环境

在切换到py36环境后，输入"pip list"可以查看py36环境中已安装的Python包，如图2-19所示。需要注意的是，在本书中"Python模块"、"Python库"、"Python包"具有同样的意思。

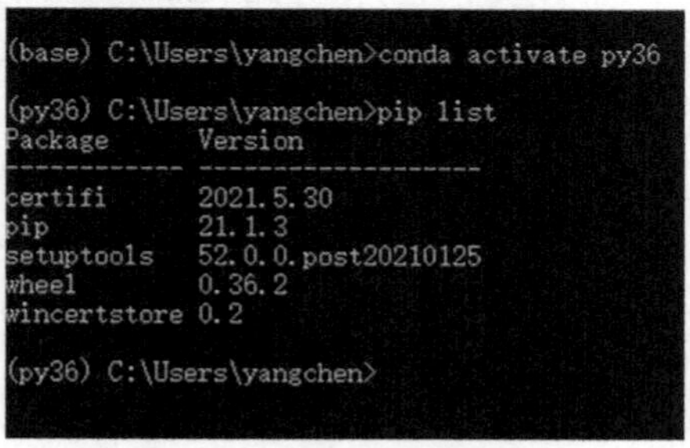

图2-19中显示的包在创建py36环境时默认安装。如果需要安装其他的包，可以输入"pip install 包名"。例如输入"pip install tensorflow==1.14.0"可以在当前环境中安装1.14.0版本的TensorFlow，如图2-20所示。需要注意的是，TensorFlow有较多依赖，因此在安装TensorFlow的时候这些依赖也会被同时安装。

图2-19 查看py36环境中已安装的Python包

图2-20　安装1.14.0版本的TensorFlow

　　Anaconda默认源在境外，是Continuum的Anaconda官方仓库，这个仓库的地址是https://repo.anaconda.com/pkgs/main/，从中国大陆下载速度可能较慢，此时可以使用国内镜像源。常见的国内镜像源包括：

- 清华大学：https://pypi.tuna.tsinghua.edu.cn/simple；
- 阿里云：http://mirrors.aliyun.com/pypi/simple/；
- 中国科技大学 https://pypi.mirrors.ustc.edu.cn/simple/；
- 华中科技大学：http://pypi.hustunique.com/；
- 山东理工大学：http://pypi.sdutlinux.org/；
- 豆瓣：http://pypi.douban.com/simple/。

　　修改"pip install"语句为"pip install -i 源地址 包名"即可使用。例如"pip install -i https://pypi.tuna.tsinghua.edu.cn/simple keras==2.2.5"即可从清华大学的网站下载和安装2.2.5版本的Keras，如图2-21所示。

　　上述语句虽然可用于从国内源下载，但每次都需要输入相关源地址，较为麻烦。另一种方式可以通过修改".condarc"文件进行源的配置。一般来说，该文件的位置在"C:\Users\用户"下（如"C:\Users\yangchen"）。以添加清华源为例，可参考图2-22修改".condarc"文件。

```
(py36) C:\Users\yangchen>pip install -i https://pypi.tuna.tsinghua.edu.cn/simple keras==2.2.5
Looking in indexes: https://pypi.tuna.tsinghua.edu.cn/simple
Collecting keras==2.2.5
  Downloading https://pypi.tuna.tsinghua.edu.cn/packages/f8/ba/2d058dcf1b85b9c212cc58264c98a4a7dd92c989b7988
                                        336 kB 312 kB/s
Requirement already satisfied: h5py in d:\software\anaconda3\envs\py36\lib\site-packages (from keras==2.2.5)
Requirement already satisfied: keras-preprocessing>=1.1.0 in d:\software\anaconda3\envs\py36\lib\site-package
Collecting scipy>=0.14
  Downloading https://pypi.tuna.tsinghua.edu.cn/packages/f3/9f/80522344838ae24cac9e945240436269cbb92349f7f1f
                                        31.2 MB 523 kB/s
Requirement already satisfied: numpy>=1.9.1 in d:\software\anaconda3\envs\py36\lib\site-packages (from keras
Requirement already satisfied: keras-applications>=1.0.8 in d:\software\anaconda3\envs\py36\lib\site-package
Requirement already satisfied: six>=1.9.0 in d:\software\anaconda3\envs\py36\lib\site-packages (from keras==
Collecting pyyaml
  Downloading https://pypi.tuna.tsinghua.edu.cn/packages/30/d0/8699372d1c22202e80b160527f8412d98a5edfefeefac
                                        209 kB 6.8 MB/s
Requirement already satisfied: cached-property in d:\software\anaconda3\envs\py36\lib\site-packages (from h5
Installing collected packages: scipy, pyyaml, keras
Successfully installed keras-2.2.5 pyyaml-5.4.1 scipy-1.5.4

(py36) C:\Users\yangchen>
```

图2-21　从清华大学的网站下载和安装Keras 2.2.5

```
channels:
  - defaults
show_channel_urls: true
default_channels:
  - https://mirrors.tuna.tsinghua.edu.cn/anaconda/pkgs/main
  - https://mirrors.tuna.tsinghua.edu.cn/anaconda/pkgs/r
  - https://mirrors.tuna.tsinghua.edu.cn/anaconda/pkgs/msys2
custom_channels:
  conda-forge: https://mirrors.tuna.tsinghua.edu.cn/anaconda/cloud
  msys2: https://mirrors.tuna.tsinghua.edu.cn/anaconda/cloud
  bioconda: https://mirrors.tuna.tsinghua.edu.cn/anaconda/cloud
  menpo: https://mirrors.tuna.tsinghua.edu.cn/anaconda/cloud
  pytorch: https://mirrors.tuna.tsinghua.edu.cn/anaconda/cloud
  simpleitk: https://mirrors.tuna.tsinghua.edu.cn/anaconda/cloud
```

图2-22　在".condarc"文件中配置清华源

5. 步骤4：下载 PyCharm

打开浏览器，进入JetBrains公司的官方网站[2]（PyCharm是JetBrains公司的众多产品之一），先单击"Developer Tools"，然后单击"PyCharm"，如图2-23所示。

系统环境搭建

图2-23　JetBrains公司的官方网站主页

单击"DOWNLOAD"按钮，如图2-24所示。

2　https://www.jetbrains.com/

进入版本选择页面后，网站会为Windows、Linux、macOS操作系统推荐一个专业版和一个社区版的PyCharm。需要注意的是，专业版需要另行付费，而社区版需要使用Apache许可证，具体条款可参考其网站上的说明。此处我们选择Windows 社区版，其社区版的当前默认子版本为2021.2。如果版本正确，可以单击"Download"按钮下载，如图2-25所示。虽然图2-25的示例是基于Windows操作系统的，但在Linux操作系统和macOS操作系统中操作也是类似的。

图2-24　PyCharm官方网站主页　　　　　　图2-25　下载PyCharm Windows社区版

如果不希望下载默认的版本，可以单击图2-25中的"Other versions"，然后单击希望安装的版本，如图2-26所示。

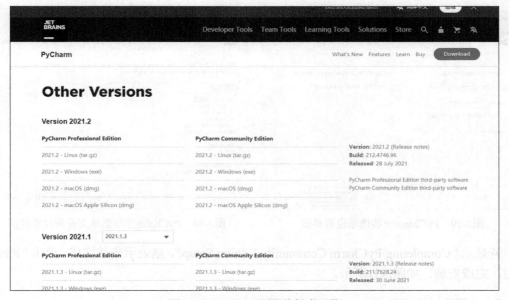

图2-26　PyCharm可下载版本一览

6. 步骤 5：安装 PyCharm

使用鼠标左键双击下载的安装文件，进入安装界面，然后单击"Next"按钮，如图2-27所示。

设置安装路径，然后单击"Next"按钮，如图2-28所示。

图2-27　PyCharm安装界面

图2-28　PyCharm安装路径设置界面

设置安装选项，"Create Desktop Shortcut"为创建桌面快捷方式；"Update PATH Variable"为配置环境变量；"Update Context Menu"为更新上下文菜单；"Create Associations"为将特定类型的文件关联到PyCharm。上述选项可以根据需要选择，然后单击"Next"按钮，如图2-29所示。

为PyCharm创建开始菜单文件夹。可以新建一个文件夹，也可以将其放入已有文件夹，然后单击"Install"按钮，如图2-30所示。

图2-29　PyCharm安装选项设置界面

图2-30　PyCharm开始菜单文件夹设置界面

若显示"Completing PyCharm Community Edition Setup"，则表示安装完成，单击"Finish"按钮，完成安装，如图2-31所示。

7. 步骤6：使用 PyCharm 新建一个项目

使用PyCharm新建一个项目的流程如图2-32所示。需要注意的是，图中"可选"表示该步骤非必须，也可在创建完成后另行配置。

第一次打开PyCharm时将看到如图2-33所示的界面，否则又分两种情况。如果PyCharm上次打开的项目无法加载（如不存在），则将看到如图2-34所示的界面；如果PyCharm上次打开的项目可以正常加载，则将看到如图2-35所示的界面（PyCharm主界面）。

如果是图2-33所示的"Welcome to PyCharm"界面，则单击图2-33所示界面中的"New Project"按钮；如果是图2-34所示的界面，单击"New Project"按钮，如图2-36所示。

配置项目目录和项目名称等(如图2-37所示)，然后单击右下方的按钮完成创建。

为 image_classification_dogs_vs_cats ...

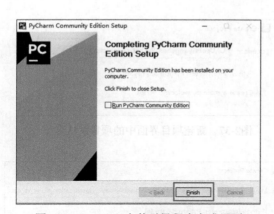

图2-31 PyCharm安装引导程序完成界面

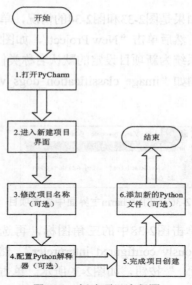

图2-32 新建项目流程图

图2-33 第一次打开PyCharm时的界面

图2-34 PyCharm上次打开的项目无法加载时的界面

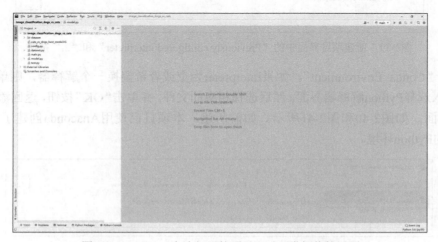

图2-35 PyCharm上次打开的项目可以正常加载的界面

如果是图2-33和图2-34的情况，单击"New Project"。如果是图2-35的情况，单击"File"菜单，然后单击"New Project"，如图2-36所示。

系统为新项目设定的默认名称类似为pythonProject，如图2-37所示，将其修改为需要的名字，例如"image_classification_dogs_vs_cats"。

图2-36 在PyCharm主界面中新建项目

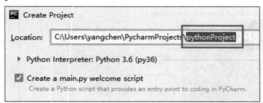

图2-37 新建项目界面中的项目默认名称

单击图2-38中的三角图标，再选中"Previously configured interpreter"，然后单击"…"按钮，如图2-39所示。单击后进入添加Python解释器界面。需要注意的是，Python解释器也可以在创建完项目后再配置。

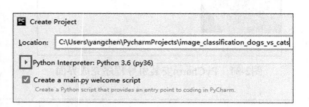

图2-38 新建项目界面中的三角图标

图2-39 新建项目界面中的"Previously configured interpreter"和"…"按钮

单击"Conda Environment"。如果Interpreter为空或者希望换一个解释器，则单击"…"按钮，进入选择Python解释器界面，然后选择相应的文件，并单击"OK"按钮，返回添加Python解释器界面，如图2-40和图2-41所示。如前所述，本项目已使用Anaconda创建了一个名为"py36"的Python环境。

图2-40 添加Python解释器界面中的"Conda Environment"和"…"按钮

检查路径，然后单击"OK"按钮，返回新建项目界面，如图2-42所示。

图2-41 选择Python解释器界面

图2-42 添加Python解释器界面的路径和"OK"按钮

当项目名称、解释器都配置完毕后，在新建项目界面中单击右下角的"Create"按钮，如图2-43所示。

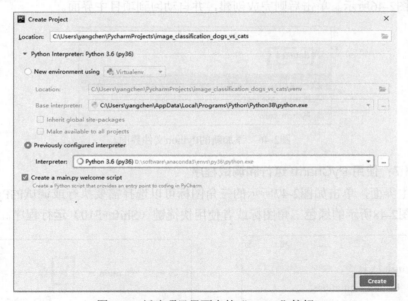

图2-43 新建项目界面中的"Credte"按钮

搭建好的image_classification_dogs_vs_cats项目如图2-44所示，此界面即为项目主界面。

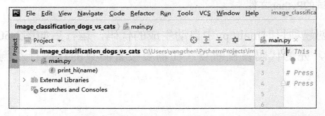

图2-44 搭建好的image_classification_dogs_vs_cats项目主界面

需要注意的是，main.py中包含了创建项目时自动生成的代码，可以将其清空，也可以在创建项目的时候选择不自动创建main.py文件。

使用鼠标右键单击项目名称（"image_classification_dogs_vs_cats"），再单击"New"，然后单击"Python File"，如图2-45所示。

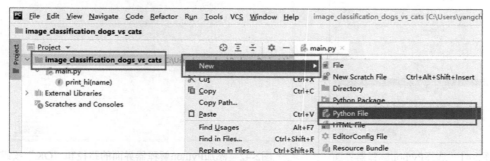

图2-45　在项目中添加Python文件

为其命名，例如命名为"dataset"，然后使用鼠标双击"Python file"或者按下键盘上的Enter键，如图2-46所示。单击后则完成创建，并自动回到项目主界面。

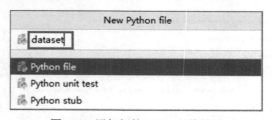

图2-46　添加新的Python文件界面

8. 步骤7：使用 PyCharm 运行和调试程序

在项目主界面，单击如图2-47所示的三角图标可以选择需要执行或调试的Python文件，然后单击如图2-48所示的绿色三角图标或者使用快捷键（Shift+F10）运行程序。

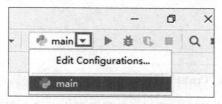

图2-47　在项目主界面中选择需要执行
或调试的Python文件

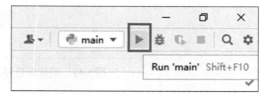

图2-48　项目主界面中运行程序的按钮

图2-49是我们创建项目时main.py中自动生成的代码，运行后如图2-50所示。

对于程序调试，先为代码设置断点（在需要设置断点的代码行左侧使用鼠标单击，如图2-51所示）。

```
main.py
1      # This is a sample Python script.
2
3      # Press Shift+F10 to execute it or replace it with your code.
4      # Press Double Shift to search everywhere for classes, files, tool windows, actions, and settings.
5
6
7      def print_hi(name):
8          # Use a breakpoint in the code line below to debug your script.
9          print(f'Hi, {name}')  # Press Ctrl+F8 to toggle the breakpoint.
10
11
12     # Press the green button in the gutter to run the script.
13     if __name__ == '__main__':
14         print_hi('PyCharm')
15
16     # See PyCharm help at https://www.jetbrains.com/help/pycharm/
17
```

图2-49　创建项目时main.py中自动生成的代码

```
Run:       main
   ▶     D:\software\anaconda3\envs\py36\python.exe C:/Users/yangchen/PycharmProjects/image_classification_dogs_vs_cats/main.py
   ■     Hi, PyCharm
   ⇥
   ≡     Process finished with exit code 0
   ±
   ⚲
   ■

▶ Run   ≡ TODO   ⊕ Problems   ⊞ Terminal   ◈ Python Packages   ◈ Python Console
```

图2-50　程序运行窗口

单击如图2-52所示的图标或使用快捷键（Shift+F9）调试程序，程序会停留在断点处等待下一步指令，如图2-53所示。

```
main.py
1      # This is a sample Python script.
2
3      # Press Shift+F10 to execute it or replace it with your co
4      # Press Double Shift to search everywhere for classes, fil
5
6
7      def print_hi(name):
8          # Use a breakpoint in the code line below to debug you
9          print(f'Hi, {name}')  # Press Ctrl+F8 to toggle the br
10
11
12     # Press the green button in the gutter to run the script.
13     if __name__ == '__main__':
14         print_hi('PyCharm')
15
16     # See PyCharm help at https://www.jetbrains.com/help/pycha
17
```

图2-51　为第9行代码设置断点

图2-52　项目主界面中调试程序的按钮

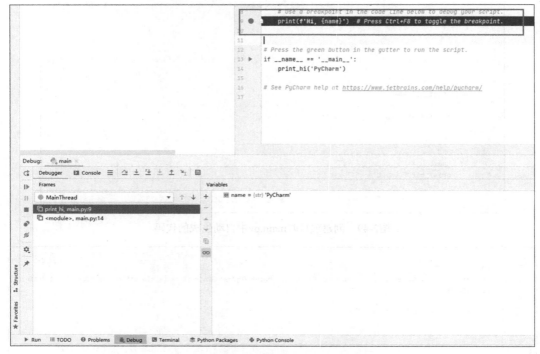

图2-53　程序调试窗口

【任务拓展】

1. 在Windows 10或以上操作系统上，使用Anaconda新建一个名为py37的Python 3.7.0环境，查看系统所有环境，检查py37环境是否正确创建，在创建的py37环境中安装版本为4.5.3.56的OpenCV（Python版），然后在创建的Python 3.7.0环境中移除版本为4.5.3.56的OpenCV（Python版），最后将Python 3.7.0环境删除。请依次写出上述操作对应的指令。

2. 在本章的项目中，读者学习了如何基于CPU和Windows操作系统搭建计算机视觉应用开发的系统环境。实际上，在许多计算机视觉应用的开发和部署中，大量使用了GPU和Linux操作系统。因此，在本书的附录B和附录C中，以Ubuntu 18.04 LTS为例，向读者展示了如何在Linux操作系统下，分别基于CPU和GPU进行计算机视觉应用开发系统环境搭建，读者请根据需要自行操练。需要注意的是，本书假设读者已经具有Linux操作系统的相关基础知识和技能，包括在Linux操作系统中安装和卸载软件、启用和停用服务、操作文件和文件夹、设置权限等方面。因此，关于Linux操作系统的知识不在本书中详细展开。Linux操作系统相关资料较多，读者可自行查阅。

【项目小结】

通过本章的学习和训练，学生应学会如何搭建计算机视觉应用开发的系统环境，具体包括下载、安装和使用Anaconda，以及下载、安装和使用PyCharm。

2.2　课后习题

一、单选题

1．Anaconda不支持在下述哪个操作系统上安装？（　　）

　　A、Windows　　　　　　B、Linux　　　　　　C、macOS　　　　　　D、上述都不是

2．使用Anaconda创建Python环境的命令是（　　）。

　　A、conda create -x　　B、conda create -n　　　C、conda create -m　　D、conda create -a

3．在PyCharm上，使用什么快捷键可以跳转到函数定义？（　　）

　　A、Ctrl+Shift　　　　B、Shift+鼠标右键　　　C、Tab　　　　　　D、Ctrl+鼠标左键

二、判断题

1．使用"conda info -e"命令可以查看已创建的Python虚拟环境。（　　）

2．Anaconda清华大学下载镜像源的网址是：https://pypi.tuna.tsinghua.edu.cn/simple。（　　）

3．PyCharm中调试程序的快捷键是Alt+F9。（　　）

4．PyCharm必须被安装到系统盘。（　　）

5．如果想在PyCharm中使用Anaconda已经创建好的Python环境（解释器），必须在使用PyCharm新建项目时指定。（　　）

2.3　本 章 小 结

本章概述了Windows、Linux等操作系统以及Anaconda和PyCharm等。本章项目一步步指导读者基于CPU+Windows搭建计算机视觉应用开发的系统环境，读者一定要学会使用Anaconda创建和管理多个Python虚拟环境的方法。图2-54所示是第2章的思维导图。

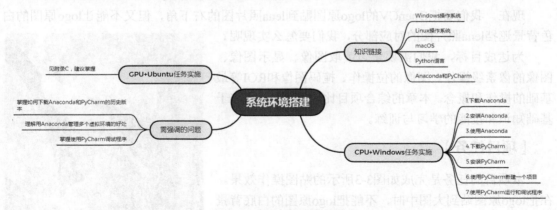

图2-54　第2章的思维导图

第 3 章　图像处理基础

通过第2章的训练，我们已经搭建好了计算机视觉应用开发的系统环境。有了开发环境，我们就可以边学习边实践了。图像处理是计算机视觉的基础技术之一，主要用于处理、分析图像数据。本章针对图像处理基础知识和技能进行学习和实践。

3.1　项目 2　把 logo 贴到大图右下角

【项目导入】

我们现在有两张原图，一张是lena的照片，另一张是OpenCV的logo原图，如图3-1、图3-2所示。

图3-1　lena的照片

图3-2　OpenCV的logo原图

现在，我们要把OpenCV的logo原图贴到lena照片图的右下角，但又不能让logo原图的白色背景遮挡lena照片图的对应部分，我们要怎么实现呢？

为达成目标，我们需要学习读取图像、显示图像、图像的像素级操作、图像的位操作、掩码图像和ROI等最基础的操作和概念。本章的综合项目比较简单，重点在于基础知识和技能的学习与训练。

【项目任务】

本项目的任务是完成如图3-3所示的贴图操作效果。在把logo原图贴到大图中时，不能把logo原图的白底背景也贴到大图中。

图3-3　综合项目完成图

【项目目标】

1．知识目标

（1）理解图像在内存中的表示。

（2）了解字符的ASCII码值。

（3）理解ROI及其引用（Reference）内涵。

（4）了解常见颜色模型。

（5）理解掩码图像的作用。

（6）理解二值图像和阈值的作用。

（7）了解图像归一化的含义。

（8）了解图像直方图的含义。

（9）了解图像伽马校正的指数关系。

2．技能目标

（1）能编程将图片文件中的图像读取到内存中。

（2）能对图像色彩空间进行转换。

（3）能把内存中的图像数据保存到图片文件中。

（4）能从摄像头读取视频流和图像帧。

（5）能编程使用按键与程序交互。

（6）能通过手工方式指定ROI。

（7）能对图像数据进行逐点读写。

（8）能使用OpenCV函数对图像进行按位与、或、异或等操作。

（9）能使用OpenCV函数对图像进行简单二值化。

（10）能使用OpenCV函数对图像进行规范化操作。

（11）能对图像进行直方图均衡化。

（12）能应用伽马校正调节图像的亮暗程度和对比度。

（13）能对图像应用缩放、平移和旋转等几何变换。

3．职业素养目标

（1）培养学生严谨、细致、规范的职业素质。

（2）培养学生表达沟通能力。

（3）培养学生创新设计能力。

（4）培养学生技术标准意识、操作规范意识等。

【知识链接】

3.1.1. 图像的表示

图像的表示

我们现在处理的图像大多是数字图像，比如随书资源中的lena02.png。如图3-4所示，我们可以通过OpenCV的imread函数读取图像文件，从而得到位于内存中的3通道彩色图像img（cv2.imread()函数的第二个参数的常见取值如表3-1所示）。通过这种方式得到的img的类型是numpy.ndarray，即numpy数组。

```
1   import cv2, matplotlib
2   import numpy as np
3   import matplotlib.pyplot as plt
4
5   # 读取图片
6   img = cv2.imread('images/lena02.png')
7
8   print(img.shape) # 高，宽，通道数
9   print(img) # 观察图像像素构成
```

图3-4 读取彩色图像并观察图像像素构成

表 3-1 cv2.imread()函数的第二个参数的常见取值

cv2.imread(path, flags)			
序　　号	flags 取值（枚举量）	实际取值	含　　义
1	cv2.IMREAD_COLOR	1	读取三通道彩色图像，该值为默认取值
2	cv2.IMREAD_GRAYSCALE	0	以单通道灰度模式读取图像
3	cv2.IMREAD_UNCHANGED	-1	读取彩色图像，但 alpha 通道的信息依然会被删除

通过图3-5可知，img图像的形状（shape）是元组(512, 512, 3)，说明图像的高度是512像素，宽度是512像素，通道数是3。形状元组中各分量的含义是（图像高度，图像宽度，通道数），因此图像数据的呈现顺序依次是行、列和各通道，先总体呈现各行，再在每行中呈现各列，最后在每列中呈现各通道。img图像在高度方向上依次是行0、行1、…、行511，在宽度方向上依次是列0、列1、…、列511，三个通道依次是B通道、G通道和R通道。

如图3-5所示，[125 137 226]是位于行0列0的像素，该像素的蓝色分量是125，绿色分量是137，红色分量是226。

本部分完整代码详见本书随书电子资源。

3.1.2　RGB 格式和 BGR 格式

如前所述，使用OpenCV读取的彩色图像的像素通道顺序是BGR，这是OpenCV库的一个特点，使用其他工具库打开彩色图像其结果一般是RGB顺序格式。如图3-6所示，我们使用matplotlib打开彩色图像文件，然后使用OpenCV的imshow来展示图像，如果不做通道逆序操作，结果就是错误的。

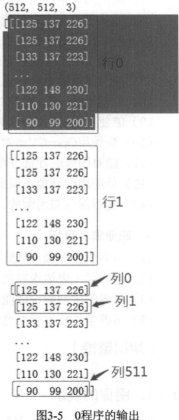

图3-5　0程序的输出

```
11    img_plt = plt.imread('images/lena02.png')
12    cv2.imshow('wrong', img_plt)    # 未逆序通道顺序, 导致结果错误
13    img_plt_rev = cv2.cvtColor(img_plt, cv2.COLOR_RGB2BGR)
14    cv2.imshow('correct', img_plt_rev)    # 逆序了通道顺序, 因此结果正确
15    cv2.waitKey()
```

图3-6　使用matplotlib打开彩色图像后得到RGB格式图像

本部分完整代码详见本书随书资源。

3.1.3　字符的 ASCII 值及获取

在OpenCV项目中经常需要在循环中通过按下指定按键来退出循环。如图3-7所示是一段示范程序，当用户按下Q键（为增强程序的容错性，一般设计成不区分大小写）时退出循环。

```
5    while success:
6        success, frame = cameraCapture.read()
7        cv2.imshow('win', frame)
8
9        key_dec = cv2.waitKey(1) & 0xFF
10       if 113 == key_dec or 81 == key_dec:
11           break
```

图3-7　按下Q键（不区分大小写）时退出循环的程序写法

图3-7所示程序说明：行9中的waitKey返回32位整数，0xFF是二进制的0000000011111111，该整数与0xFF进行按位与操作之后，仅留下最后8位，并保存到key_dec中。

查询图3-8所示常见按键的ASCII值，可知Q的ASCII值为81，q的ASCII值为113，故行10判断了按下的键是否是Q或者q，若是两者之一，则退出循环。

Dec	Char		Dec	Char	Dec	Char	Dec	Char
0	NUL	(null)	32	SPACE	64	@	96	`
1	SOH	(start of heading)	33	!	65	A	97	a
2	STX	(start of text)	34	"	66	B	98	b
3	ETX	(end of text)	35	#	67	C	99	c
4	EOT	(end of transmission)	36	$	68	D	100	d
5	ENQ	(enquiry)	37	%	69	E	101	e
6	ACK	(acknowledge)	38	&	70	F	102	f
7	BEL	(bell)	39	'	71	G	103	g
8	BS	(backspace)	40	(	72	H	104	h
9	TAB	(horizontal tab)	41	)	73	I	105	i
10	LF	(NL line feed, new line)	42	*	74	J	106	j
11	VT	(vertical tab)	43	+	75	K	107	k
12	FF	(NP form feed, new page)	44	,	76	L	108	l
13	CR	(carriage return)	45	-	77	M	109	m
14	SO	(shift out)	46	.	78	N	110	n
15	SI	(shift in)	47	/	79	O	111	o
16	DLE	(data link escape)	48	0	80	P	112	p
17	DC1	(device control 1)	49	1	81	Q	113	q
18	DC2	(device control 2)	50	2	82	R	114	r
19	DC3	(device control 3)	51	3	83	S	115	s
20	DC4	(device control 4)	52	4	84	T	116	t
21	NAK	(negative acknowledge)	53	5	85	U	117	u
22	SYN	(synchronous idle)	54	6	86	V	118	v
23	ETB	(end of trans. block)	55	7	87	W	119	w
24	CAN	(cancel)	56	8	88	X	120	x
25	EM	(end of medium)	57	9	89	Y	121	y
26	SUB	(substitute)	58	:	90	Z	122	z
27	ESC	(escape)	59	;	91	[	123	{
28	FS	(file separator)	60	<	92	\	124	|
29	GS	(group separator)	61	=	93	]	125	}
30	RS	(record separator)	62	>	94	^	126	~
31	US	(unit separator)	63	?	95	_	127	DEL

图3-8 常见按键的ASCII值

如果不愿意查表，可以使用另一种等效写法，如图3-9中的行11所示。

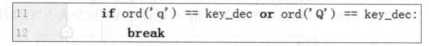
```
11          if ord('q') == key_dec or ord('Q') == key_dec:
12              break
```
图3-9 判断是否按下Q键的另一种程序写法

程序中ord(' ')的作用是将字符转化为与之对应的整数（ASCII码值）。
本部分完整代码详见本书随书资源。

3.1.4 ROI（感兴趣区域）

ROI 及常见
颜色模型

ROI的英文全称是Region Of Interest，即感兴趣区域。感兴趣区域，就是我们从图像中选择一个区域，这个区域是我们目前图像处理所关注的焦点。我们选定这个区域，那么要处理的图像就从大变为一个小图像区域了，这样方便进行进一步处理，可以大大减少处理时间。

ROI既可以通过程序指定，也可以交互式指定。

通过程序指定的写法如下：

roi = gray[y:y+h, x:x+w]

交互式指定ROI的写法及程序运行结果如图3-10所示。

```
3     im = cv2.imread("images/lena02.png")
4     # 交互式选择 ROI
5     r = cv2.selectROI(im)
6     # 取roi区域
7     roi = im[int(r[1]):int(r[1]+r[3]), int(r[0]):int(r[0]+r[2])]
8     # 显示roi区域
9     cv2.imshow("roi", roi)
10    cv2.waitKey(0)
```

图3-10　交互式指定ROI的程序写法及程序运行结果

需要特别注意的是，ROI是对原图像局部的引用，而不是对原图像局部的拷贝！因此，对ROI的修改就是对原图的修改！

图3-10所示程序说明：行5返回的r是一个元组，该元组有4个分量，分别是第一个值为矩形框左上角点的x坐标，第二个值为矩形框左上角点的y坐标，第三个值为矩形框的宽，第四个值为矩形框的高。

本部分完整代码详见本书随书资源。

3.1.5　常见颜色模型（色彩空间）

色彩空间（Color Space）是对色彩的组织方式，借助色彩空间以及针对物理设备的测试，可以得到色彩的固定模拟和数字表示。色彩空间主要有RGB、CMYK、Lab等，以下对本书可能用到的色彩空间做一下简介。

1. RGB 色彩空间

RGB色彩空间是一种比较常见的色彩空间（颜色模式）类型，此外还有一些其他色彩空间，不同色彩空间均有自己擅长处理问题的领域。

RGB色彩空间中的红（Red）、绿（Green）、蓝（Blue）代表可见光谱中的三种基本颜色，亦称为三原色，每一种颜色按其亮度的不同分为256个等级。RGB色彩空间以R、G、B三种基本色为基础，进行不同程度的叠加，进而产生丰富而广泛的颜色，所以亦俗称三基色模式。在大自然中有无穷多种不同的颜色，而人眼只能分辨有限种不同的颜色，RGB模式可表示一千六百多万（255^3=16581375）种不同的颜色，在人眼看来它非常接近大自然的颜色，故RGB模式又被称为自然色彩模式或真彩色模式。

2. Gray 色彩空间

Gray图像指的是灰度图像，通常指的是8位灰度图像，因此它具有256（2^8）级灰度，即像素值的范围是[0, 255]。

当图像由RGB色彩空间转换为Gray色彩空间时，OpenCV中采取的处理方式如下：

Gray = 0.299×R+0.587×G+0.114×B

当图像由Gray色彩空间转换为RGB色彩空间时，最终三个通道的值都是相同的，其处理方式为：

R = Gray，G = Gray，B = Gray

3. HSV 色彩空间

HSV色彩空间是艺术家们常用的，它从心理学和视觉的角度出发，指出人眼的色彩知觉包含色相、饱和度和亮度等三要素，这样来描述色彩更加自然直观。HSV即色相、饱和度和亮度（英语为Hue、Saturation和Value），又称HSB，其中B即英语的Brightness。

色相（Hue）：是色彩的基本属性，就是我们平常所说的颜色名称，如红色、黄色等。

饱和度（Saturation）：是色彩的纯度，饱和度不为1就相当于用白色将当前色彩冲稀了。饱和度越高色彩越纯，越低则逐渐变淡，该值取0～100%之间的数值。

亮度（Value）：指人眼感受到的光的明暗程度，该值取0～100%之间的数值。

我们可以通过如图3-11所示来理解HSV色彩空间颜色值分布情况。

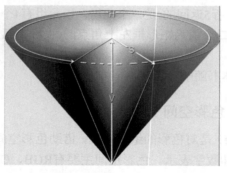

彩图

图3-11　HSV色彩空间颜色值分布情况

如图3-11所示，HSV色彩空间的模型对应于圆柱坐标系中的一个圆锥形子集，绕中心轴的角度对应于"色相H"，红色对应于角度0°（360°），绿色对应于角度120°，蓝色对应于角度240°；到中心轴的距离对应于"饱和度S"，离中心轴越近，饱和度越低；而沿着中心轴的高度对应于"亮度V"，圆锥的顶面对应于V=1，所代表的颜色是最亮的。在HSV色彩空间中，每一种颜色和它的补色相差180°。表3-2列出了一些常见颜色的HSV值，在OpenCV编程时，色相的取值范围是0～180，饱和度的取值范围是0～255，亮度的取值范围是0～255。

表 3-2　一些常见颜色的 HSV 值

名　称	色相【实际值（OpenCV编程时取值）】	饱和度【实际值（OpenCV编程时取值）】	亮度【实际值（OpenCV编程时取值）】
红色	0°（0）	100%（255）	100%（255）
黄色	60°（30）	100%（255）	100%（255）
绿色	120°（60）	100%（255）	100%（255）
青色	180°（90）	100%（255）	100%（255）
蓝色	240°（120）	100%（255）	100%（255）
品红色	300°（150）	100%（255）	100%（255）
栗色	0°（0）	100%（255）	50%（128）
橄榄色	60°（30）	100%（255）	50%（128）
深绿色	120°（60）	100%（255）	50%（128）
蓝绿色	180°（90）	100%（255）	50%（128）
深蓝色	240°（120）	100%（255）	50%（128）
紫色	300°（150）	100%（255）	50%（128）
白色	0°（0）	0%（0）	100%（255）
银色	0°（0）	0%（0）	75%（192）
灰色	0°（0）	0%（0）	50%（128）
黑色	0°（0）	0%（0）	0%（0）

可以通过公式完成从RGB色彩空间到HSV色彩空间的转换，反之亦可。这些转换公式我们不必彻底掌握，因为这些转换都可以通过OpenCV中的cv2.cvtColor()函数来实现。通常情况下，我们调用该函数完成色彩空间转换即可，不用考虑函数的内部具体实现细节。

4. HSI 色彩空间和 HSL 色彩空间

HSI色彩空间中的H、S、I分别指色相（Hue）、饱和度（Saturation）和强度（Intensity），HSL色彩空间中的H、S、L分别指色相（Hue）、饱和度（Saturation）和色彩明度（Lightness）。在HSL、HSI和HSV色彩空间中，色相H的计算是完全一样的，饱和度S的计算三者均不同，L、I和V的计算三者也有差异。

人们之所以发明这些相近但又有区别的色彩空间模型，是为了满足不同场景的应用需求。比如使用HSL色彩空间更利于保留交通图中的黄线和白线信息。事实上为了保持各章代码的相关性，我们在第4章综合项目中依然使用了HSV色彩空间来提取交通图中的黄线和白线信息。

3.1.6　图像的逐点操作（像素级操作）

如前所述，图像在内存中表示为numpy数组，因此直接访问或修改图像中的像素可以通过下标索引来进行。访问彩图像素使用[行编号，列编号，通道编号]的形式，访问灰度图像素使用[行编号，列编号]的形式。值得强调的是，这里先写行编号，再写列编号，和我们熟悉的平面上点坐标(x, y)的顺序正好相反，举例如图3-12所示。

图像的逐点操作、图像的位运算和掩码图像 mask

```
3    # 读取图片
4    img = cv2.imread('images/lena02.png')
5    gray = cv2.cvtColor(img, cv2.COLOR_BGR2GRAY)
6    cv2.imshow('before modification', gray)
7    # 一次访问一个像素
8    print(gray[3, 38])
9    print(gray.item(3, 38))  # item 无法使用切片方式
10   # 一次访问多个像素，则采用切片方式
11   slice = gray[2:30, 50:60]
12   print(slice)
13   slice[:, :]=255
14   cv2.imshow('after modification', gray)
15       像素位置              像素的新值
16   gray.itemset((3, 38), 255)  # itemset 无法使用切片方式
17   print(gray.item(3, 38))
18   cv2.waitKey()
```

图3-12   图像的逐点操作示例

图3-12中的程序说明：行8直接使用下标索引方式访问图像中行3列38处的像素。行9使用numpy数组的item方法访问图像中行3列38处的像素，代码行9的效果和代码行8的一样。行11直接使用下标索引方式访问图像中2～30行、50～60列的一片像素，行13把这片像素全部改成纯白色；行16使用numpy数组的itemset方法修改图像中行3列38处的像素的值为255，itemset方法同样没法实现批量操作。

图3-12所示程序的输出结果如图3-13所示。

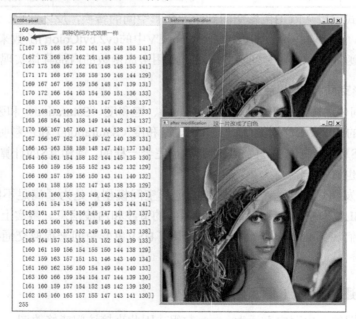

图3-13   图3-12程序的输出结果

3.1.7　图像的位运算和掩码图像 mask

在 OpenCV 中，常见的图像位运算函数包括 cv2.bitwise_and()、cv2.bitwise_or()、cv2.bitwise_xor()和cv2.bitwise_not()，它们的含义分别是按位与、按位或、按位异或和按位取

反。下文重点阐述cv2.bitwise_and()函数及其应用。

cv2.bitwise_and()函数的标准函数原型为：bitwise_and(src1, src2[, dst[, mask]]) -> dst，它在使用时最少需要两个参数src1和src2，参数dst用于返回结果，可选（一般不选），参数mask用于指定掩码图像，也是可选的，在某些情况下mask用起来比较方便。

参数说明：

src1、src2：输入图像或标量，标量可以为单个数值或一个BGRA四元组，若标量为单个数值b，则该标量会自动转化为只有蓝色分量的四元组（b, 0, 0, 0），这也是使用单个数值的标量b会使得结果图像偏蓝的原因；

dst：可选输出变量，如果需要使用dst则要先定义，且其尺寸要与输入图像相同；

mask：掩码图像，为可选参数，一般是8位单通道的二值图像，用于指定输入图像的哪些像素需要输出，只有mask对应位置元素不为0的部分才会输出到输出图像中，否则输出图像上对应位置像素的所有通道分量值都将被设置为0；

函数的返回值为输出图像，如果dst传入了实参，则返回值与dst对应实参完全相同。

结果的计算方法如下。

当src1和src2代表的两个图像尺寸相同时，输出图像像素的值为：

dst(I) = src1(I) & src2(I)，if mask(I)≠0，&表示按位与。

当src1为输入图像而src2为标量时，输出图像像素的值为：

dst(I) = src1(I) & src2，if mask(I)≠0，&表示按位与；如果src1是多通道图像，则每个通道都是按照同样规则独立处理的。

bitwise_and()函数通常用于获取某个图像中感兴趣的部分。例如，我们只想看lena照片的面部区域，我们可以参照图3-14所示书写程序。

图3-14所示程序说明如下：行4创建了与src同高同宽的纯黑单通道图像，行5把该图像的中间某部分设置为纯白色像素；行7把mask从单通道图像转为三通道图像，src是三通道图像，它只能和同高同宽的三通道图像进行按位与（&）操作；行8把src和mask2图像进行按位与操作，输出结果图像为res。

```
1   import cv2
2   import numpy as np
3   src = cv2.imread('images/lena02.png')
4   mask = np.zeros(src.shape[:2], dtype=np.uint8)
5   mask[200:400, 200:380]=255
6
7   mask2 = cv2.cvtColor(mask, cv2.COLOR_GRAY2BGR)
8   res = cv2.bitwise_and(src, mask2)
9
10  cv2.imshow('src1', src)
11  cv2.imshow('src2', mask)
12  cv2.imshow('dst', res)
13
14  cv2.waitKey()
15  cv2.destroyAllWindows()
```

图3-14　bitwise_and()函数使用示例

图3-15所示的是图3-14所示程序执行结果。

在图3-14中，如果不想写行7，可以换一种写法，删除行7～8，换成下句，效果一模一样，而且使用得更普遍。

res = cv2.bitwise_and(src,src,mask = mask)

图3-15　图3-14程序的执行结果

3.1.8　图像二值化基础

图像二值化（Image Binarization）就是将图像上的像素点的灰度值设置为两种（一般是0和255），在数字图像处理中，图像二值化占有非常重要的地位，图像二值化使图像变得简单，有利于图像的进一步处理。

图像二值化基础、图像的规范化，以及直方图均衡化

我们一般使用阈值（threshold）来实现二值化。阈值既有全局阈值，也有局部阈值；既有单阈值，也有多阈值。本章我们先学习全局阈值，更深入的内容我们将在图像分割章节进一步学习。

全局阈值二值化指设定一个全局阈值，把图像转变为二值图像，具体策略是：当图像像素值小于等于阈值时，将其设置为0，否则将其设为最大值。在OpenCV中，我们可以使用cv2.threshold()函数来实现图像二值化。该函数原型如下：

retval, dst = cv2.threshold(src, thresh, maxVal, thresholdType[, dst])

参数说明：

src：原图像，要求必须是灰度图像；

dst：结果图像；

thresh：阈值；

maxVal：像素目标灰度的最大值，一般设为255；

thresholdType：阈值类型，初步应用时主要有下面几种，列于表3-3中。

表 3-3　cv2.threshold()函数的常见阈值枚举类型

编　　号	阈值枚举类型	整型值	含　　义
1	THRESH_BINARY	0	像素值大于阈值的设为最大值，小于等于阈值的设为0
2	THRESH_BINARY_INV	1	像素值大于阈值的设为0，小于等于阈值的设为最大值
3	THRESH_TRUNC	2	像素值大于阈值的设为阈值，小于等于阈值的保持原来的像素值
4	THRESH_TOZERO	3	像素值大于阈值的保持原来的像素值，小于等于阈值的设为0
5	THRESH_TOZERO_INV	4	像素值大于阈值的设为0，小于等于阈值的保持原来的像素值

示例程序如图3-16所示。

图3-16所示程序说明如下：行4表示把图像中像素值大于127的设为255，其余则设为0；行5的效果与行4恰好相反，实现了二值化的"黑白颠倒"；行6表示把图像中像素值大于127的设为127，其余维持不变；行7表示把图像中像素值大于127的维持不变，其余的设为0；行8的效果与行7的恰好相反。

图3-16程序执行结果如图3-17所示。

```
3    img = cv2.imread('images/lena02.png', 0)
4    ret, thresh1 = cv2.threshold(img, 127, 255, cv2.THRESH_BINARY)
5    ret, thresh2 = cv2.threshold(img, 127, 255, cv2.THRESH_BINARY_INV)
6    ret, thresh3 = cv2.threshold(img, 127, 255, cv2.THRESH_TRUNC)
7    ret, thresh4 = cv2.threshold(img, 127, 255, cv2.THRESH_TOZERO)
8    ret, thresh5 = cv2.threshold(img, 127, 255, cv2.THRESH_TOZERO_INV)

10   cv2.imshow('Original Image', img)
11   cv2.imshow('BINARY', thresh1)
12   cv2.imshow('BINARY_INV', thresh2)
13   cv2.imshow('TRUNC', thresh3)
14   cv2.imshow('TOZERO', thresh4)
15   cv2.imshow('TOZERO_INV', thresh5)
16
17   cv2.waitKey(0)
18   cv2.destroyAllWindows()
```

图3-16　简单二值化示例程序

图3-17　图3-16程序的执行结果

3.1.9　图像的规范化

图像的规范化是指通过改变图像的像素强度，使图像像素强度的均值和方差符合基准设定值，从而增强视觉效果。规范化可以为图像提供一致性，为后续操作提供相同基准。在OpenCV中，可以通过cv2.normalize()函数实现图像的规范化。

该函数的原型为：

dst = cv2.normalize(src, dst[, double alpha = 1, double beta = 0, int norm_type, int dtype, mask])

参数说明：

src：输入图像；

dst：与输入图像大小相同的规范化之后的输出图像；

alpha：规范化类型不同时有不同的含义，用于范数规范化时表示范数值；用于范围规范化时表示下范围边界；

  beta：本参数不可用于范数规范化，仅可用于范围规范化，表示上范围边界；

  norm_type：规范化类型，常用的有以下4种。

NORM_MINMAX：图像数据被平移或缩放到一个指定的范围，是一种线性规范化类型；

NORM_INF：按切比雪夫范数（图像数据的绝对值的最大值）进行规范化；

NORM_L1：按L1范数（图像数据的绝对值的和）进行规范化；

NORM_L2：按L2范数（图像数据的平方和再开根号）进行规范化；

  dtype：输出图像dst的数据形状，一般采用默认值，表示输出图像的数据形状与输入图像的相同；

  mask：可选的掩码图像。

  如图3-18所示，在原始云图中，黑色像素占据绝对优势，与绝大多数的黑色像素相比，灰色像素和偏白像素都属于另类。这时如果基于整张图来做规范化，结果会把灰色像素变成偏白像素，这种图像增强效果显然不佳（大量灰色像素与偏白像素之间的差异丢失了，如图3-19所示）。比较好的思路是取右下角局部区域为ROI，针对ROI进行均值和标准差的计算，以此计算结果为依据把整幅图的像素限定到指定范围内，得到clipped图像，最后针对clipped图像进行线性规范化。图3-20所示为程序代码。

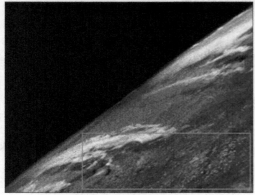

图3-18 原始云图及其ROI   图3-19 不取ROI时的规范化结果

```
 3
 4   image = cv2.imread('images/cloud2.png', 0)
 5
 6   x, y, w, h = 91, 158, 198, 68
 7   ROI = image[y:y+h, x:x+w]
 8
 9   # 计算均值和标准差
10   mean, STD = cv2.meanStdDev(ROI)
11
12   # 把帧像素限定在指定范围内
13   offset = 0.2
14   clipped = np.clip(image, mean - offset*STD, mean + offset*STD).astype(np.uint8)
15
16   # 规范化到指定范围
17   result = cv2.normalize(clipped, None, 0, 255, norm_type=cv2.NORM_MINMAX)
18
19   cv2.imshow('result', result)
20   cv2.waitKey()
```

图3-20　规范化示范代码

图3-20所示程序说明如下：行6～7用于获取原图右下角的ROI，此ROI内的像素包括灰色像素和偏白像素，但基本不含黑色像素；行10计算ROI的像素均值和标准差；行14使用np.clip()函数把原图像素限定在均值附近一定范围内，得到clipped图像，这一步操作是非线性的；行17把clipped图像规范化到0～255范围内，这是一种线性拉伸。

对比图3-19和图3-20，显然后者图像增强效果得到显著优化，在本例中，基于ROI进行图像规范化是一种更好的选择。

3.1.10　直方图均衡化

直方图简单而言就是用于表达灰度图像中各灰阶（0～255）出现的次数或频率的柱状图。通过直方图，我们可以直观地了解图像中各灰阶的分布情况。

首先我们来学习如何绘制图像的直方图。计算并绘制图像的直方图有多种方法，这里我们采用numpy库来计算，使用matplotlib库来绘制，代码如图3-21所示。

```
 1   import matplotlib.pyplot as plt
 2   import numpy as np
 3   import cv2
 4
 5   def calcAndDrawHistPlt(image):
 6       bins = np.arange(257) #257个点，构成256个格子
 7
 8       hist, bins = np.histogram(image, bins) #计算直方图
 9       width = 0.7 * (bins[1] - bins[0]) #乘以小于1的数，让相邻柱子有间隙
10       center = (bins[:-1] + bins[1:]) / 2 #计算256个格子的中心X坐标
11       plt.bar(center, hist, align='center', width=width) #绘制256根柱子
12
13   if __name__ == '__main__':
14       img = cv2.imread('images/lena02.png', 0)
15       calcAndDrawHistPlt(img)
16       plt.show()
```

图3-21　计算并绘制图像的直方图

图3-21代码说明如下：行5～11定义了名为calcAndDrawHistPlt的函数，该函数可用于计算并绘制图像的直方图，这里需要传入的参数是单通道图像数据；行6生成由0、1、2、…、256共257个连续整数构成的列表，这连续的257个整数构成了256个格子（即区间）；行8用于对单通道图像image计算直方图hist，hist中存有0～255共256级灰阶分别出现的次数；行9用于计算直方图中每一根柱子的宽度，这里系数0.7可保证每一根柱子的宽度小于格子宽度，从而保证相邻柱子之间有间隙；行10用于计算256个格子的水平中心X坐标center；行11调用plt的绘制条状图函数bar来绘制直方图，center指明256根柱子的水平中心X坐标，hist指明256根柱子的高度（即各灰阶分别出现的次数），width指明柱子的宽度；行13～16用于测试上述函数。行14得到了lena照片的灰度图img；行15用于计算并绘制lena灰度图像的直方图；行16用于显示直方图。

图3-22所示为测试程序输出的直方图。

在图3-22中，有的柱子高度为0，自然就没有画出来，通过观察可知，lena灰度照片中灰度级为60和150附近的像素较多。

图像直方图均衡化的目的是改善图像的对比度，使得图像中的所有灰度级相对均匀分布，这样可以使得在图像中难以看清的细节变得清晰可见。直方图均衡化通过对图像的灰阶进行某种非线性变换，使得变换后的图像直方图为近似均匀分布（即图像在0～255各灰阶上的分布相对更加均衡），从而达到提高图像对比度和增强图片的目的。本章我们采用cv2.equalizeHist()函数来对灰度图进行直方图均衡化，示例代码如图3-23所示。

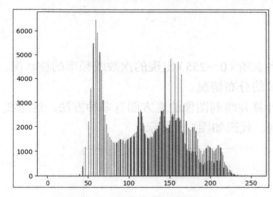

图3-22　lena灰度照片的直方图

```
13    gray = cv2.imread("images/lena02.png", 0)
14    cv2.imshow("src", gray)
15    calcAndDrawHistPlt(gray)
16
17    dst = cv2.equalizeHist(gray)
18    cv2.imshow("dst", dst)
19
20    plt.figure()
21    calcAndDrawHistPlt(dst)
22    plt.show()
23    cv2.waitKey(0)
```

图3-23　对灰度图进行直方图均衡化的示例代码

图3-23所示程序说明如下：行14显示原灰度图；行15计算并绘制原灰度图的直方图；行17对gray图像进行直方图均衡化，得到dst图像（均衡化之后的图像）；行18显示直方图均衡化之后的新灰度图；行20新建一张plt图，以免前后两张直方图叠加在同一张plt图上；行21～22计算并绘制新灰度图的直方图并显示出来。

图3-24所示是以上程序的执行结果。

对均衡化操作前后的图像直方图进行对比，显然，后者实现了更宽更均衡的灰度值分布。

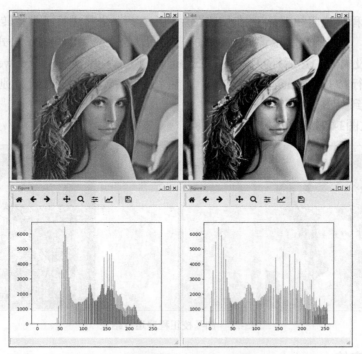

图3-24　灰度图的直方图均衡化前后对比

3.1.11　伽马校正

现实世界中几乎所有的CRT显示设备、摄影胶片和许多电子照相机的光电转换特性都是非线性的。这些非线性部件的输出与输入之间的关系可以用类似如图3-25所示公式来描述，其中，gamma是输入的指数。必须注意，此时输入和输出均介于0～1之间。

伽马校正、几何变换以及从摄像头读取视频流和图像帧

$$L_{\text{out}} = V_{\text{in}}{}^{\text{gamma}}$$

图3-25　伽马校正的公式

在图像处理领域，为方便人眼辨识图像，有时要将摄像机采集的图像进行伽马校正，即对输入图像的灰度值进行指数变换，进而校正亮度偏差。当gamma值大于1时，图像会变暗；当gamma值小于1时，图像会变亮。下面通过如图3-26所示程序来示范程序的写法。

```
4    # 加载图片，把图像元素的数据类型转换成浮点数，再除以255，把像素值控制在0-1之间
5    img = cv2.imread('images/lena02.png').astype(np.float32) / 255
6    cv2.imshow('src', img)
7
8    gamma = 0.5
9    corrected_img = np.power(img, gamma)
10   cv2.imshow('gamma < 1', corrected_img)
11
12   gamma = 2.2
13   corrected_img = np.power(img, gamma)
14   cv2.imshow('gamma > 1', corrected_img)
```

图3-26　伽马校正示范程序

图3-26所示程序说明如下：行5在加载图片到内存后，先是进行了类型转换，转换成浮点型（np.float32），再进一步将像素值控制在0～1之间，这是应用伽马校正公式之前必须做的；行8把gamma值设成0.5，然后行9对原图的三通道分别进行指数运算（np.power），得到变亮了的校正图像；行12把gamma值设成2.2，然后行13对原图的三通道分别进行指数运算（np.power），得到变暗了的校正图像。

读者可通过图3-27体会伽马校正的效果。

图3-27　伽马校正程序运行结果

3.1.12　几何变换

常见的几何变换包括图像缩放、平移、旋转等。下面我们逐一以案例形式予以介绍。

1．缩放

现在有一张图片，我们想把它的宽度调为原来的0.5倍，高度调为原来的0.6倍，在OpenCV中有两种编程方法可以实现这个目标，参见图3-28所示的程序。

```
3    img = cv2.imread('images/lena02.png',1)
4    cv2.imshow('src',img)
5    height,width = img.shape[:2]
6    newHeight = int(0.6*height)
7    newWidth = int(0.5*width)
8    newSize = (newWidth,newHeight) #size（宽，高），是先宽后高
9    dst = cv2.resize(img,newSize)
10   cv2.imshow('dst',dst)
```

图3-28　图像的缩放

图3-28所示程序说明：行5提取彩色图像形状的前两部分内容，即高和宽，请大家注意，shape中的结构为先高后宽；行6～7用于计算新高和新宽，请大家注意类型转换；行8用于构建新size结构（即目标图像的尺寸），size的结构为先宽后高，和shape的情况相反；行9实施缩放操作。

图3-29所示是缩放结果。

由于cv2.resize()函数功能强大，以上程序的功能我们可以更简洁地完成，程序如图3-30所示。

图3-29　图像缩放前后

```
3    img = cv2.imread('images/lena02.png',1)
4    cv2.imshow('src',img)
5    dst = cv2.resize(img, None, fx=0.5, fy=0.6)
6    cv2.imshow('dst',dst)
```

图3-30　使用cv2.resize()函数的缩放系数完成图像缩放

图3-30所示程序说明：行5中resize()函数的第二个参数设为None，表示该参数的取值是无所谓的，而目标图像的size由fx、fy指定；fx是水平方向（即宽度方向）的缩放系数，fy是垂直方向（即高度方向）的缩放系数。

2. 平移

图像的平移和旋转等都可以通过仿射变换（Affine Transformation）来实现，仿射变换听起来很高深，其实不然，它指的是在几何中，对一个向量空间进行一次线性变换并接上一个平移，变换为另一个向量空间。OpenCV中的仿射变换函数是cv2.warpAffine()，它的原型如下：

dst = cv2.warpAffine(src, M, dsize[, flags[, borderMode[, borderValue]]])

参数说明：

dst：输出图像；

dsize：输出图像的大小；

src：表示原始图像；

M：一个2行3列的变换矩阵，类似于图3-31；

flags：用于指定插值方法，默认为cv2.INTER_LINEAR（即线性插值）；

borderMode：表示边的类型；

borderValue：表示边界值。

将图像平移变换时M矩阵按图3-31设置。

$$M = \begin{bmatrix} 1 & 0 & t_x \\ 0 & 1 & t_y \end{bmatrix}$$

图3-31　平移变换时的M矩阵

图3-31中，t_x是水平方向的平移距离（右正左负），t_y是垂直方向的平移距离（下正上负）。示范程序如图3-32所示，我们将lena图像向右下方移动些许距离。

图3-32所示程序说明：行7～9构建平移矩阵M，其中tx=50表示图像将右移50像素，ty=50表示图像将下移50像素；行10表示对img图像实施平移变换，但保持平移前后宽、高不变。

图3-33所示是该程序的运行结果。由图3-33可见，平移产生的空档填充了纯黑色像素。

```
img = cv2.imread('images/lena02.png',1)
cv2.imshow('src',img)
h,w = img.shape[:2]
tx = 50
ty = 50
M = np.float32([ [1,0,tx],[0,1,ty] ])
after = cv2.warpAffine(img,M,(w,h))
cv2.imshow('after',after)
```

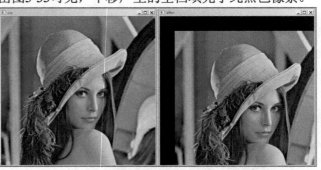

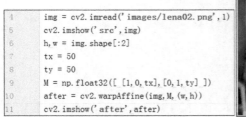

图3-32　图像平移的示范程序

图3-33　平移程序的运行结果

3. 旋转

前面提过，旋转依然可以通过OpenCV中的仿射函数cv2.warpAffine()来实现，而旋转矩阵M可通过OpenCV中的另一个函数cv2.getRotationMatrix2D()来指定，该函数的原型如下：

M = cv2.getRotationMatrix2D(center, angle, scale)

center：指输入图像的旋转中心坐标，以元组形式提供；

angle：指旋转角（以度为单位），要注意的是，逆时针旋转角为正，顺时针旋转角为负；

scale：指各向同性缩放系数，水平、垂直两方向的缩放系数均为scale。

下面我们编程实现lena图片旋转：以输入图像中心为旋转点，逆时针旋转30°，并将旋转后的倾斜图像缩放到原来的0.6倍（水平、垂直两方向的缩放系数均为0.6），程序如图3-34所示。

```
3  img = cv2.imread('images/lena02.png',1)
4  cv2.imshow('src',img)
5  h,w = img.shape[:2]
6  M = cv2.getRotationMatrix2D((w/2,h/2),30,0.6) #倾斜图像缩小了
7  after = cv2.warpAffine(img,M,(w,h)) #目标图像大小不变
8  cv2.imshow('after',after)
9  cv2.waitKey()
```

图3-34　旋转图像的程序

图3-34所示程序说明如下：行5用于获取原始图像的高和宽；行6用于生成旋转矩阵M，旋转中心在原图像的中心，旋转角为逆时针30°，缩放系数为0.6，显然旋转后的有效目标图像将缩小；行7对img图像实施旋转操作，旋转后的整体目标图像维持原大小不变。

图3-35所示是程序的旋转结果。

图像的常用几何变换还有透视变换等，本书后面会用到，到时再来学习。

图3-35　图像的旋转结果

3.1.13　从摄像头读取视频流和图像帧

前面我们读取的图像都来自外存中的图像文件，事实上，我们很多时候需要通过计算机摄像头来获取视频流和图像帧，下面通过示范程序来学习相关编程知识。程序如图3-36所示。

```
3    cam = cv2.VideoCapture(0)  #创建视频捕获器对象
4    # fps = cam.get(cv2.CAP_PROP_FPS) 返回0, 导致错误
5    fps = 30  #请直接指定
6
7    frame_width = cam.get(cv2.CAP_PROP_FRAME_WIDTH)  #帧宽
8    frame_height = cam.get(cv2.CAP_PROP_FRAME_HEIGHT)  #帧高
9    size = (int(frame_width), int(frame_height))
10   fourcc = cv2.VideoWriter_fourcc(*'DIVX')  #视频编解码器
11   videoWriter = cv2.VideoWriter('images/my_video.avi',
12       fourcc, fps, size)  #创建视频流写入对象
13
14   success, frame = cam.read()
15   while success:
16       success, frame = cam.read()
17       videoWriter.write(frame)  #向视频文件写入当前帧
18       cv2.imshow('win', frame)
19
20       key_dec = cv2.waitKey(1) & 0xFF
21       if ord('q') == key_dec or ord('Q') == key_dec:
22           cv2.imwrite('images/last_frame.jpg', frame)  #把最后一帧存盘
23           break
24
25   cam.release()  #释放视频捕获器对象
26   videoWriter.release()  #释放视频流写入对象
```

图3-36　通过摄像头获取视频流和图像帧

图3-36所示程序说明如下：行3用于创建视频捕获器对象cam，其中实参0代表所使用的摄像头编号；行5指定视频帧率fps（frames per seconds），注意这里不能使用cam.get(cv2.CAP_PROP_FPS) 来获取fps，因为这样获得的fps为0，会导致后面创建视频流写入对象时出错；行7～9用于获取帧宽和帧高（帧指的是构成视频流的每一幅静态图像），并构建帧size结构（先宽后高）；行10用于创建视频编解码器对象，此处的fourcc意为四字符代码（Four-Character Codes），顾名思义，实参字符串由4个字符组成，'DIVX'表示MPEG-4编解码类型；行11创建

视频流写入对象，其中参数1是将要向其中写入帧的视频文件名，其余参数前面已说明；行14、16表示通过视频捕获器对象读取当前帧到frame变量中，success表示读取是否成功；行17表示向视频文件中写入当前帧frame；行20～23表示当用户按下q或Q键时，把最后一帧存储到指定图片文件中，并退出while循环；行25表示释放视频捕获器对象；行26表示释放视频流写入对象。

在某些Windows环境下，执行语句cam=cv2.VideoCapture(0)时会报错，错误信息为：CvCapture_MSMF::initStream Failed to set mediaType，这时可以把该句修改为：

cam=cv2.VideoCapture(0, cv2.CAP_DSHOW)

【项目准备】

1. 硬件条件
一台台式计算机或一部笔记本电脑。

2. 软件条件
（1）Python包：numpy 1.19.5、OpenCV-Python 4.5.3.56等。
（2）PyCharm Windows社区版，Version: 2021.2.1，Build: 212.5080.64。

贴图操作

【任务实施】

1. 决策及处理流程
本章的综合项目虽然不复杂，但也不是一步就能完成的，所以，我们在编程前需要思考并规划好实施的步骤。

本章综合项目编程步骤如图3-37所示。

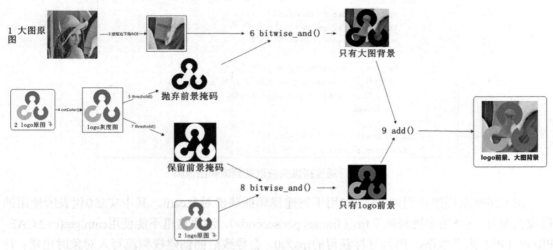

图3-37　第3章综合项目编程步骤

如图3-37所示，整个编程过程细分为9步，作者在图中标注了步骤编号1～9。显然，本综合项目的核心要点是要深刻理解掩码图的作用：在使用bitwise_and()时，原图像的像素是否能传递到输出图像，取决于掩码图。只有与掩码图上像素不为0的区域位置对应的原图像的那部分像素才会传递到输出图像，否则输出图像上对应位置像素的所有通道分量都被设置为0。

2. 步骤 1、2：读取大图原图和 logo 原图

代码如图3-38所示。

```
1    import cv2
2    #读取两张图片，第一张是lena大图，第二张是logo
3    lena = cv2.imread('images/lena03.png',1) #1
4    logo = cv2.imread('images/OpenCV-logo.png',1) #2
```

图3-38　综合项目步骤1和步骤2

图3-38所示代码说明：行3表示以三通道彩图方式读取lena大图原图；行4表示以三通道彩图方式读取logo原图。

3. 步骤 3：提取大图右下角 ROI

代码如图3-39所示。

图3-39所示代码说明：行6用于获取大图的高、宽；行7用于获取logo原图的高、宽；行8用于获取大图的右下角局部，把它作为ROI。

本步骤输出如图3-40所示。

```
6     h1,w1,ch1 = lena.shape # 高，宽，通道数
7     h2,w2,ch2 = logo.shape
8     roi = lena[h1-h2:h1, w1-w2:w1 ] #3 取大图的右下角为roi
9     #注意：对roi的操作就是对lena的操作
10    cv2.imwrite('images/zh-roi.png',roi)
11    cv2.imshow('roi',roi)
```

图3-39　综合项目步骤3

图3-40　综合项目步骤3的输出

4. 步骤 4：把 logo 原图转换为灰度图

代码如图3-41所示。

图3-41所示代码说明：行14用于把三通道彩图转换为灰度图gray。

本步骤输出如图3-42所示。

```
13    #得到logo灰度图
14    gray = cv2.cvtColor(logo, cv2.COLOR_BGR2GRAY) #4
15    cv2.imwrite('images/zh-gray.jpg',gray)
16    cv2.imshow('gray',gray)
```

图3-41　综合项目步骤4

图3-42　综合项目步骤4的输出

5. 步骤 5：通过二值化获取抛弃 logo 前景的掩码图

代码如图3-43所示。

图3-43所示代码说明：行19以220为阈值，当像素值大于220时输出255，否则输出0，从而得到二值掩码图mask1。本步骤可挑选的阈值很多，不仅限于220。

本步骤输出如图3-44所示。

```
18  # 获取抛弃logo前景的掩码图mask1
19  ret, mask1 = cv2.threshold(gray, 220, 255, cv2.THRESH_BINARY) #5
20  cv2.imwrite('images/zh-mask1.jpg',mask1)
21  cv2.imshow('mask1',mask1)
```

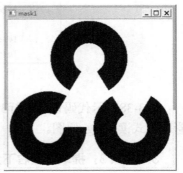

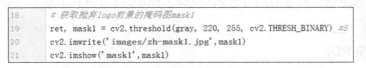

图3-43　综合项目步骤5

图3-44　综合项目步骤5的输出

6. 步骤 6：通过按位与操作获得只有大图背景而 logo 前景挖空的局部图

代码如图3-45所示。

图3-45所示代码说明：行24使用按位与操作，使得输出图像fg1与mask1黑色像素对应的部分输出0，与mask1白色像素对应的部分原样输出ROI像素值。本句中，在mask1的控制下，roi与roi自己进行按位与操作，这种按位与操作只要允许输出的就一定是roi原像素，只不过某些位置不允许进行按位与操作，直接输出0。

本步骤输出如图3-46所示。

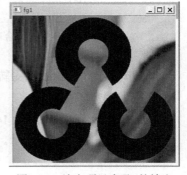

```
23  #logo前景被换成黑色像素，背景为大图背景，得到fg1
24  fg1 = cv2.bitwise_and(roi,roi,mask=mask1)  #6
25  cv2.imwrite('images/zh-fg1.jpg',fg1)
26  cv2.imshow('fg1',fg1)
```

图3-45　综合项目步骤6

图3-46　综合项目步骤6的输出

7. 步骤 7：通过二值化获取保留 logo 前景的掩码图

代码如图3-47所示。

图3-47所示代码说明：行29以220为阈值，当像素值大于220时输出0，否则输出255，从而得到二值掩码图mask2。

本步骤输出如图3-48所示。

```
28     # 获取保留logo前景的掩码图mask2
29     ret, mask2 = cv2.threshold(gray, 220, 255, cv2.THRESH_BINARY_INV) #7
30     cv2.imwrite('images/zh-mask2.jpg',mask2)
31     cv2.imshow('mask2',mask2)
```

图3-47　综合项目步骤7

图3-48　综合项目步骤7的输出

8.　步骤 8：通过按位与操作获得只有 logo 前景而背景挖空的局部图

代码如图3-49所示。

图3-49所示代码说明：行34使用按位与操作，使得输出图像fg2与mask2黑色像素对应的部分输出0，与mask2白色像素对应的部分原样输出logo图像素值。

本步骤输出如图3-50所示。

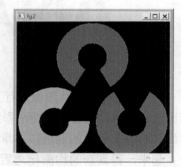

```
33     #logo前景保留，背景全黑，得到fg2
34     fg2 = cv2.bitwise_and(logo,logo,mask = mask2) #8
35     cv2.imwrite('images/zh-fg2.jpg',fg2)
36     cv2.imshow('fg2',fg2)
```

图3-49　综合项目步骤8

图3-50　综合项目步骤8的输出

9.　步骤 9：通过 add() 函数把两个局部图相加

代码如图3-51所示。

图3-51所示代码说明：行39用于把fg1和fg2相加，这两幅图尺寸相同，对应像素值可以相加，相加结果更新了ROI。

本步骤输出如图3-52所示。

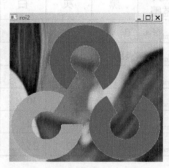

```
38     # 把fg1和fg2相加，结果去替换roi
39     roi[:] = cv2.add(fg1, fg2) #9
40     cv2.imwrite('images/zh-roi2.jpg',roi)
41     cv2.imshow('roi2',roi)
```

图3-51　综合项目步骤9

图3-52　综合项目步骤9的输出

至此,我们圆满地完成了本章的综合项目任务!

【任务拓展】

(1)将"anaconda.png"图片(如图3-53所示)贴至lena的照片(如图3-1所示)的左下角,写出代码并调试运行。

图3-53 anaconda.png

(2)如何针对彩色图像进行直方图均衡化?自行找一张彩图,完成该图的直方图均衡化,写出代码并调试运行。(提示:彩色图像有三个通道,首先进行通道分解得到三个单独的通道;然后针对每个单独的通道按本章方法进行直方图均衡化;最后把三个经过均衡化之后的通道合并起来,得到新的均衡化之后的彩图。)

(3)如何识别图像中的特定颜色?(提示:使用HSV色彩空间,参考表3-4设定颜色的范围,通过cv2.inRange()函数获取掩码图,掩码图上为0的像素对应非指定颜色,掩码图上为255的像素对应指定颜色。)

表 3-4 HSV 色彩空间中颜色范围的界定

HSV 范围	颜 色										
	黑	灰	白	红		橙	黄	绿	青	蓝	紫
H_{min}	0	0	0	0	156	11	26	35	78	100	125
H_{max}	180	180	180	10	180	25	34	77	99	124	155
S_{min}	0	0	0	43		43	43	43	43	43	43
S_{max}	255	43	30	255		255	255	255	255	255	255
V_{min}	0	46	221	46		46	46	46	46	46	46
V_{max}	46	220	255	255		255	255	255	255	255	255

【项目小结】

要完成项目任务，我们需要先细化需求，然后根据细化后的需求提取ROI、获取掩码图、执行图像按位操作，等等，直到达到目标。

3.2　课后习题

一、单选题

1．如图3-54所示，请问该图片的行0、列510位置的蓝色分量像素值是多少？（　　）

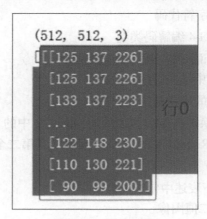

图3-54　练习附图

  A、122   B、110   C、230   D、221

2．指定ROI区域的程序写法中，以下哪个是正确的？（　　）

  A、roi=gray[y:y+h, x:x+w]   B、roi=gray[y:y+w, x:x+h]

  C、roi=gray[x:x+w, y:y+h]   D、roi=gray[x:x+h, y:y+w]

3．设x1 > x0, y1 > y0，以下正确的图像裁剪方式是哪个？（　　）

  A、[x1:x0, y1:y0]   B、[x0:x1, y0:y1]

  C、[y0:y1, x0:x1]   D、[y1:y0, x1:x0]

4．以下语句 r=cv2.selectROI(image) 返回的内容是什么？（　　）

  A、左上 x，左上 y，右下 x，右下 y

  B、左上 x，左上 y，选中区域宽，选中区域高

  C、左上 x，左上 y，选中区域高，选中区域宽

  D、左下 x，左下 y，选中区域宽，选中区域高

5．size=(30,50)语句中指定的宽度是多少？（　　）

  A、80   B、50   C、30   D、20

6．当图像由RGB色彩空间转换为Gray色彩空间时，处理方式为（　　）

  A、Gray=0.3×R+0.4×G+0.3×B

B、Gray=0.2×R+0.6×G+0.2×B

C、Gray=0.4×R+0.3×G+0.3×B

D、Gray=0.299×R+0.587×G+0.114×B

7. OpenCV-Python中图像按位与的函数是哪个？（　　）

A、bitwise　　　　　　B、bitwise_and　　　　　C、bitwise_or

D、bitwise_not　　　　E、bitwise_xor　　　　　　F、以上都不正确

8. fourcc=cv2.VideoWriter_fourcc(*'DIVX')，关于该语句的以下说法中错误的是（　　）。

A、该语句创建了视频编解码器对象，用变量 fourcc 对该对象进行了引用

B、*表示按字典方式传递实参

C、fourcc 意思是 四字符代码

D、'DIVX'表示 MPEG-4 编解码类型

9. 以下关于几何变换的说法中，哪个是错误的？（　　）

A、平移变换 M 矩阵中最关键的参数在第三列

B、平移变换 M 矩阵的形状是两行三列

C、为了获得旋转变换矩阵 M，可以使用 OpenCV 中的 getRotationMatrix2D(...)函数

D、OpenCV 中的 getRotationMatrix2D(...)函数，其第二个参数是旋转角度，默认采用弧度制（相当于 180°）

10. 关于掩码图像，以下表述中错误的是（　　）。

A、掩码图像一般是二值图像

B、掩码图像的作用是掩盖原图像

C、原始图像中和掩码图像的 0 值区域对应的部分被遮盖

D、原始图像中和掩码图像的 255 值区域对应的部分被暴露

11. mask=cv2.inRange(hsv, low_green, high_green) 中的high_green 的形状是什么？（　　）

A、(1,3)　　　　　　B、(3,1)　　　　　　C、(3,)　　　　　　D、(1,)

12. 阅读以下Python程序片段：

mask=np.zeros(src.shape[:2], dtype=np.uint8)

mask[y:y+h,x:x+w]=255　　# roi

around=mask!=255

请问 around 中与 roi 区域对应的元素取值是什么？（　　）

A、False　　　　　　B、0　　　　　　C、True　　　　　　D、1

13. 阅读以下Python程序片段：

channels=cv2.split(src)

...

dst=cv2.merge(channels)

以上程序片段哪里有错？（　　）

A、最后一行，应为 dst=cv2.merge(channels[0],channels[1],channels[2])

B、最后一行，应为 dst=cv2.merge((channels))

C、第一行有错，应为 channels[:2]=cv2.split(src)

D、以上都不对

二、判断题

1．从彩图转换到灰度图时，红色通道的权重排名第二。（　）

2．cv2.imshow函数不能正确显示像素值归一化到[0.0, 1.0]区间的图像。（　）

3．我们可以通过item()、itemset()方法实现对图像中单个像素的读和写。（　）

4．clipped=np.clip(image, low, high).astype(np.uint8) 语句中的clip函数实现了非线性的像素值收缩功能。（　）

5．res=cv2.normalize(clipped, None, 0, 255, norm_type=cv2.NORM_MINMAX) 语句中的normalize函数实现了非线性像素缩放功能。（　）

6．center=(bins[:-1]+bins[1:])/2程序用于求各格子的中心，比如2和3构成一个空格，其中心将算出为2.5。（　）

7．cv2.threshold函数的返回值有两个，其中第二个才是返回的二值化结果图像，如果不关心第一个返回值，代码可以这么写：_,res=cv2.threshold(...)。（　）

8．res=cv2.bitwise_and(src,200,mask=mask)语句将对src图像实施绿化。（　）

9．伽玛校正可以用于调整图像的亮暗程度，在做伽玛校正前一定要先把图像像素值归一化到0~1之间。（　）

10．为什么需要插值？当仅知道数量不足的离散点的数据时，这些数据点之间的其他点的取值必须用插值算法计算出来。最典型的插值算法是线性插值，比方在2和1.5之间还有一个点的值不确定，那这个点根据线性插值就该取值为1.75。（　）

11．仿射变换是指在几何中，一个向量空间进行线性变换或者再接上平移变换，变换为另一个向量空间。简而言之，仿射变换就是线性变换+平移。（　）

12．线性变换具有以下几个特点：变换前是直线的，变换后依然是直线；直线各段比例在变换前后保持不变；变换前是原点的，变换后依然是原点。（　）

13．平移、旋转等几何变换产生的空档默认用白色像素填充。（　）

14．若想识别图像中指定的颜色块（比如蓝色），一般使用HSV色彩空间。（　）

15．所谓的各向同性缩放，指宽度、高度方向的缩放比例相同。（　）

16．利用HSV识别图像中的颜色时，要理解颜色不是一个点，而是一个区间，是区间就有上界和下界。（　）

17．res[around]=(255,0,0) 表示将res图像中与 around 中取值为True位置对应的那些元素置为蓝色。（　）

18．cv2.waitKey(1) 表示等待1秒，1秒后，即使用户没有回应，程序也会继续执行。（　）

19．cv2.waitKey()等同于 cv2.waitKey(0)，表示无限等待，直到用户做出回应为止。（　）

20．在img.shape 返回的元组中，宽在高前面。（　）

21．cv2.IMREAD_COLOR是一个枚举量，它代表的整型值为1，它表示以彩图（三通道）方式读取图片文件。（　）

3.3 本章小结

通过本章的学习和训练，学生应学会从图片文件获取图像数据；能通过摄像头获取彩色图像序列；能够将图像转换到不同色彩空间中；学会获取掩码图像；学会使用ROI；学会图像的像素级操作；学会图像间的按位操作；学会图像的规范化操作；能够对图像进行基础几何变换，等等。图3-55所示是第3章的思维导图。

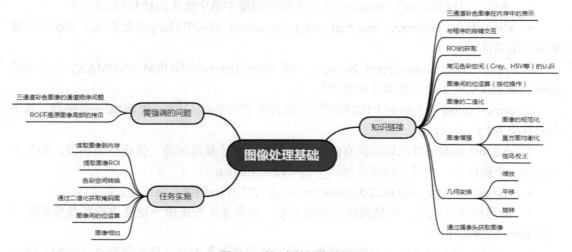

图3-55　第3章的思维导图

第4章 图像滤波

在第3章我们学习并训练了图像处理的基础知识和技能，本章将围绕图像滤波展开学习。图像滤波包括空间域图像滤波和频率域图像滤波，本章均会涉及，我们把重点放在空间域图像滤波及相关的知识和技能上。在本章的综合项目中我们将采用ROI和mask图像等概念完成交通视频中的车道线检测和绘制。车道线检测是自动驾驶（辅助驾驶）的一个核心功能，相信同学们会有兴趣学习它的常规实现。

4.1 项目3 交通视频中的车道线检测和绘制

【项目导入】

2022年某日下午，我们实际驾车到深圳市南山区沙河西路录制了一个交通视频，视频帧如图4-1所示。

图4-1 交通视频帧示例

现在，我们想通过Python程序检测我们所驾车辆所处的车道线，要怎么实现呢？

为达成目标，我们需要相对系统地学习图像模糊去噪、边缘检测、哈夫直线检测等基础知识和技能。本章的综合项目相比第3章有一定的复杂性，通过演练，我们不仅可以巩固已学习的基础知识和技能，而且可以锻炼我们综合运用基础知识和技能的能力。

【项目任务】

本项目的任务是检测出视频帧中的车道线，可参考图4-2。

图4-2　第4章综合项目完成图

【项目目标】

1. 知识目标

（1）理解卷积特征图的生成过程。

（2）了解卷积的三种模式（full、same、valid）。

（3）理解常用模糊去噪方法的基本原理和适用场合。

（4）了解边缘的概念和边缘检测的基本数学原理。

（5）理解使用傅里叶变换进行图像滤波的原理。

（6）了解数学形态学操作的常规作用。

（7）理解连通域标记的基本含义。

2. 技能目标

（1）能使用cv2.filter2D函数完成卷积操作。

（2）能使用均值滤波、高斯滤波、中值滤波和双边滤波等操作实现模糊去噪。

（3）能使用Sobel算子、Scharr算子和拉普拉斯算子等实现边缘检测，掌握它们的优缺点。

（4）能使用Canny算法实现边缘检测。

（5）能使用傅里叶变换实现高通、低通和带通滤波。

（6）能使用数学形态学操作实现去噪、填补内部小空白等。

（7）能完成图像中的轮廓检测与绘制。

（8）能完成图像的连通域标记。

（9）能使用哈夫变换完成图像中直线和圆等的检测。

3. 职业素养目标

（1）培养学生严谨、细致、规范的职业素质。

（2）培养学生团队协作及表达沟通能力。

（3）培养学生跟踪新技术及创新设计能力。

卷积

（4）培养学生的技术标准意识、操作规范意识、服务质量意识等。

【知识链接】

4.1.1　卷积（Convolution）

　　实施卷积操作需要原图像和卷积核，以图4-3为例，原图像是5×5的单通道图像，卷积核是3×3的矩阵。卷积操作是利用卷积核在原图像上从左向右、从上向下逐渐滑动，当滑动暂停时，将原图像像素点的灰度值与卷积核上对应的数值相乘，然后将所有相乘后的值相加作为卷积核中间像素对应的原图像上像素的灰度值，并最终滑动完所有原图像区域的过程。这里的相乘后相加其实就是我们在线性代数里面所熟悉的内积（点乘）运算。以图4-3为例，刚开始的时候，卷积核与原图像左上角3×3的区域对应，此时生成卷积特征图像素的计算过程如下：1×1+1×0+1×1+0×0+1×1+1×0+0×1+0×0+1×1=4。接着，将卷积核向右滑动1个像素的距离（步长），如图4-4所示，再次执行类似的相乘后累加的步骤，可得到卷积特征图第一行第二列像素的值3。当卷积核滑动到原图像的右侧尽头再无法向右侧滑动时，卷积核先回退到原图像左侧尽头再向下滑动一个像素的距离，同样执行类似的相乘后累加的步骤得到卷积特征图第二行第一列像素的值。以此类推，直到卷积核滑动完所有原图像区域为止。图4-3、图4-4中的Image是原图像，Convoluted Feature是通过卷积操作得到的卷积特征图。

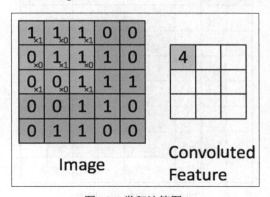

图4-3　卷积计算图1

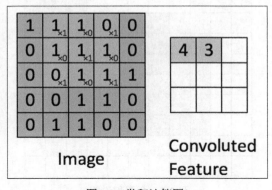

图4-4　卷积计算图2

　　图像卷积操作是图像滤波的主要类型，卷积核（Kernel）也称为二维滤波器矩阵（简称为滤波器Filter）。关于卷积核，我们还需要了解以下知识点：

- 步长是卷积核沿着原图像每次移动的距离，步长可以为1，也可以大于1。
- 卷积核的大小必须是奇数×奇数，这样的卷积核才有唯一的中心位置，卷积核的中心点称为锚点。
- 如果卷积核的所有元素之和为1，则可保证卷积前后图像的总体亮度不变；如果卷积核的所有元素之和大于1，则卷积后的图像总体会变亮；如果卷积核的所有元素之和小于1，则卷积后的图像总体会变暗。特殊情况下，如果卷积核的所有元素之和为0，则卷积后的图像不会完全变黑，但一定是非常暗的。

- 卷积核的设定可以有各种情况，进而导致卷积后图像的像素值可能出现负数或大于255的情况，这时，我们要把它们调整回0~255的范围，具体方法可以是截断、取绝对值或加正偏移等。

- $m \times n$大小的图像，用$k \times k$的卷积核去做卷积，若步长为1且不加填充，则结果图像大小为：$(m-k+1) \times (n-k+1)$。

卷积的模式有三种：full、same和valid。在实际使用时要注意加以区分。

卷积的full模式也称为全卷积模式，它指的是从卷积核（Kernel）和原图像（Image）刚相交时就开始做卷积（这相当于引入了填充），请参考图4-5加以理解，这时上下左右各方向均填充2像素。假设卷积的步长为1，大家算一算卷积后的图像有多大？8×9，你算对了吗？计算方法如下：$(6+2\times2-3+1) \times (7+2\times2-3+1)=8\times9$。

卷积的same模式指的是当卷积核的锚点（中心点）与图像的边角重合时开始做卷积，请参考图4-6加以理解，这时上下左右各方向均填充1像素。显然，在same模式下卷积核的运动范围比full模式下的要小。当卷积采用same模式时，如果卷积步长为1，则卷积后的图像大小与原图像一样，正因为如此，卷积的same模式是较常采用的模式。以图4-6为例，卷积后的图像大小计算方法为：$(6+2\times1-3+1) \times (7+2\times1-3+1)=6\times7$。

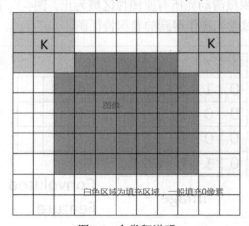

图4-5　全卷积说明

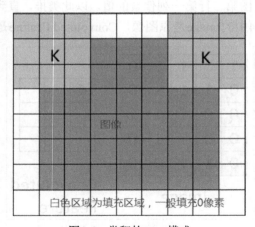

图4-6　卷积的same模式

卷积的valid模式指原图像不做任何填充就开始做卷积，这时，卷积核的运动范围是最小的。这种情况下，只要卷积核大于1×1，卷积后的图像相比原图像必然变小。

在OpenCV中可以使用cv2.filter2D()函数来完成卷积操作，该函数的原型如下所示。

dst=cv2.filter2D(src, ddepth, kernel[, dst[, anchor[, delta[, borderType]]]])

参数说明：

src：指原图像；

dst：指目标图像，与原图像尺寸和通道数相同，即filter2D采用的是卷积的same模式；

ddepth：指目标图像的像素深度（每像素由多少位来表示），当ddepth=-1时，表示输出图像与原图像有相同的像素深度；

kernel：指卷积核，为单通道浮点二维矩阵。如果要将不同的卷积核应用于不同的通道，需事先对原图像进行通道拆分，然后单独处理每个通道；

anchor：卷积核的锚点，默认值(-1,-1)表示锚点位于卷积核中心；

delta：将卷积结果加上由该参数指定的值，该参数默认为0；

borderType：用于表明采用same模式时填充区域如何生成，默认情况下并非填充0像素，而是采用镜像模式，如gfedcb|abcdefgh|gfedcb，其中|表示原图像的边界，原图像像素是中间的abcdefgh，左边的gfedcb和右边的gfedcb均通过镜像得到。

要想使用卷积的full模式，可使用scipy.signal.convolve2d()函数，读者若有需要可自行检索相关资料。

下面我们举一个最简单的例子，代码如图4-7所示。

```
4   image = cv2.imread('images/lena02.png')
5   # Apply identity kernel
6   kernel = np.array([[0, 0, 0],
7                      [0, 1, 0],
8                      [0, 0, 0]])
9   identity = cv2.filter2D(src=image, ddepth=-1, kernel=kernel)
10  cv2.imshow('src', image)
11  cv2.imshow('identity', identity)
```

图4-7　对图像进行identity滤波

图4-7所示代码说明如下：行6～8生成一个卷积核，该核中只有锚点元素为1，其余元素均为0；行9表示使用kernel核对image图像进行滤波，因为该卷积核的特殊性，卷积后的结果和原图像一模一样，所以该核称为identity核。

4.1.2　模糊去噪

模糊去噪

噪声在图像上常表现为引起较强视觉效果的孤立像素点或像素块。一般来讲，噪声信号与要研究的对象不相关，它以无用的信息形式出现，扰乱图像的可观测信息。在图像获取过程中以及图像信号传输过程中都有可能引入噪声。常见的图像噪声主要有以下几种：高斯噪声（随机噪声）、泊松噪声、乘性噪声和椒盐噪声（在图像上表现为黑白杂点）等。

模糊操作即平滑操作，它的目的是在尽量保留原图像信息的基础上，去除图像的噪声。OpenCV中有不少函数可实现模糊去噪，下面我们通过案例来学习它们。在学习过程中，我们不仅要掌握这些函数的用法，还要掌握它们的适用范围。

1．均值滤波

顾名思义，在均值滤波的卷积核中，每个元素的值都相等。此外，为保持滤波前后总体亮度不变，要求卷积核中的所有元素之和为1，所以一个5×5的均值滤波卷积核应如图4-8所示。图4-9所示的程序示范了均值滤波的用法。

```
5    img = cv2.imread('images/lena02.png')
6    img=cv2.cvtColor(img, cv2.COLOR_BGR2RGB)
7    # 直接使用cv2.blur() 进行均值滤波
8    blur = cv2.blur(img, (5, 5))
9
10   # 自行构造卷积核，然后使用cv2.filter2D() 来滤波
11   kernel = np.ones((5, 5), np.float32) / 25
12   dst = cv2.filter2D(img, -1, kernel)
13
14   imgName = [img, blur, dst]
15   titleName = ['Src', 'Blur', 'Filter2D']
16
17   for i in range(3):
18       plt.subplot(1, 3, i + 1), plt.imshow(imgName[i]), \
19       plt.title(titleName[i])
20       plt.xticks([]), plt.yticks([])
21   plt.show()
```

$$K = \frac{1}{25} \begin{bmatrix} 1 & 1 & 1 & 1 & 1 \\ 1 & 1 & 1 & 1 & 1 \\ 1 & 1 & 1 & 1 & 1 \\ 1 & 1 & 1 & 1 & 1 \\ 1 & 1 & 1 & 1 & 1 \end{bmatrix}$$

图4-8　一个5×5的均值滤波卷积核　　　　　图4-9　均值滤波的用法

　　图4-9所示程序说明如下：行6实现BGR到RGB通道顺序的转换，目的是使后面能正常使用plt输出图像；行8直接使用cv2.blur()函数进行均值滤波，这里的参数(5,5)表明使用5×5的均值滤波卷积核；行11自行构建了5×5的均值滤波卷积核kernel，行12使用kernel对img进行滤波，得到结果图像dst；行14～21使用plt的子图绘制方法在同一行分3列分别输出原图像、Blur滤波结果和Filter2D滤波结果，行19为每张子图添加标题，行20表示取消x、y两个方向的刻度。

　　图4-10是图4-9所示程序的输出结果图。

图4-10　均值滤波的输出结果

　　从图4-10可以看出，两种实现均值滤波的方法其结果是一样的。

2. 高斯滤波

　　提到高斯滤波，不能不提到高斯分布函数，该函数的图像是著名的钟形曲线，中心点概率（影响力）最大，离中心点越远，概率（影响力）越小。高斯滤波的卷积核就是这样设计的，中心锚点的值最大，越远离中心，点的值越小。在OpenCV中，高斯滤波的卷积核不用我们来计算，调用cv2.GaussianBlur()函数即可完成图像的高斯滤波，该函数原型如下。

dst=cv2.GaussianBlur(src, ksize, sigmaX[, dst[, sigmaY[, borderType=BORDER_DEFAULT]]])

参数说明：

src：原图像，它既可以是单通道图像，也可以是多通道图像；

dst：滤波后的结果图像；

ksize：卷积核的尺寸，其值必须是（奇数，奇数）；

sigmaX：卷积核在X方向（水平方向）上的标准差，这是必须要提供的参数，一般设置为0；

sigmaY：卷积核在Y方向（垂直方向）上的标准差，这是可选参数，默认值为0；

当sigmaX=0且sigmaY=0时，函数将按如下方法计算这两个参数的真实值：

sigmaX=0.3×[(ksize.width−1)×0.5−1]+0.8

sigmaY=0.3×[(ksize.height−1)×0.5−1]+0.8

borderType：一般采用默认值即可。

高斯滤波适用于消除高斯噪声。图4-11中的lena02_gauss.png是添加了高斯噪声的lena照片。

```
3    img = cv2.imread('images/lena02_gauss.png')
4    result = cv2.GaussianBlur(img,(5,5),0)
5    cv2.imshow('src',img)
6    cv2.imshow('result',result)
```

图4-11　图像高斯滤波示范

图4-11的代码很简单，参照上述函数的参数说明可知，行4中cv2.GaussianBlur()里的sigmaX和sigmaY的真实值均为1.1。图4-12是图4-11所示代码的执行结果。

图4-12　高斯滤波代码执行结果

3. 中值滤波

中值滤波没有卷积核的概念，它采用的是非线性的滤波方法，即取区域范围内像素值的中间值作为目标图像的像素值。如图4-13所示，滤波后区域中心点像素值要由10变成什么值呢？这里假设区域范围是(3,3)，则取3×3范围内的9个点的像素值列表，先升序排序得到2、3、

3、4、4、5、6、6、10，然后取中间值（这里是第五个值）4来取代原来的10。

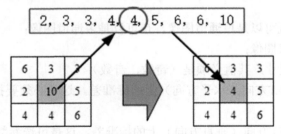

图4-13　中值滤波原理图

在OpenCV中，中值滤波函数是cv2.medianBlur()，参数很简单，我们直接展示代码，如图4-14所示。

```
3    img = cv2.imread('images/lena02_saltPepper.png')
4    #读img图像进行中值滤波，取中值区域范围是(5,5)
5    imagenormal = cv2.medianBlur(img, 5)
6    cv2.imshow('src', img)
7    cv2.imshow('Noiseless_image', imagenormal)
```

图4-14　中值滤波示范程序

图4-14所示程序说明如下：行3用于读取图片文件的三通道彩色图像，这里特别选择了带椒盐噪声的lena照片；行5使用中值滤波函数对img进行滤波除噪，其中第二个参数5表示区域范围是(5,5)。图4-15是图4-14所示程序运行结果，可以看出，中值滤波对于去除椒盐噪声特别有效！

图4-15　中值滤波前后图像对比

4.1.3　边缘检测、双边滤波和锐化

边缘是图像中一块区域与另一块区域分界的地方，也就是图像灰度剧烈变化之处。边缘主要有四类：阶梯边缘（Step Edge）、斜坡边缘（Ramp Edge）、山脊边缘（Ridge Edge）和屋顶边缘（Roof Edge），如图4-16所示。

边缘检测、双边
滤波和锐化

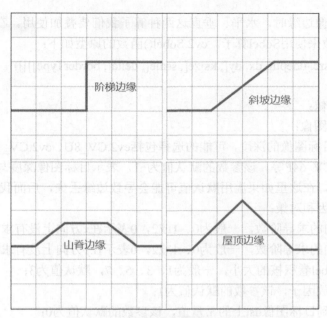

图4-16 边缘的各种常见类型

根据研究，人眼的视觉细胞对图像边缘特别敏感，所以边缘提取在图像处理中具有非常重要的地位。在图像理论中，用梯度（Gradient）来描述图像灰度变化率。边缘属于梯度值比较大的地方。我们可以通过梯度计算来获取图像的边缘，但完成精确的梯度计算是非常耗时的，我们要使用简化的方法。图4-17展示了一阶梯度的简化计算方法。

$$\frac{\partial f(x,y)}{\partial x} \approx \frac{f(x+1,y)-f(x,y)}{1} = f(x+1,y)-f(x,y)$$

图4-17 一阶梯度的简化计算方法

我们在具体实施图像边缘检测时用的一般也是滤波的方法，图像研究者们在上述简化计算方法的启发下设计了一些卷积核（也称为算子），这些算子包括Sobel算子、Scharr算子等。

1. Sobel 边缘检测

大小为3×3的Sobel算子有两种，如图4-18所示。图片左半部分的算子是水平Sobel算子，为什么称为水平的呢？因为它实现了右减左，这个操作是水平方向的，大致相当于$f(x+1,y)-f(x-1,y)$，如果这个差值的绝对值比较大，说明当前列左右的灰度差比较大，那么当前列就是边缘了。图片右半部分的算子是垂直Sobel算子，因为它实现了垂直方向的"下"减"上"。

$$\begin{bmatrix} -1 & 0 & 1 \\ -2 & 0 & 2 \\ -1 & 0 & 1 \end{bmatrix} \qquad \begin{bmatrix} -1 & -2 & -1 \\ 0 & 0 & 0 \\ 1 & 2 & 1 \end{bmatrix}$$

水平Sobel算子　　　　　　　垂直Sobel算子

图4-18 大小为3×3的两种Sobel算子

当实际提取图像边缘时，水平、垂直这两种算子我们要叠加使用。在OpenCV中，可以通过cv2.Sobel()函数来使用Sobel算子。cv2.Sobel()函数的原型如下：

dst=cv2.Sobel(src, ddepth, dx, dy[, ksize[, scale[, delta[, borderType]]]])

参数说明：

src：表示原图像；

dst：表示目标图像；

ddepth：表示目标图像的深度，可能的选择包括cv2.CV_8U、cv2.CV_16U、cv2.CV_16S、cv2.CV_32F、cv2.CV_64F等。该参数的默认值为-1，表示目标图像深度与原图像深度相同。必须加以提醒的是，在这里如果滥用默认值可能会导致边缘丢失，后面我们将结合代码阐述导致这个问题的原因和对策；

dx：表示x方向的求导阶数，一般为0、1或2，0表示在x方向上没有求梯度；

dy：表示y方向的求导阶数，一般为0、1或2，0表示在y方向上没有求梯度；

ksize：代表Sobel卷积核的大小，一般为1、3、5、7，默认值为3；

scale：表示缩放因子，该参数的默认值为1；

delta：表示加到目标图像dst上的常量值，该参数的默认值为0；

borderType：表示边界类型，在其他函数中已述及。

范例程序如图4-19所示，这里要使用Sobel函数提取lena图像的边缘。

```
3    img = cv2.imread("images/lena02.png", 0)
4
5    sobelX = cv2.Sobel(img, cv2.CV_64F, 1, 0) #求水平一阶梯度
6    sobelY = cv2.Sobel(img, cv2.CV_64F, 0, 1) #求垂直一阶梯度
7    sobelXabs = cv2.convertScaleAbs(sobelX)  # 从cv2.CV_64F转回 cv2.CV_8U
8    sobelYabs = cv2.convertScaleAbs(sobelY)
9    dst = cv2.addWeighted(sobelXabs, 0.5, sobelYabs, 0.5, 0) #求综合梯度
10
11   cv2.imshow("src", img) #显示原灰度图
12   cv2.imshow("result", dst) #显示综合边缘图
```

图4-19　使用Sobel函数提取lena图像边缘的示范程序

图4-19所示程序说明如下：行3读取lena的灰度图img；行5中的"1,0"指的是dx=1，dy=0，表示只求水平方向上的一阶梯度，输出图像sobelX的深度是cv2.CV_64F，表明输出图像sobelX中的像素允许为负值。如果这里的深度参数设为-1（即cv2.CV_8U，即8位非负值），那么梯度计算结果只要是负数，都会转化为0（非边缘，因为边缘表现为梯度绝对值较大），从而导致边缘丢失；行6与行5类似，只不过这次求的是垂直方向上的一阶梯度；行7先求sobelX的绝对值，然后将其转化为8位无符号整数，得到灰阶介于0~255范围内的输出图像sobelXabs；行8先求sobelY的绝对值，然后将其转化为8位无符号整数，得到灰阶介于0~255范围内的输出图像sobelYabs；行9求两幅边缘图sobelXabs和sobelYabs的加权和，其中第一个0.5是sobelXabs的权重，第二个0.5是sobelYabs的权重，由此得到综合边缘图dst。图4-20是上述示范程序的运行结果。右半部分是综合边缘图，其中偏白的像素连线就是边缘。必须指出的是，以上方法只检测水平和垂直方向的边缘，因此这种方法对于纹理较为复杂的图像，其边缘检测效果是不

够理想的。

图4-20 Sobel示范程序的运行结果

2. Scharr 边缘检测

OpenCV提供了cv2.Scharr()函数,用以实现相比Sobel()函数精度更高的边缘提取,值得庆幸的是,Scharr边缘检测的性能与Sobel边缘检测的性能一样。因此,在对边缘检测要求较高的场景中,使用Scharr算子可能更为合适。cv2.Scharr()函数的原型如下:

dst = cv2.Scharr(src, ddepth, dx, dy[, dst[, scale[, delta[, borderType]]]])

相比Sobel函数的参数,Scharr没有ksize参数。在cv2.Scharr()函数中,dx、dy的组合只有两种情况:dx=0,dy=1或dx=1,dy=0。

范例程序如图4-21所示,这里我们要使用Scharr函数提取lena图像的边缘。

```
3    img = cv2.imread("images/lena02.png", 0)
4
5    scharrX = cv2.Scharr(img, cv2.CV_64F, 1, 0)  #求水平一阶梯度
6    scharrY = cv2.Scharr(img, cv2.CV_64F, 0, 1)  #求垂直一阶梯度
7    scharrXabs = cv2.convertScaleAbs(scharrX)  # 从cv2.CV_64F转回 cv2.CV_8U
8    scharrYabs = cv2.convertScaleAbs(scharrY)
9    dst = cv2.addWeighted(scharrXabs, 0.5, scharrYabs, 0.5, 0)  #求综合梯度
10
11   cv2.imshow("src", img)  #显示原灰度图
12   cv2.imshow("result", dst)  #显示综合边缘图
```

图4-21 使用Scharr函数提取lena图像边缘的示范程序

除了使用Scharr函数代替Sobel函数,图4-21所示程序的说明完全可以参考Sobel示范程序部分。图4-22是图4-21示范程序的运行结果。右半部分是综合边缘图,其中偏白的像素连线就是检测到的边缘。经过对比发现,Scharr算子可以实现比Sobel算子更高的精度,可以把比较细小的边缘也检测出来。

图4-22　Scharr示范程序的运行结果

3. 拉普拉斯边缘检测

拉普拉斯算子是一种二阶梯度算子，但它依然是线性操作。拉普拉斯算子的模板如表4-1所示。由表4-1可知，负拉普拉斯算子为中间元素减去周边四个元素之和，这个计算过程与周边元素的顺序无关，因此拉普拉斯算子具有旋转不变性，可以满足不同方向的图像边缘检测需求。需要加以提醒的是，我们不能针对同一张图片同时应用正、负拉普拉斯算子。表4-1中提到的外向边缘和内向边缘是指检测到的边缘是否延伸到图像的外部或内部。外向边缘是指检测到的边缘延伸到图像的外部，这种边缘通常是图像中物体与背景之间的边界。内向边缘是指检测到的边缘在图像的内部，这种边缘通常是图像中物体内部细节之间的边界。

表 4-1　拉普拉斯算子的模板

正拉普拉斯算子模板（中心系数为负）：用于提取外向边缘			负拉普拉斯算子模板（中心系数为正）：用于提取内向边缘		
0	1	0	0	−1	0
1	−4	1	−1	4	−1
0	1	0	0	−1	0

拉普拉斯算子对噪声敏感，因此在使用之前需要对图像进行降噪。此外，拉普拉斯算子是通过卷积来检测图像边缘的，由于进行卷积计算，相比其他边缘检测算法，它的处理速度较慢。

在OpenCV中，我们使用cv2.Laplacian()实现拉普拉斯边缘检测，该函数的原型如下：

dst = cv2.Laplacian(src, ddepth[, dst[, ksize[, scale[, delta[, borderType]]]]])

其中，ksize表示用于计算二阶梯度的核尺寸大小，该值必须是奇数，通常使用3。其余参数可参照cv2.Sobel函数。

Laplacian在OpenCV中主要用于检测外向边缘，如果需要检测内向边缘，则需要修改Laplacian算法来检测。

范例程序如图4-23所示，这里我们要使用Laplacian函数来提取lena图像边缘。

```
3    img = cv2.imread("images/lena02.png", 0)
4
5    lap = cv2.Laplacian(img,cv2.CV_64F,ksize=3)
6    dst = cv2.convertScaleAbs(lap)
7
8    cv2.imshow("src", img)  #显示原灰度图
9    cv2.imshow("result", dst)  #显示拉普拉斯边缘图
```

图4-23　使用Laplacian函数提取lena图像边缘的示范程序

有了前面的基础，这段代码就不用解释了。图4-24所示是程序的执行结果。

图4-24　Laplacian边缘检测示范程序的运行结果

4. Canny 边缘检测

Canny边缘检测与前述边缘检测方法的差异主要是Canny边缘检测采用多个步骤方法，且它能够消除不明显的边缘。下面我们简述它的具体步骤。

步骤1：使用高斯滤波去噪。

步骤2：先使用Sobel算子计算水平、垂直两个方向上的一阶梯度，然后再计算图像的梯度幅度与方向（参考图4-25），注意这里的梯度方向要规范化到8个方向（正东、东北、正北、西北、正西、西南、正南、东南）之一。

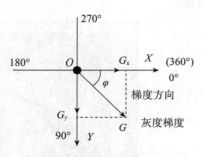

图4-25　图像的梯度幅度与方向

步骤3：应用非极大抑制。即具有相同梯度方向的多个相邻像素点，仅保留梯度幅度最大的那个像素点，其他的全被抑制掉（归0）。

步骤4：应用双阈值确定边缘。这里的双阈值，其中一个是高阈值，另一个是低阈值。梯度幅度（即梯度值）大于高阈值的肯定是边缘，称为强边缘。梯度幅度小于低阈值的全部被抑制掉。梯度幅度介于高阈值和低阈值之间的像素点，称为虚边缘。与强边缘连接的虚边缘处理为边缘，与强边缘无任何连接的虚边缘被抑制。

这些步骤可以有效地提高Canny算法的精度和鲁棒性，使得Canny边缘检测能够检测出较为精细的边缘，并且对于噪声较多的图像也能够较好地工作。这些优秀的性能使得Canny边

缘检测在计算机视觉和图像处理领域中具有非常高的地位。

在OpenCV中，我们使用cv2.Canny()函数实现Canny边缘检测，该函数的原型如下：

edges = cv2.Canny(image, threshold1, threshold2[, edges[, apertureSize[,L2gradient]]])

参数说明：

edges：表示最终得到的边缘图；

image：表示输入图像，必须是灰度图；

threshold1：低阈值；

threshold2：高阈值；

apertureSize：表示Sobel算子的尺寸，默认为3；

L2gradient：默认为False，表示使用L1范数计算梯度幅度。如果该参数被设为True，表示使用更精确的L2范数去计算梯度幅度。

范例程序如图4-26所示，这里我们要使用Canny函数提取lena图像的边缘。

```
3    img = cv2. imread(' images/lena02. png', 0)
4    edges = cv2. Canny(img, 100, 200)
5
6    cv2. imshow("src", img)  #显示原灰度图
7    cv2. imshow("result", edges)  #显示Canny边缘图
```

图4-26　Canny函数使用示范程序

有了前面的基础，这段代码就不用解释了。图4-27是程序的执行结果。可见，Canny边缘图相比其他边缘图实现了大幅瘦身，并且Canny边缘图是二值图，而上述的边缘图都是灰度图。

图4-27　Canny示范程序的运行结果

5. 双边滤波

之所以在边缘检测部分学习双边滤波，是因为双边滤波既能够平滑图像，又能够有效地保持图像中的边缘信息。前面我们所学的图像平滑方式如均值滤波、高斯滤波等会造成边缘模糊，因为在这些滤波方式中会计入邻域像素的影响。而我们现在学习的双边滤波在计算某

一个像素点的新值时，不仅考虑空间距离信息，还会考虑颜色距离信息。大家对颜色距离可能不太了解，两个像素点的灰阶值如果相差很大，那么这两个像素点的颜色距离就很大。举例来说，如果一个像素点的值为0，另一个像素点的值为255，两者相差255，颜色距离就很大。在双边滤波中，与当前像素点颜色距离很大的像素点会被给予较小的权值，在极端情况下，甚至可能给予权重值0，也就是忽略那点对当前像素点新值的影响。双边滤波是非线性的。在OpenCV中，使用cv2.bilateralFilter()来实现双边滤波，该函数的原型如下所示。

dst = cv2.bilateralFilter(src,dst,d,sigmaColor,sigmaSpace,borderType = BORDER_DEFAULT)

参数说明：

src：表示原图像；

dst：表示滤波后的图像；

d：表示邻域的直径，一般设置成5，当d>5时，滤波效率偏低；

sigmaColor：表示颜色距离的标准差，与当前像素点颜色距离小于sigmaColor的像素点才能够参与到当前滤波中来。当该值大于150时，滤波效果非常明显，但该值越大，边缘保持效果越差；

sigmaSpace：表示空间距离的标准差，该值仅在d<=0时才起作用，这时d的真实值会自动由sigmaSpace的值来确定，d的真实值与sigmaSpace成正比。sigmaSpace越大，表明有越多的像素点能够参与到当前滤波中来；

borderType：边界类型。

范例程序如图4-28所示，这里我们要使用bilateralFilter函数来对lena图像进行平滑处理。

```
3    img = cv2. imread('images/lena02. png')
4    imagenormal = cv2. bilateralFilter(img, 5, 150, 150)
5    cv2. imshow('src', img)
6    cv2. imshow('Noiseless_image', imagenormal)
```

图4-28　bilateralFilter示范程序

图4-28所示程序说明：行4对原图像img进行双边滤波，邻域直径设为5，颜色标准差设为150。图4-29是程序执行结果。由图可见，双边滤波后的边缘保持得较好。

图4-29　bilateralFilter示范程序的执行结果

6. 锐化

锐化的本质是在原图像的基础上增强边缘。下面以拉普拉斯锐化为例进行说明，程序代码请看如图4-30所示。

```python
3   def shapen_Laplacian(in_img):
4       I = in_img.copy()
5       lap = cv2.Laplacian(I, cv2.CV_64F, ksize=3)
6       lapDst = cv2.convertScaleAbs(lap)
7       a = 0.4
8       O = cv2.addWeighted(I, 1, lapDst, a, 0)
9       O[O > 255] = 255
10      O[O < 0] = 0
11      return O
12
13  img = cv2.imread("images/lena02.png", 0)
14  dst = shapen_Laplacian(img)
15  cv2.imshow("src", img)    #显示原灰度图
16  cv2.imshow("result", dst) #显示拉普拉斯锐化图
```

图4-30　拉普拉斯锐化示范程序

图4-30所示程序说明如下：行3～11将拉普拉斯锐化包装成函数shapen_Laplacian。该函数的输入是原图像。行4对原图像进行备份，得到备份图像I。行5～6对备份图像I进行拉普拉斯边缘提取，得到边缘图lapDst。行8将图像I与边缘图lapDst进行叠加，其中I的叠加系数是1，lapDst的叠加系数是0.4。叠加后可能造成某些像素点的值不在0～255范围内，则采取截断措施，保证结果图像的像素值均在0～255范围内。行14对shapen_Laplacian函数进行调用。图4-31是程序的执行结果，可以看出边缘增强效果是显然的。

图4-31　拉普拉斯锐化示范程序的执行结果

4.1.4　快速傅里叶变换

图像可被视为在X和Y两个方向上采样的信号，因此图像处理本质上是信号处理，进一步来讲，图像处理可分为空间域（Spatial Domain）处理和频率域（Frequency Domain）处理。本书的主要篇幅是学习图像的空间域处

快速傅里叶变换

理，前面我们已经学习了不少。总体而言，图像的空间域处理具有计算简单方便、易于直观理解等特点。事实上，图像既可以在空间域进行表示，也可以在频率域进行表示，并且这两种表示是等价的。这就给我们提供了一种新的图像处理思路：将图像从空间域转换到频率域，然后在频率域进行特定处理，处理完毕之后再转换回空间域。这种思路是可行的。后面我们通过案例可以体会到在频率域进行图像处理在某些情况下可能更加简单，其缺点是将图像在空间域和频率域来回转换比较耗时。在Numpy和OpenCV中都有相应的函数来帮助我们完成这些操作。由于篇幅原因，我们只介绍Numpy中的傅里叶变换相关函数。

数字图像经过傅里叶变换后，得到的是复数频域值，因此，显示傅里叶变换后的图像需要使用幅度（Magnitude）图像和相位（Phase）图像的形式，又因为幅度图像包含了原图像中的大部分信息，因此，我们在实际操作时一般仅使用幅度图像。对图像进行傅里叶变换后，我们得到了图像中的低频和高频成分。低频成分是图像中变化缓和的部分，比如图像中大片平坦的区域；而高频成分则是图像中变化剧烈的部分，比如边缘和噪声等信息。

图4-32示范程序将通过傅里叶变换的方法消除图像中的高频成分，留下低频成分，这种允许低频信号通过而让高频信号衰减的滤波器属于低通滤波器（Low Pass Filter）。

```
5    img = cv2.imread("images/lena02.png", 0)
6    f = np.fft.fft2(img)
7    fshift=np.fft.fftshift(f) # 低频移到中央了
8    magnitude_spectrum = 20*np.log(np.abs(fshift))
9
10   rows,cols = img.shape
11   crow,ccol = int(rows/2), int(cols/2)
12   mask = np.zeros(img.shape[:2],dtype=np.uint8)
13   mask = cv2.circle(mask,(ccol,crow),100,1,-1)
14   fshift *= mask
15   fshift[fshift==0] = 1
16   magnitude_spectrum2 = 20*np.log(np.abs(fshift))
17
18   f_ishift = np.fft.ifftshift(fshift) # 低频移回到四周
19   img_back = np.fft.ifft2(f_ishift)
20   img_back=np.abs(img_back).astype(int)
21   img_back[img_back>255] = 255
22   img_back[img_back<0] = 0
23
24   plt.subplot(221),plt.imshow(img,cmap="gray")
25   plt.title("Input"),plt.xticks([]),plt.yticks([])
26   plt.subplot(222),plt.imshow(magnitude_spectrum,cmap="gray")
27   plt.title("magnitude"),plt.xticks([]),plt.yticks([])
28   plt.subplot(223),plt.imshow(img_back,cmap="gray")
29   plt.title("Output"),plt.xticks([]),plt.yticks([])
30   plt.subplot(224),\
31   plt.imshow(magnitude_spectrum2,
32              vmax=np.max(magnitude_spectrum),
33              vmin=np.min(magnitude_spectrum),
34              cmap="gray")
35   plt.title("magnitude2"),plt.xticks([]),plt.yticks([])
36   plt.show()
```

图4-32　用傅里叶变换实现低通滤波器的示范程序

图4-32所示程序说明如下：行6用于把灰度图img变换到频率域，得到频率域图像f，f是复数矩阵，且低频在四周；行7用于把频率域图像f矩阵的低频成分移到中央，得到fshift（低频在中央）；行8用于求原灰度图像的频域幅度谱magnitude_spectrum；行10用于获取图像的高和宽；行11用于求图像的中心像素的y坐标crow和x坐标ccol；行12～15用于在频率域中处理图像，这里是去掉四周的高频成分。读者可以参看程序执行结果（见图4-33）右下角的子图来理解。行12创建了与原图像尺寸等大的纯黑图像mask；行13在mask图像的中心以100为半径填充了一个圆，填充像素值为1（倒数第二个参数），该函数最后一个参数-1表示填充（如果是1则表示线宽，此处不适合采用正值）；行14将fshift与mask的对应位置像素值相乘得到新的fshift，显然，fshift周边像素变为0（0乘以任何数均为0），中心附近像素不变（1乘以任何数均为任何数自己）；行15将fshift周边像素变为1（之所以这么做，是因为随后的行17要进行求对数计算，而0是无法求对数的）；行16用于求处理后图像的频域幅度谱magnitude_spectrum2；行18用于将处理后fshift中的低频成分移动回四周，其中i表示inverse，得到f_ishift（低频在四周）；行19用于将f_ishift变换回空间域，得到img_back；行20～22用于将img_back转为普通灰阶图，行21、22均为截断操作；行24～25用于绘制第一个子图，用于显示原灰度图像；行26～27用于绘制原图像的频域幅度谱图像magnitude_spectrum；行28～29用于绘制滤掉高频信号之后的新图像，噪声属于高频信号，所以新图像相比原图像噪声水平降低了；行30～35用于绘制新图像的频域幅度谱图像magnitude_spectrum2，行32～33必须添加，从而保证两次绘制频域幅度谱图像时像素取值范围的一致性；行36用于把前面绘制的四幅子图显示出来。

图4-33所示是程序的执行结果。

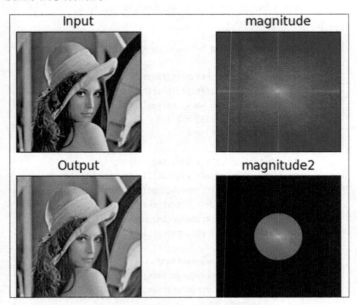

图4-33　用傅里叶变换实现的低通滤波器程序执行结果

允许高频信号通过而不允许低频信号通过的滤波器叫作高通滤波器，下面我们使用傅里叶变换实现一个高通滤波器，由于程序和图4-32中的非常相似，仅需用图4-34中的代码替换

图4-32程序的12～13行，所以我们只贴出这一小段代码。

```
12    mask = np.ones(img.shape[:2],dtype=np.uint8)
13    mask = cv2.circle(mask,(ccol,crow),60,0,-1)
```

图4-34　用傅里叶变换实现高通滤波器的示范程序（替换上一个程序的12-13行）

图4-34所示代码片段说明：行12创建了与原图像等大的掩码图像mask，初始像素值均为1；行13在mask图像的中心位置以60为半径填充一个圆，圆内像素值均为0。

图4-35是用图4-34所示代码改造后的程序的执行结果。这次，输出图像中的一些高频信号，如边缘、噪声等，见图4-35左下角子图。

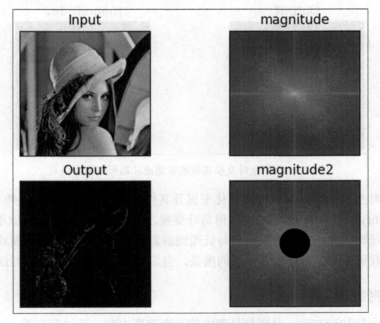

图4-35　用傅里叶变换实现的高通滤波器程序的执行结果

下面我们对图4-34所示程序再做一个简单改造，实现带通滤波器。带通滤波器只允许某个频率带的信号通过，频率很高和频率很低的信号都将被滤掉，需改造的部分代码参考图4-36实现。

```
12    mask = np.zeros(img.shape[:2],dtype=np.uint8)
13    mask = cv2.circle(mask,(ccol,crow),120,1,-1)
14    mask = cv2.circle(mask,(ccol,crow),60,0,-1)
```

图4-36　用傅里叶变换实现带通滤波器的示范程序（替换0程序的12～13行）

图4-36所示代码片段说明如下：行12创建了与原图像等大的纯黑图像mask；行13在mask图像的中心以120为半径填充了一个圆，填充像素值为1；行14在mask图像的中心以60为半径填充了一个圆，填充像素值为0；通过行13～14就得到了一个环带，环带中的像素值为1，环

带外的像素值为0，结果如图4-37所示。

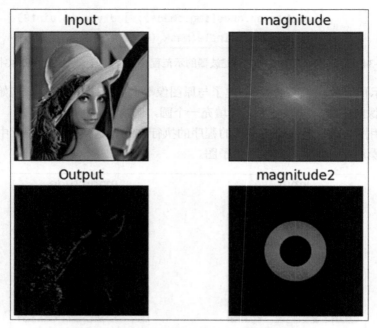

图4-37　用傅里叶变换实现的带通滤波器程序执行结果

对于傅里叶变换，我们可以通过优化来提升其性能，并且除Numpy之外，OpenCV库中也提供了cv2.dft()和cv2.idft()函数来实现傅里叶变换。限于篇幅，我们目前就不展开了。

在空间域范畴，我们也有很多高通与低通滤波器的实现，比如高斯模糊就是一种低通滤波器。此外，我们还可以根据实际场景的需要，自定义卷积核来生成高通与低通滤波器。

4.1.5　数学形态学

数学形态学简称形态学，是图像处理中的一个重要方向。通过形态学操作，我们可以获取图像的本质形状特征。形态学操作主要包括腐蚀、膨胀、开运算、闭运算、形态学梯度运算等，其中腐蚀和膨胀是基础操作。在使用形态学操作之前，要先定义一个被称为结构元的辅助工具。

数学形态学

1. 结构元

所谓结构元就是一个形状和大小已知的像素点集。在腐蚀、膨胀等操作过程中，需要使用它来逐像素扫描原图像，并根据结构元和原图像的关系来确定腐蚀或膨胀等操作的结果。可以把结构元看作是一种特殊的"卷积核"。结构元既可以使用二维矩阵形式来自定义，也可以使用cv2.getStrutcuringElement()函数来创建生成。

2. 腐蚀

腐蚀是最基本的形态学操作之一，它能够使图像前景沿着边界向内收缩，使图像前景变"瘦"，借此实现去噪、分割前景元素等功能。在OpenCV中，腐蚀操作的函数原型为：

cv2.erode(src, kernel[, dst[, anchor[, iterations[, borderType[, borderValue]]]]])

参数说明：

src：表示原图像，其通道数可以是任意多个，不要求一定是单通道图像；

dst：表示腐蚀后的目标图像，与原图像具有相同的大小和像素深度；

kernel：表示操作时所使用的结构元；

anchor：表示结构元中锚点的位置，锚点默认在结构元的中心；

iterations：表示操作的迭代次数，默认值为1；

borderType：表示边界类型，一般采用默认值；

borderValue：表示边界值，一般采用默认值。

3. 膨胀

膨胀是最基本的形态学操作之一，它能够使图像前景沿着边界向外扩张，使图像前景变"胖"，借此实现填补图像内存在的小空白等功能。在OpenCV中，膨胀操作的函数原型为：

cv2.dilate(src, kernel[, dst[, anchor[, iterations[, borderType[, borderValue]]]]])

该函数的参数含义与cv2.erode的相同。

4. 通用形态学操作

通用形态学操作函数不仅可以实现基本的腐蚀、膨胀，还可以实现腐蚀、膨胀的组合操作，如开运算、闭运算等，它的函数原型如下：

cv2.morphologyEx(src, op, kernel[, dst[, anchor[, iterations[, borderType[, borderValue]]]]])

该函数除op外的参数含义与cv2.erode的相同，op参数表示操作类型，详见表4-2。

表 4-2　cv2.morphologyEx()中的 op 参数常见取值、含义及用途

序　号	取　　值	名　　称	含　　义	主要用途
1	cv2.MORPH_ERODE	腐蚀	腐蚀	去噪、分割前景元素
2	cv2.MORPH_DILATE	膨胀	膨胀	填补图像内存在的小空白
3	cv2.MORPH_OPEN	开运算	先腐蚀再膨胀	去噪、计数
4	cv2.MORPH_CLOSE	闭运算	先膨胀再腐蚀	去除前景对象内部孔洞
5	cv2.MORPH_GRADIENT	形态学梯度运算	膨胀图减去腐蚀图	获取前景对象边缘
6	cv2.MORPH_TOPHAT	礼帽运算	原图像减去开运算图像	获取噪声或边缘信息
7	cv2.MORPH_BLACKHAT	黑帽运算	闭运算图像减去原图像	获取前景对象内部黑点
8	cv2.MORPH_HITMISS	击中击不中运算	前景、背景腐蚀运算的交集	寻找图像中的特定结构

形态学操作示范程序如图4-38所示。

图4-38所示程序说明如下：行5自定义了一个结构元kernel，这是一个5×5的元素全为1的方阵；行6表示使用kernel对img进行腐蚀操作；行7表示使用kernel对img进行膨胀操作；行13表示使用kernel对img2进行开运算操作，开运算是先腐蚀再膨胀，细小的噪点在腐蚀过程中被彻底消灭，在随后的膨胀过程中前景主体可以完全恢复，但噪点永远消失了；行18表示使

用cv2.getStructuringElement()函数生成5×5的矩形结构元kernel2；行19表示对img3进行闭运算，这时使用的结构元是kernel2，闭运算是先膨胀再腐蚀，在膨胀过程中前景主体内部的黑色小孔洞彻底被白色前景填充，同时前景主体变胖，在随后的腐蚀过程中前景主体可以完全恢复原状，但其内部的小孔洞永远消失了。

上述程序执行结果如图4-39所示，大家可以直观地体会常见形态学操作的执行效果。

```
4   img = cv2.imread('images/j.bmp', 0)
5   kernel = np.ones((5, 5), np.uint8)
6   erosion = cv2.erode(img, kernel)    # 腐蚀
7   dilation = cv2.dilate(img, kernel)   # 膨胀
8   cv2.imshow('1', img)
9   cv2.imshow('erosion', erosion)
10  cv2.imshow('dilation', dilation)
11
12  img2 = cv2.imread('images/j_noise_out.bmp', 0)
13  opening = cv2.morphologyEx(img2, cv2.MORPH_OPEN, kernel)   # 开运算
14  cv2.imshow('2', img2)
15  cv2.imshow('open', opening)
16
17  img3 = cv2.imread('images/j_noise_in.bmp', 0)
18  kernel2 = cv2.getStructuringElement(cv2.MORPH_RECT, (5,5))
19  closing = cv2.morphologyEx(img3, cv2.MORPH_CLOSE, kernel2)   # 闭运算
20  cv2.imshow('3', img3)
21  cv2.imshow('close', closing)
```

图4-38　形态学操作示范程序

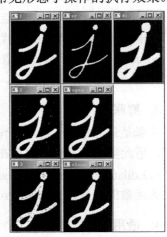

图4-39　形态学操作示范程序的执行结果

4.1.6　凸轮廓寻找与绘制

通过前面学习的边缘检测方法检测到的边缘不一定是一个封闭的整体，而我们现在将要学习的轮廓就是将边缘连接起来形成的一个封闭整体，每个轮廓是由一系列点组成的。在OpenCV中，使用cv2.findContours()函数来查找图像中的轮廓，使用cv2.drawContours()函数将轮廓绘制出来。这两个函数的原型及参数说明如下：

凸轮廓寻找与绘制
以及连通域标记

image, contours, hierarchy = cv2.findContours(image, mode, method) (OpenCV3适用)

contours, hierarchy = cv2.findContours(image, mode, method) (OpenCV4适用)

findContours()函数参数说明：

image：原图像，必须是二值图像；

contours：表示返回的轮廓列表，contours[i]表示第i个轮廓，而每个轮廓又是由一系列点组成的，所以contours[i][j]表示第i个轮廓的第j个点；

hierarchy：表示轮廓的层次结构。轮廓列表中的多个轮廓之间可能有平行关系、父子关系。轮廓间如果不存在包含关系则为平行关系。如果轮廓A完全包含在轮廓B的内部，那么称轮廓A是轮廓B的子轮廓，或者说轮廓B是轮廓A的父轮廓，请参看图4-40（图中outour contour为外轮廓，即父轮廓，

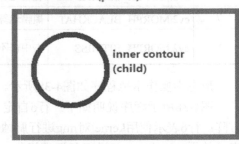

图4-40　矩形轮廓是圆形轮廓的父轮廓

inner contour为内轮廓，即子轮廓）。hierarchy[i]用于说明contours[i]和其他部分轮廓的层次结构关系，hierarchy[i]包括四部分：[**下一个轮廓的编号，前一个轮廓的编号，第一个子轮廓的编号，父轮廓的编号**]，如果这四部分的某些部分没有定义，就用-1表示；

mode：表示contours轮廓列表的获取方式，主要有以下4种获取方式。

- cv2.RETR_EXTERNAL：采用这种模式时只检测外轮廓，所有子轮廓都不会被检测出来；
- cv2.RETR_LIST：采用这种模式时可获取所有轮廓，但是轮廓间不建立层次关系，所有轮廓属于同一层次；
- cv2.RETR_CCOMP：将轮廓集组织成两级层次结构，所有外部边界置于第一层级，孔洞置于第二层级，孔洞中的轮廓又置于第一层级，以此类推；
- cv2.RETR_TREE：采用这种模式时可获取所有轮廓，并且建立一个层级树结构的轮廓列表。

method：表示轮廓的表达方式，主要有以下两种表达方式。

- cv2.CHAIN_APPROX_NONE：存储所有的轮廓点到contours[i]，且相邻两像素位置差不超过1；
- cv2.CHAIN_APPROX_SIMPLE：压缩水平方向、垂直方向和对角线方向上的元素，只保留该方向上的拐点坐标，拐点与拐点之间直线段上的其他点不予保留，例如，一个矩形轮廓采用这种表达方式时只需4个点来保存轮廓信息。

image = cv2.drawContours(image, contours, contourIdx, color[, thickness[, lineType[, hierarchy[, maxLevel[, offset]]]]])

drawContours()函数参数说明：

image：表示输入的原图像，注意本函数会原地（in-place）修改输入图像；

contours：表示要绘制的轮廓列表；

contourIdx：表示要绘制的具体轮廓的索引编号，如果设为-1，表示绘制轮廓列表中的所有轮廓；

color：表示绘制轮廓的线条的颜色，采用BGR通道顺序；

thickness：表示绘制画笔的粗细，-1表示填充；

lineType：表示绘制线型；

hierarchy：表示输出轮廓的层次信息；

maxLevel：用于控制所绘制轮廓的层次；

offset：偏移量，默认值为0。

4.1.7 连通域标记

图像的连通域是指图像中具有相同像素值并且位置相邻的像素组成的区域，连通域标记是指在图像中找出彼此互相独立的连通域并将它们用整数标记出来。连通域标记常用于对象分割、目标检测等场景。

连通域标记处理的是二值图像，在一个连通域内只有一种像素值。在OpenCV中有多个

函数可用于连通域标记和分析，为正确使用它们，我们需要了解以下两种邻域类型。如图4-41
所示，4-邻域连接表示周围像素处在中间像素的上下左右的位置，8-邻域连接则除包括上下
左右外还包括其对角的4个像素的位置。

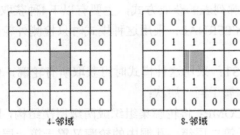

图4-41 两种邻域类型

下面我们介绍两个连通域标记与分析函数的用法。它们的函数原型如下：

num_labels, labels = cv2.connectedComponents(image, connectivity = None, ltype = None)

num_labels, labels, stats, centroids = cv2.connectedComponentsWithStats(image,connectivity = None, ltype = None,ccltype = −1)

以上两个函数的参数说明：

num_labels：图片中所有连通域的数目；

labels：表示标记不同连通域之后的输出图像，它与输入图像具有相同的尺寸；图像上每一连通域的标记，用数字1、2、3……表示（不同的数字表示不同的连通域）。连通域标记相当于对图片中每一个像素进行了分类；

image：表示待标记不同连通域的单通道二值图像，其数据类型必须为CV_8U，即8位无符号整数；

connectivity：用于指明标记连通域时使用的邻域类型，4表示4-邻域，8表示8-邻域；

ltype：表示输出图像的数据类型，目前仅支持CV_32S和CV_16U两种数据类型；

ccltype：用于指明在标记连通域时使用的算法类型标志，默认值为−1，默认值表示在使用8-邻域时采用的是BBDT算法，在使用4-邻域时采用的是SAUF算法；

stats：这是一个5列的矩阵，矩阵的每一行对应每个连通域的外接矩形的左上角点坐标、width、height和连通域的面积；

centroids：用于返回各连通域的中心点。连通域标记范例程序如图4-42所示。

图4-42所示程序说明如下：行4～22定义了一个函数，该函数可用于对指定图片文件进行连通域标记；行7用于对灰度图img进行二值化，得到二值图img；行9用于对二值图img进行连通域标记，标记结果图是labels，labels图中像素值只有0、1、2、3、4五种，请参看图4-43所示程序执行结果中作者所做的标记；行12用于把labels图中像素值映射到HSV空间的色调H，在本书的前面我们学习过，OpenCV中Hue的取值范围是0～179，于是得到色调通道label_hue；行13构建了与label_hue同样大小的通道blank_ch，其像素值全为255；行14使用merge函数生成三通道HSV图像labeled_img，紧接着行16将labeled_img转换到BGR色彩空间；行18把色调为0的背景像素全部替换为黑色像素。图4-43是该程序的执行结果，可见图像中有5个连通域（含标记为0的背景连通域），这些连通域在窗口中分别染以不同的颜色。

```
4    def connected_component_label(path):
5        img = cv2.imread(path, 0)
6        # 二值化
7        _, img = cv2.threshold(img, 127, 255, cv2.THRESH_BINARY)
8        # 连通域标记
9        num_labels, labels = cv2.connectedComponents(img)
10
11       # 把标记值映射到色调, OpenCV中色调范围是 0-179
12       label_hue = np.uint8(179 * labels / np.max(labels))
13       blank_ch = 255 * np.ones_like(label_hue)
14       labeled_img = cv2.merge([label_hue, blank_ch, blank_ch])
15
16       labeled_img = cv2.cvtColor(labeled_img, cv2.COLOR_HSV2BGR)
17       # 背景连通域设成 黑色
18       labeled_img[label_hue == 0] = 0
19
20       cv2.imshow('src', img)
21       cv2.imshow('cc', labeled_img)
22       cv2.waitKey()
23
24   connected_component_label('images/AI.jpg')
```

图4-42　连通域标记范例程序

图4-43　连通域标记范例程序的运行结果

4.1.8　边界框、最小包围矩形、最小包围圆等的计算和绘制

本部分列出常用的辅助函数及其参数说明，由于这些辅助函数较多，限于本书篇幅，就不一一举例了。

边界框、最小包围矩形、最小包围圆等的绘制，以及哈夫变换

retval = cv2.boundingRect(cnt)：用于计算轮廓的包围矩形retval。

cnt：轮廓；

retval：包围矩形的左上角点的x、y坐标及矩形的宽度和高度。

cv2.rectangle(image, start_point, end_point, color, thickness)：在image上绘制指定参数的矩形。

image：表示原图像，即将在其上绘制矩形；

start_point：矩形左上角点的x、y坐标，以元组形式给出；

end_point：矩形右下角点的x、y坐标，以元组形式给出；

color：矩形的边界线颜色，如果在彩图上绘制矩形，则color必须以BGR格式给出；如果

在灰度图上绘制矩形，则color必须以灰度级形式给出；

thickness：边界线宽度，以像素（px）为单位给出。

cv2.putText(image, text, org, font, fontScale, color[, thickness[, lineType[, bottomLeftOrigin]]])：用于在图像上绘制文字串。

image：表示原图像，即将在其上绘制文字串；

text：要绘制的文字串；

org：文字串左下角点的x、y坐标，以元组形式给出；

font：字体类型，如cv2.FONT_HERSHEY_SIMPLEX、cv2.FONT_HERSHEY_PLAIN等；

fontScale：字体大小系数；

color，thickness：同cv2.rectangle()函数；

lineType：线型参数，可选；

bottomLeftOrigin：默认为False，表示左上角点为图像的原点。

该函数的典型用法如"image=cv2.putText(image, 'OpenCV', (50, 50), cv2.FONT_HERSHEY_SIMPLEX, 1, (255, 0, 0), 2, cv2.LINE_AA)"

retval = cv2.minAreaRect(cnt)：绘制轮廓cnt的最小包围矩形框。

cnt：轮廓，即点集；

retval：返回的矩形特征信息，其结构是（最小包围矩形的中心(x,y)、（宽度,高度)、旋转角度），旋转角以度数为单位，而不是弧度。注意：retval的结构并不符合cv2.drawContours()函数的要求，必须使用cv2.boxPoints()函数将retval转换为符合进一步绘制要求的结构。

center, radius = cv2.minEnclosingCircle(cnt)：构造轮廓cnt的最小面积包围圆。

center：最小面积包围圆的圆心；

radius：最小面积包围圆的半径；

cnt：轮廓，即点集。

4.1.9 哈夫变换

哈夫变换可用于在图像中寻找直线或圆等形状。在OpenCV中，寻找直线可使用cv2.HoughLines()函数或cv2.HoughLinesP()函数，寻找圆可使用cv2.HoughCircles()函数。它们的函数原型如下所示。

lines = cv2.HoughLines(image, rho, theta, threshold)

lines：表示检测到的直线列表，每个元素(r,θ)代表极坐标下的一条直线，参见图4-44；

image：表示原图像，它必须是8位单通道的二值图像，推荐使用Canny边缘检测得到的结果图像作为image；

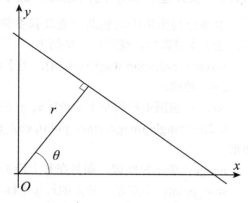

图4-44 (r,θ)代表红色直线

rho：距离r的精度，一般将该参数设为1；

theta：角度θ的精度，以弧度为单位，一般将该参数设为$\pi/180$；

threshold：指阈值，阈值较小则会检测出较多的直线；阈值较大则会检测出较少的直线。

lines = cv2.HoughLinesP(image, rho, theta, threshold, minLineLength = None, maxLineGap= None)

lines：表示检测到的线段列表，列表中的每个元素(x_1,y_1,x_2,y_2)代表一条线段，其中(x_1,y_1)表示线段的起点，(x_2,y_2)表示线段的终点；

image、rho、theta、threshold：参看cv2.HoughLines()函数中的同名参数；

minLineLength：所接受线段的最小长度；

maxLineGap：当接受直线段时允许的最大像素点间距，超过该值的两条共线线段不会合并为一条线段。

circles = cv2.HoughCircles(image, method, dp, minDist, param1, param2, minRadius, maxRadius)

circles：用于返回检测到的圆列表，圆列表中的每个元素由圆心坐标和半径构成；

image：表示原图像，它必须是单通道灰度图，不必是二值图像；

method：表示检测方法，目前一般使用cv2.HOUGH_GRADIENT；

dp：表示累加器分割比率，该值等于图像精度/圆心累加器精度；

minDist：表示圆心间的最小间距；

param1：对应canny边缘检测的高阈值，默认为100，低阈值则是高阈值的二分之一；

param2：表示必须收到的投票数，默认值为100，该值越大，检测到的圆越少；

minRadius：表示圆半径的最小值，小于该值的圆不会被检测出来，默认值为0，此时该参数不起作用；

maxRadius：表示圆半径的最大值，大于该值的圆不会被检测出来，默认值为0，此时该参数不起作用。

4.1.10 最小二乘拟合等

最小二乘多项式拟合，函数原型如下：

p = numpy.polyfit(x , y , deg , rcond = None , full = False, w = None, cov = False)

x：m个采样点的x坐标数组，其形状为(m,)；

y：m个采样点的y坐标数组，其形状为(m,)；

deg：拟合多项式的最高次数，如果deg=1，则拟合线性函数$y=k\times x+b$中的k和b；

rcond：拟合的相对条件数，可选；

full：用于确定返回值的性质，当它为False（默认值）时，仅返回系数数组；

w：权重，可选；

cov：如果该值不是False，还会返回协方差矩阵；

p：多项式系数数组，其形状为(deg+1,)。如果deg=1，则p为[k, b]。

【项目准备】

1. 硬件条件

一台计算机。

2. 软件条件

（1）Python包：Numpy 1.19.5、OpenCV-Python 4.5.3.56等。

（2）PyCharm Windows社区版，Version: 2021.2.1，Build: 212.5080.64。

【任务实施】

1. 难点剖析

本章的综合项目有较好的综合性且具有一定的实用性，它的每一个环节或步骤都不复杂，难点在于编程前要把总体思路、总体流程梳理清楚。

本章综合项目编程原理图如图4-45所示，分为10个步骤。

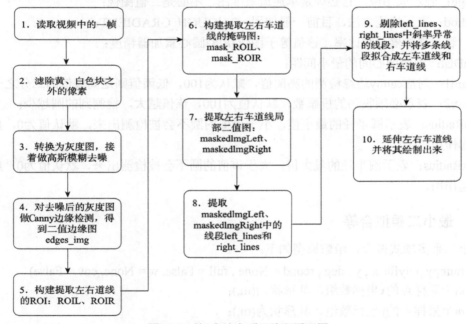

实现交通图中的直线检测和绘制项目

图4-45　第4章综合项目编程原理图

如图4-45所示，步骤1、2、5、6、7所用知识来自第3章知识链接，步骤3、4、8、9、10所用知识来自第4章知识链接。

2. 步骤 1：读取视频中的一帧

步骤1非常简单，代码如图4-46所示。

```
244    capture = cv2.VideoCapture('szShaheWestRoad2022.mp4')
245    while True:
246        ret, frame = capture.read()
```

图4-46　步骤1：读取视频中的一帧

图4-46所示代码说明如下：行244用于创建视频捕获器对象capture，它的视频数据来源和第3章的不同，之前来自摄像头，现在则来自指定视频文件szShaheWestRoad2022.mp4。行246用于通过capture读取一帧图像frame。

图4-47所示是视频中的一帧示例。

图4-47　视频中的一帧示例

3. 步骤2：滤除无关像素区块

大多数国家交通标线的颜色只有黄色、白色两种，为了读取交通标线，我们只需获取图中的黄色、白色像素块，图4-48中的代码展示了从三通道彩图获取黄色、白色像素块的过程。

```
5    def select_white_yellow(color_img): # color_img是三通道彩图
6        hsv = cv2.cvtColor(color_img, cv2.COLOR_BGR2HSV)
7
8        # 白色掩码图构建
9        lower_white = np.uint8([0, 0, 221])
10       upper_white = np.uint8([180, 30, 255])
11       mask_white = cv2.inRange(hsv, lower_white, upper_white)
12
13       # 黄色掩码图构建
14       lower_yellow = np.uint8([26, 43, 46])
15       upper_yellow = np.uint8([34, 255, 255])
16       mask_yellow = cv2.inRange(hsv, lower_yellow, upper_yellow)
17
18       # 合并两种掩码图
19       mask_line = cv2.bitwise_or(mask_white, mask_yellow)
20       return cv2.bitwise_and(color_img, color_img, mask=mask_line)
```

图4-48　步骤2：滤除无关像素区块

图4-48所示代码说明如下：

步骤2的整个过程被包装为select_white_yellow函数，该函数的输入参数是三通道彩图color_img。行6将三通道彩图color_img转换到HSV色彩空间，得到图hsv。我们随后要使用图hsv进行掩码图构建。行9设定了白色的下界，行10设定了白色的上界，行11通过cv2.inRange函数获得与hsv等高等宽的白色掩码图mask_white。行14设定了黄色的下界，行15设定了黄色的上界，行16通过cv2.inRange函数获得与hsv等高等宽的黄色掩码图mask_yellow。行19使用cv2.bitwise_or合并两种掩码图mask_white、mask_yellow，得到黄白掩码图mask_line。mask_line掩码图上为0的像素对应非黄白色块，掩码图上为255的像素对应黄白色块。在掩码图mask_line的控制下，行20使用按位与操作提取三通道彩图color_img上的黄白色块，黄白色块原样输出，其他色块输出0。

滤除无关色块后得到的黄白色块图如图4-49所示。

图4-49　步骤2的执行结果

4. 步骤3：灰度化并去噪

本步骤代码如图4-50所示，代码很少且浅显易懂。

```
30    gray_image = cv2.cvtColor(white_yellow_image, cv2.COLOR_BGR2GRAY)
31    gaussian_gray_img = cv2.GaussianBlur(gray_image, (gaussian_ksize, gaussian_ksize), 0)
```

图4-50　步骤3：灰度化并去噪

图4-50所示代码说明如下：行30将三通道图像white_yellow_image转换为单通道灰度图gray_image；行31用于对单通道灰度图gray_image进行高斯模糊去噪，得到新灰度图gaussian_gray_img。如果没有特别的发现，一般图像的噪声可视为高斯噪声。此处使用的卷积核尺寸是5×5，图像在x、y两个方向上的标准差采用默认值（看起来是0，其实不是0）。

图4-51所示为经历高斯去噪之后的灰度图，与图4-49相比，图像噪声水平大幅降低。

图4-51　步骤3的结果

5. 步骤4：实施 Canny 边缘检测

步骤4代码非常少，代码如图4-52所示。

```
33    edges_img = cv2.Canny(gaussian_gray_img, canny_threshold_low, canny_threshold_high)
```

图4-52　步骤4：实施Canny边缘检测

图4-52所示代码说明如下：行33用于使用Canny算法对去噪后的灰度图进行边缘检测，得到二值边缘图edges_img；此处使用的低阈值为40，高阈值为120。

二值边缘图示例如图4-53所示，观察此图，我们发现，边缘认定标准可以适当提高。

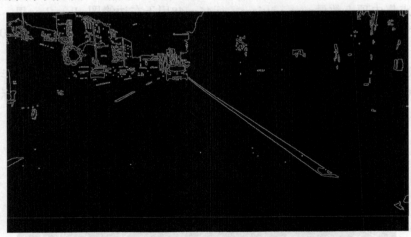

图4-53　步骤4输出的中间结果

6. 步骤5：构建左右 ROI

本步骤代码如图4-54所示。

```
37    height_width = gray_image.shape[:2]
38    ROIL_vertices = [
39        (width * 0.0, height * 0.56),
40        (width * 0.2, height * 0.34),
41        (width * 0.38, height * 0.36),
42        (width * 0.0, height * 0.87),
43    ]  # 以顺时针方向提供构成左边roi的一系列点
44    pts = np.array(ROIL_vertices, np.uint32)
45    num_vertices = len(ROIL_vertices)
46    for i in range(num_vertices-1):
47        cv2.line(edges_img, pts[i], pts[i+1], 255, 2)
48    cv2.line(edges_img, pts[i+1], pts[0], 255, 2)
49
50    ROIR_vertices = [
51        (width * 0.4, height * 0.3),
52        (width * 0.6, height * 0.3),
53        (width * 0.90, height * 0.8),
54        (width * 0.7, height * 0.8),
55    ]  # 以顺时针方向提供构成右边roi的一系列点
56    pts = np.array(ROIR_vertices, np.uint32)
57    num_vertices = len(ROIR_vertices)
58    for i in range(num_vertices - 1):
59        cv2.line(edges_img, pts[i], pts[i + 1], 255, 2)
60    cv2.line(edges_img, pts[i + 1], pts[0], 255, 2)
```

图4-54 步骤5：构建ROI

图4-54所示代码说明如下：行37用于获取图像的高度和宽度；行38～43用于以顺时针方向构建左侧ROI顶点集ROIL_vertices，顶点集里的每一个元素是一个顶点的x、y坐标；ROIL_vertices是一个拥有4个元素的列表，通过行44将其转换为形状为(4,2)的整型数组；行45用于获取顶点集中顶点数量num_vertices；行46～48用于在边缘图edges_img里，以循环方式按顺序把4个顶点用线段首尾连接起来，使用的颜色是白色，线宽为2；行50～60用于构建右侧ROI，其代码逻辑与行38～48完全相同，在此不再赘述。

图4-55是步骤5的输出结果。左右两个ROI的设定不能只看某一帧，要观察车道线在整个视频所有帧中的位置情况，且ROI不限于四边形。通过交互式鼠标单击多边形标注的方式来确定ROI是比较好的方法，我们在任务拓展部分设计了一个相关练习题。

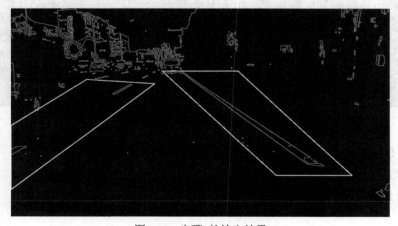

图4-55 步骤5的输出结果

7. 步骤 6：构建左右车道线掩码图

步骤6代码如图4-56所示。

```
72        mask_ROIL = np.zeros_like(gray_img)
73        mask_ROIR = mask_ROIL.copy()
74        # 仅保留 ROIL_vertices 或 ROIR_vertices 点集围住的区域，其余区域一律盖住
75        mask_ROIL = cv2.fillPoly(mask_ROIL, pts=np.array([ROIL_vertices],np.int32), color=255)
76        mask_ROIR = cv2.fillPoly(mask_ROIR, pts=np.array([ROIR_vertices], np.int32), color=255)
```

图4-56　步骤6代码

图4-56所示代码说明如下：行72~73用于构建与边缘图gray_img等高等宽的纯黑（0）掩码图mask_ROIL和mask_ROIR；行75表示将mask_ROIL掩码图中被ROIL_vertices顶点集围住的区域填充成255，其他区域保持为0；行76表示将mask_ROIR掩码图中被ROIR_vertices顶点集围住的区域填充成255，其他区域保持为0。

8. 步骤 7：提取左右车道线部分二值图

步骤7代码如图4-57所示。

```
78        maskedImgLeft = cv2.bitwise_and(gray_img, gray_img, mask=mask_ROIL)
79        cv2.imshow('maskedImgLeft', maskedImgLeft)   # 只有前方左边的车道线信息了
80
81        maskedImgRight = cv2.bitwise_and(gray_img, gray_img, mask=mask_ROIR)
82        cv2.imshow('maskedImgRight', maskedImgRight)  # 只有前方右边的车道线信息了
```

图4-57　提取左右车道线部分二值图

图4-57所示代码说明如下：行78使用按位与函数生成如图4-58所示的maskedImgLeft图，语句中起控制作用的是mask_ROIL，mask_ROIL中为0部分所对应的gray_img图像不输出（为0）；行81使用按位与函数生所成如图4-59所示的maskedImgRight图，语句中起控制作用的是mask_ROIR，mask_ROIR中为0部分所对应的gray_img图像不输出（为0）。

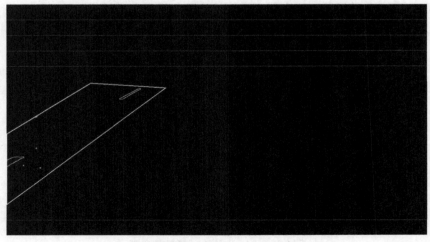

图4-58　maskedImgLeft图

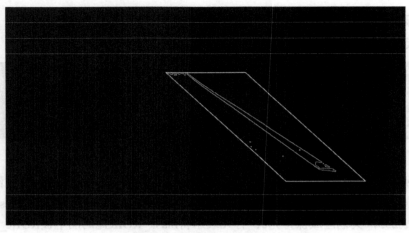

图4-59　maskedImgRight图

9. 步骤8：提取图像中的线段

步骤8代码如图4-60所示。

```python
# 用哈夫概率直线检测获取所有线段
lines = cv2.HoughLinesP(edge_img, 1, np.pi / 180, 20, minLineLength=35, maxLineGap=10)
if lines is None:
    return None, None  # 返回拟合后左车道线, 拟合后右车道线

# 按照斜率分成左车道线和右车道线
left_lines = [line for line in lines if calculate_slope(line) < 0]  # 左车道线的斜率小于0!
right_lines = [line for line in lines if calculate_slope(line) > 0]  # 右车道线的斜率大于0!
```

图4-60　提取图像中的线段得到左车道线集和右车道线集

图4-60所示代码说明如下：行160使用哈夫概率直线检测算法检测图edge_img中的所有线段集lines；行165将线段集lines中斜率为负的线段归于左车道线集left_lines。注意：在图像坐标系里，y轴正方向是朝下的，与我们中学阶段习惯的y轴正方向朝上正好相反，因此左车道线斜率为负；行166将线段集lines中斜率为正的线段归于右车道线集right_lines。

步骤8用到了辅助函数calculate_slope，该函数如图4-61所示。

```python
def calculate_slope(line):
    """
    计算线段line的斜率
    :param line: np.array([[x_1, y_1, x_2, y_2]])
    :return: k
    """
    x_1, y_1, x_2, y_2 = line[0]
    if not x_1 == x_2:  # 避免除0
        k = (y_2 - y_1) / (x_2 - x_1)
    else:
        k = 0  # 忽略
    return k
```

图4-61　calculate_slope函数的实现

图4-61所示代码说明如下：calculate_slope函数的参数line是个二维数组，它用于传入一条线段。行93用于取出线段两个端点的*x*、*y*坐标。行94～97用于计算线段的斜率*k*。此处进行了x_1是否等于x_2的判断，如果不等，则使用行95计算线段的斜率*k*，否则直接记斜率*k*为0。斜率*k*为0的线段将在后面的处理中被忽略。

10. 步骤 9：剔除线段集中斜率异常的线段并拟合多条线段

我们使用reject_abnormal_lines函数来剔除线段集lines中斜率异常的线段，得到更新版的线段集lines，代码如图4-62所示。

```
108 def reject_abnormal_lines(lines, threshold=0.35):
109     slopes = [calculate_slope(line) for line in lines]
110     z = zip(slopes, lines)
111     z2 = [(slope, line) for slope, line in z if 0.89 > slope > 0.35 or -0.89 < slope < -0.35]
112 
113     lines = None
114     if len(z2) > 0:
115         slopes, lines = zip(*z2)
116         slopes = list(slopes)
117         lines = list(lines)
118 
119         while len(lines) > 0:
120             mean_slope = np.mean(slopes)  # 求平均斜率
121             diff_slopes = [abs(s - mean_slope) for s in slopes]
122             idx_most = np.argmax(diff_slopes)  # 取出斜率差最大值的索引
123             # 如果与平均斜率的差大于 threshold 则剔除相应线段
124             if diff_slopes[idx_most] > threshold:
125                 slopes.pop(idx_most)
126                 lines.pop(idx_most)
127             else:
128                 break
129 
130     return lines
```

图4-62 reject_abnormal_lines函数

图4-62所示代码说明如下：行108的lines表示传入的线段集，threshold是阈值，默认值为0.35，我们将剔除lines中的部分斜率异常的线段。行109用于为lines中的每条线段计算斜率，并将这些线段的斜率组织成slopes列表。行110用于将slopes、lines两个列表对象中对应的元素打包成一个个元组，然后返回由这些元组组成的列表z。行111是第一次执行斜率剔除操作，仅当线段斜率slope在指定范围内时才保留该线段，行111返回由元组组成的列表z2。行115利用*号操作符将z2解压为两个元组slopes和lines。行116～117将元组slopes和lines转换为列表。行119～128是第二次执行斜率剔除操作，这部分总体结构是循环结构，当lines中的线段条数为正时循环继续。行120计算线段集lines的平均斜率mean_slope。行121计算线段集lines中各线段斜率与平均斜率mean_slope之差的绝对值，并将它们整合成列表diff_slopes。行122通过np.argmax函数统计出diff_slopes列表中最大值的索引号idx_most，即得到斜率差绝对值最大值的索引号。行124～126表示当斜率差绝对值大于threshold时剔除对应线段。若斜率差绝对值的最大值小于threshold，表明现存所有线段的斜率与平均斜率差的绝对值均不大于threshold，

此时可跳出while循环。

随后，我们使用least_squares_fit函数将线段集lines中的多条线段拟合成唯一一条线段。代码如图4-63所示。

```python
def least_squares_fit(lines):
    """
    将 lines 中的线段拟合成唯一一条线段
    :param lines: 线段集合
    :return: 唯一线段上的两端点,np.array([[x_min, y_min], [x_max, y_max]])
    """
    if lines is None:
        return None
    if len(lines) <= 0:
        return None
    # 每条线段有两个端点，因此有两个x坐标和两个y坐标: 起始点x坐标和终点x坐标. 起始点y坐标和终点y坐标
    x_coords = np.ravel([[line[0][0], line[0][2]] for line in lines])
    y_coords = np.ravel([[line[0][1], line[0][3]] for line in lines])
    k, b = np.polyfit(x_coords, y_coords, deg=1)  # deg=1 表示拟合一次多项式: y = k*x + b
    print('k 和 b', [k, b])  # [-7.59252359e-01  9.14879740e+02]
    point_min = (np.min(x_coords), np.polyval([k, b], np.min(x_coords)))  # 拟合后的左侧点
    point_max = (np.max(x_coords), np.polyval([k, b], np.max(x_coords)))  # 拟合后的右侧点
    return np.array([point_min, point_max], dtype=np.int)
```

图4-63　拟合线段集lines中的多条线段为一条线段

图4-63所示代码说明如下：行144中的line[0]表示一条线段，line[0][0]和line[0][2]是该线段两个端点的x坐标，np.ravel函数用于把二维数组拉直成一维数组，x_coords组织形式为[线段1的起点x坐标，线段1的终点x坐标，线段2的起点x坐标，线段2的终点x坐标，...]，行144的结果示例如图4-64所示。

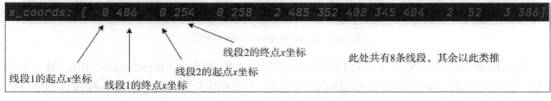

图4-64　x_coords结果示例

行145用于获取线段集lines中多条线段的端点y坐标，y_coords组织形式为[线段1的起点y坐标，线段1的终点y坐标，线段2的起点y坐标，线段2的终点y坐标，...]。行146使用np.polyfit函数对x_coords和y_coords执行一次多项式拟合操作，即拟合出$y=k×x+b$中的k（斜率）和b（截距）。行148根据前面计算出来的k和b算出拟合后的最左侧点的坐标；行149根据前面计算出来的k和b算出拟合后的最右侧点的坐标。

np.array([point_min, point_max], dtype = np.int)表示拟合后的唯一一条线段。

11. 步骤 10：延伸左右车道线并绘制

图4-65展示了延伸右车道线后并加以绘制的代码。

延伸左车道线的代码类似，我们在此就不讲解了。

```python
173 def draw_lines_ext(color_img, line, pos=True, color=[255, 0, 0], thickness=10):
174     imgheight, imgwidth = color_img.shape[:2]
175     posSlopePoints = []  # 右车道线点
176 
177     x1, y1 = line[0]  # 线段起点
178     x2, y2 = line[1]  # 线段终点
179 
180     if pos:
181         if not math.isnan(x1) or math.isnan(y1) or math.isnan(x2) or math.isnan(y2):
182             posSlopePoints.append([x1, y1])
183             posSlopePoints.append([x2, y2])
184         posSlopeXs = [pair[0] for pair in posSlopePoints]
185         posSlopeYs = [pair[1] for pair in posSlopePoints]
186         if len(posSlopeXs) > 0:
187             k, b = np.polyfit(posSlopeXs, posSlopeYs, deg=1)
188             # 向下延长右侧车道线
189             rightby = 0.75 * imgheight
190             rightbx = (rightby - b) / k  # x = (y-b)/k
191             # 向上延长右侧车道线
192             rightty = 0.35 * imgheight
193             righttx = (rightty - b) / k
194             cv2.line(color_img, (int(rightbx), int(rightby)),
195                      (int(righttx), int(rightty)), color, thickness)
```

图4-65　延伸右车道线后并加以绘制

图4-65所示代码说明如下：行177用于获取线段起点的*x*、*y*坐标，行178用于获取线段终点的*x*、*y*坐标。行181校验x1、y1、x2、y2必须是数才把上述起点和终点加入posSlopePoints列表。行184用于获取点集的*x*坐标列表posSlopeXs，行185用于获取点集的*y*坐标列表posSlopeYs。行187用于拟合出车道线所在直线的斜率*k*和截距*b*。行189～190用于计算出车道线下端点的*x*、*y*坐标，行192～193用于计算出车道线上端点的*x*、*y*坐标。行194～195用于在彩图color_img上画出连接车道线下端点和上端点的线段，绘制时采用的颜色为蓝色，线宽为10。

至此，我们完成了本章的综合项目！项目的完整代码在第4章电子资源包中。

【任务拓展】

1．采用盒式滤波（cv2.boxFilter）对“lena03.png”进行滤波，将原图像和结果图像拼接显示。

2．在综合项目的步骤5中点集ROIL_vertices是我们通过不断尝试写好的，先不断调参然后尝试的方法未必不可行，但如果能够通过交互式的方式获取ROI点集，显然能显著减少尝试的次数。在第4章电子资源包中给同学们准备了一张图片frame.jpg，要求同学们通过在图片上采取鼠标单击方式完成点集的选取，达到类似如图4-66所示的结果，请尝试完成编程。

图4-66的控制台输出类似于：[[0.01, 0.61], [0.26, 0.36], [0.36, 0.4], [0.16, 0.7], [0.02, 0.7]]，该列表对应图4-66中的5个顶点。

图4-66 任务拓展练习2的结果图

3．请研究电子资源包中的另一个交通视频"szRoadVideo2.mp4"，在这个交通视频中，由于拍摄角度的变化，如采用本章项目的方法，同学们需要对程序中的ROI进行位置调整才能使程序正常提取车道线。请尝试完成编程。

【项目小结】

通过本章项目的学习和训练，学生应学会或巩固对图像中像素进行过滤、构建车道线ROI、构建车道线提取mask图、提取车道线局部二值图、检测二值图中的直线或直线段、使用最小二乘拟合将多条车道线拟合成一条车道线，等等。

4.2 课后习题

一、单选题

1．高斯白噪声的特点是（ ）。

　　A、幅度分布服从正态分布，概率分布服从正态分布

　　B、幅度分布服从正态分布，概率分布服从均匀分布

　　C、幅度分布服从均匀分布，概率分布服从正态分布

　　D、幅度分布服从均匀分布，概率分布服从高斯分布

2．result = cv2.GaussianBlur(img,(5,5),0)

请问如上程序中卷积核在水平方向上的标准差是多少？（ ）

　　A、0　　　　　　　　B、−1　　　　　　　　C、5　　　　　　　　D、1.1

3．当cv2.boxFilter中normalize为True时，其效果等价于（ ）。

A、均值滤波　　　　　B、高斯滤波　　　　　C、中值滤波　　　　　D、双边滤波

4. $m×n$大小的图像，用$k×k$的卷积核去做卷积，步长为1时，结果图像大小为多少？（　　）

A、$(m-k+1)×(n-k+1)$　　　　　　　　B、$(m-k)×(n-k+1)$

C、$(m-k-1)×(n-k)$　　　　　　　　　D、$(m-k-1)×(n-k-1)$

5. cv2.filter2D函数输出图像与输入图像尺寸和通道数相同，原因是什么？（　　）

A、ddepth 参数使用了默认值　　　　　B、kernel 参数使用了默认值

C、anchor 参数使用了默认值　　　　　D、delta 参数使用了默认值

E、borderType 参数使用了默认值

6. 以下卷积核属于水平Sobel算子的是（为方便书写，以下均省略了括号）（　　）。

A、　　　　　　　B、　　　　　　　C、　　　　　　　D、

-1 0 1　　　　　-1 0 1　　　　　-1 -2 -1　　　　-1 -1 -1

-2 0 2　　　　　-1 0 1　　　　　 0 0 0　　　　　 0 0 0

-1 0 1　　　　　-1 0 1　　　　　 1 2 1　　　　　 1 1 1

7. cv2.circle(mask,(ccol,crow),100,1,-1)

关于上一行程序，下列说法中错误的是（　　）。

A、表示在图像 mask 的基础上画圆

B、圆心坐标是一个元组，且顺序是先行后列

C、圆的半径是 100 像素

D、最后一个参数-1 表示填充圆内部分，若为 1，则表示不填充，且圆周线宽为 1

8. 关于Canny边缘检测中的梯度计算，以下哪个说法是正确的？（　　）

A、它使用 Sobel 算子计算水平方向和垂直方向上的一阶梯度

B、它使用 Sobel 算子计算水平方向上的一阶梯度，使用 Scharr 算子计算垂直方向上的一阶梯度

C、它使用 Scharr 算子计算水平方向上的一阶梯度，使用 Laplacian 算子计算垂直方向上的一阶梯度

D、它使用 Laplacian 算子计算水平方向和垂直方向上的一阶梯度

9. cv2.findContours函数包含参数mode，当mode取值为cv2.RETR_EXTERNAL时，表示什么含义？（　　）

A、只检测内轮廓　　　　　　　　　　B、只检测外轮廓

C、轮廓间不建立等级关系　　　　　　D、将轮廓集组成为两级层次结构

E、建立一个等级树结构的轮廓列表

10. 比较cv2.boundingRect(cnt)和 cv2.minAreaRect(cnt)的差异，以下哪个说法是错误的？（　　）

A、通过 cv2.boundingRect(cnt)获得的矩形是横平竖直的

B、通过 cv2.minAreaRect(cnt)获得的矩形面积一定小于通过 cv2.boundingRect(cnt)获得的矩形

C、通过 cv2.minAreaRect(cnt)获得的矩形可能是倾斜的

D、通过 cv2.minAreaRect(cnt)获得的矩形其面积一定是最小的

11．比较HoughLines() 和 HoughLinesP()，以下说法哪个是错误的？（　　）

A、HoughLinesP()使用概率方法检测直线

B、HoughLines()检测到的每一个（r, θ）代表一条直线

C、在 HoughLines()中设置的阈值越小，检测出的直线越多

D、HoughLinesP()返回一系列代表线段的起点和终点

12．通过HoughLines()检测到图像中的直线后，要怎样把直线画出来？以下说法中错误的是（　　）。

A、若直线偏竖直，则先通过几何代数方法算出该直线与图像的首行和末行的交点，然后使用 cv2.line()可画出经过这两个交点的线段

B、若直线偏水平，则先通过几何代数方法算出该直线与图像的首列和末列的交点，然后使用 cv2.line()可画出经过这两个交点的线段

C、不需进一步处理，用 cv2.line()可直接画出直线

D、绘制通过 HoughLines()检测到的图像中的直线，比绘制通过 HoughLinesP()检测到的图像中的线段要麻烦

二、多选题

1．关于Canny边缘检测，以下说法中哪些是正确的？（　　）

A、首先要对图像进行平滑去噪

B、计算图像的梯度幅度和方向之后，要对梯度幅度进行归一化处理

C、计算图像的梯度幅度和方向之后，要对梯度方向进行规范化处理，规范化到 8 个标准方向之一

D、对于具有相同梯度方向的多个相邻像素点，只保留幅度值最大的那个像素点的值，其他归 0

E、应用双阈值确定最后的边缘

2．关于傅里叶变换在图像处理中的应用，以下说法中正确的是（　　）。

A、数字图像既有空间域，又有频率域，且数字图像在空间域和频率域的表示是等价的

B、傅里叶变换后的图像包括幅度图像和相位图像两部分，且幅度图像已包含了原图像中的大部分信息，所以忽略相位图像在工程上是可行的

C、刚变换到频率世界的图像，其幅度谱从中心到四周是频率依次递减的方向

D、由于图像的频率分布范围较广，所以在频率幅度谱可视化时要引入对数(np.log)

三、判断题

1．卷积特征图的尺寸一定不大于原图像的尺寸。（　　）

2．卷积操作中的步长（stride）是卷积核沿着原图像每次移动的距离，步长一般是1。（　　）

3．卷积核所有元素之和小于1，则在使用该卷积核与原图像卷积后，所得的卷积特征图

相比原图像会变暗。（　　）

4．卷积的基本操作与向量的数量积非常类似，都是（位置）对应元素相乘后累加。（　　）

5．图像的像素深度指的是像素在三通道图像的哪个通道（channel）。（　　）

6．CNN中的卷积操作与信号处理技术中的卷积操作是一样的。（　　）

7．cv2.blur(...)是均值滤波，它会自动构造卷积核（元素均相同且元素累加和为1）。（　　）

8．高斯滤波对去除椒盐噪声特别有效。（　　）

9．在中值滤波算法中包含了排序操作。（　　）

10．因为人眼对于图像边缘非常敏感，所以在计算机视觉中特别注重提取边缘。（　　）

11．相比Sobel算子，Scharr算子可以实现更精细的边缘提取。（　　）

12．拉普拉斯算子是一种二阶梯度算子，具有旋转不变性。（　　）

13．在使用OpenCV进行边缘检测时，输出图像的像素深度经常设为cv2.CV_64F，这么做的目的是避免边缘丢失。（　　）

14．三通道彩图可直接用Canny算法检测边缘。（　　）

15．非极大抑制是一种赢者通吃的策略，只有最好的才有表现的机会。（　　）

16．颜色距离可以简单理解为像素点亮度差的绝对值。（　　）

17．双边滤波指从两个方向上同时平滑去噪，它是为了提高平滑去噪的效率而设计的。（　　）

18．锐化的本质是在原图像的基础上叠加边缘。（　　）

19．使用傅里叶变换处理图像时，有一个把低频移到中央的操作，其实这不是必需的，只不过这么做会方便在频率域的处理。（　　）

20．高通滤波器抑制图像的低频分量，允许图像的高频分量通过。（　　）

21．Numpy和OpenCV都提供了实现傅里叶变换的函数，我们一般使用Numpy库里的。（　　）

22．数学形态学中的结构元是一种特殊的"卷积核"，既可以自定义，也可以用函数来创建。（　　）

23．数学形态学中的开运算是先膨胀后腐蚀，而闭运算反之。（　　）

24．数学形态学中的开运算和腐蚀都可以用于去噪。（　　）

25．OpenCV3的findContours返回三个参数；OpenCV4的findContours返回两个参数。（　　）

26．对图像进行连通域标记前，要进行二值化处理。（　　）

27．连通域标记结果中的标记号是从0开始的。（　　）

28．HoughCircles()用于检测图像中的圆，每个圆由圆心坐标和半径构成。（　　）

29．在视频车道线检测案例中，所得到的左侧车道线的斜率是正的。（　　）

30．在视频车道线检测案例中，之所以使用HSV色彩空间，是因为这种色彩空间对于保留黄、白线信息较有效，而地面交通标线基本都是黄线和白线。（　　）

31．在视频车道线检测案例中，正确使用ROI掩码是一个重要的技巧。（　　）

32．关于哈夫直线检测，根据点-线对偶性可将在XY空间中对直线的检测转化为在PQ空间中对点的检测。（　　）

4.3 本 章 小 结

通过本章项目的学习和训练，学生应学会如何对图像进行卷积、模糊去噪、边缘检测、通过快速傅里叶变换进行频率域处理、使用数学形态学操作、轮廓寻找与绘制、连通域标记及哈夫变换等。图4-67所示是第4章的思维导图。

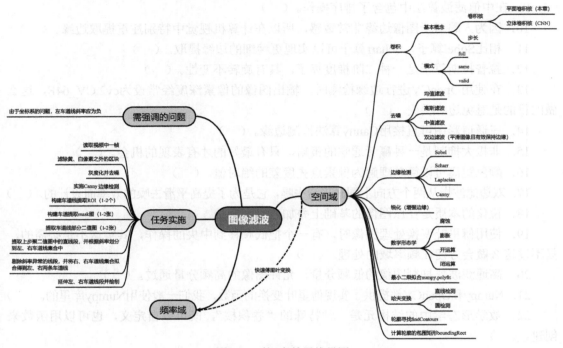

图4-67　第4章的思维导图

第5章　图像特征提取和匹配

第3章和第4章所学习的基础技术和工具在图像预处理阶段中具有重要的地位，它们常用来去除图像中的噪声和提高图像质量，这样可以改善后续的图像处理的效果。

在第5章中我们将学习图像特征提取和匹配的初步方法。

计算机视觉中图像特征提取方法主要包括：基于纹理的方法，如Gabor小波和灰度共生矩阵等，这些方法通过分析图像纹理来提取特征；基于形状的方法，如SIFT、SURF、ORB 等，这些方法通过分析图像的形状来提取特征；基于深度学习的方法，如CNN和RCNN，这些方法通过深度学习模型来提取特征；基于统计的方法，如直方图和矩，这些方法通过统计图像的直方图和矩来提取特征；基于颜色的方法，如颜色直方图，这些方法通过统计图像的颜色直方图来提取特征。本书主要学习基于形状的方法和基于深度学习的方法，本章先学习基于形状的图像特征提取方法。图像特征匹配方法还有很多，常用的包括基于欧式距离的匹配、基于余弦相似度的匹配、基于KNN的匹配及基于FLANN的匹配等。

不同种类的方法在不同的图像处理任务中有不同的优劣，需要根据具体应用场景进行选择。

5.1　项目4　基于特征提取的 logo 定位

【项目导入】

俗话说"一图胜千言"。对于人类而言，我们可以基于自己的所见和背景知识，根据一张图片的内容讲述出一个故事。那计算机程序是否也可以发掘图片中有意义的信息呢？答案是肯定的。计算机程序想要实现语义理解的第一步就是从图片中提取视觉特征，并且根据它们建立分析模型。一个好的特征提取和匹配算法可以用在包括物体/场景识别、图像搜索、多图片的3D结构重建、双目对应（Stereopsis）和运动检测等很多任务中。本章我们就来学习如何提取图片中的底层视觉特征，并且将不同图片中相似的特征和内容进行对应。较常用的视觉特征包括颜色、纹理和形状等，大部分的图片标注和搜索系统是基于这些视觉特征构建的。然而，一个好的特征需要满足如下要求：对图片的放大、缩小、旋转、亮度和相机角度等不敏感，并且可以容忍一定程度的遮挡和噪声；由于可能会被用于视频应用，特征提取算法需要很高效；特征之间的区分度应当足够大。本章我们即将了解满足这些条件的基于形状的图像特征的提取和匹配算法，以及如何将它们应用到图像识别中。

【项目任务】

本项目需要在能运行Python程序的笔记本电脑或台式计算机中完成，目标是使得程序具有定位视频中的给定品牌logo的能力。通过本项目的训练，我们可以学会如何提取图像特征，并且将这些特征用在图像识别和定位上。

【项目目标】

1 知识目标

（1）了解图像搜索的概念和作用。

（2）了解一些经典的特征检测算法（如SIFT、SURF、FAST、BRIEF和ORB等）及其优缺点。

（3）了解常用的特征匹配算法（如暴力匹配、KNN和FLANN等）及其优缺点。

2 技能目标

（1）掌握不同特征描述符和不同特征匹配算法在OpenCV中的调用方式。

（2）掌握基于特征匹配的目标检测和定位方法。

（3）掌握定位结果的可视化方法。

3 职业素养目标

（1）培养学生严谨、细致、规范的职业素质。

（2）培养学生团队协作和表达沟通的能力。

（3）培养学生跟踪新技术和创新设计的能力。

（4）培养学生的技术标准意识、操作规范意识等。

【知识链接】

图像特征提取和
匹配-常用特征
检测算法

5.1.1 特征的概念和 Harris 角点检测

图像的特征是指图像的原始特性或属性，其中部分属于自然特征，如像素灰度、边缘和轮廓、纹理及色彩等，有些则是需要通过计算或变换才能得到的特征，如直方图、频谱和不变矩等。为了能减少计算量并提高系统的实时性，几乎所有计算机视觉系统对目标的识别、分类及检测都基于从图像中提取的各种特征来进行。

图像特征包括全局特征和局部特征。全局特征具有特征维数高、计算量大、不适用于图像混叠和有遮挡的情况等缺点。与全局特征相比，局部特征具有数量丰富、特征间相关度低、遮挡情况下不会因为部分特征的消失而影响其他特征的检测和匹配等优点。近年来，局部特征在人脸识别、目标识别及跟踪、全景图像拼接等领域得到了广泛的应用。因此，本书重点学习图像的局部特征。

关于局部特征，我们再强调下它的两个特性。

● 可重复性：同一物体在不同的环境下成像（不同时间、不同角度、不同相机等），能够检测到同样的特征。

图5-1 角点示意

● 独特性：特征在某一特定目标上表现为独特性，能够与场景中其他物体相区分。

直观地说，角点就是图像轮廓的连接点，如图5-1所示。不管视角怎么变换，这些点依然存在，是稳定的，它们与邻域的点差别比较大，所以角点是一种优良的特征点。

在OpenCV中，哈里斯角点检测函数原型如下：

dst=cv2.cornerHarris(gray, blockSize, ksize, k)

参数说明：

gray：输入图像，应该是灰度和浮点类型的；

blockSize：角点检测时考虑的邻域大小；

ksize：所使用的Sobel导数的孔径参数，一般设置为3；

k：方程式中哈里斯检测器的自由参数，该参数的值介于0.04～0.05；

dst：输出图像。

5.1.2　SIFT、SURF、FAST、BRIEF 和 ORB 等特征提取或描述符生成算法

在下文中，关键点、兴趣点和特征点是同一个概念，它们都是指图像中重要的或显著的位置。特征点不是单纯的几何意义上的点，它有较多的属性，如下所示。

angle：标示特征点的计算方向，取值范围为[0, 360)。

class_id：如果特征点需要按照它们所属的对象进行聚类，则该属性标示对象类别。

octave：用该属性标示特征点来自哪个图像金字塔层。

pt：特征点的坐标，它包括 (x, y) 两个分量。

response：通过该属性可以选中最强的特征点，能够用于进一步排序和子采样。

size：该特征点的有意义的邻域的直径。

1.　SIFT（Scale Invariant Feature Transform）

SIFT即尺度不变特征转换，由David Lowe在1999年提出，并在2004年完善。它是一种计算机视觉的算法，用来侦测与描述图像中的局部特征，它在空间尺度中寻找极值点，并提取出其位置、尺度、旋转不变数等特征。由于该算法可以处理图片旋转、仿射变换、亮度变换和视角变换等情况，它在物体识别上取得了很好的效果。SIFT算法的计算包含以下四个步骤：

（1）使用高斯差异（Difference of Gaussian）估计图片在不同尺度空间上的极值。

（2）定位关键点，并把位于边上或易受噪声干扰的关键点去除。

（3）根据局部的图片梯度，确定关键点方位。

（4）基于图片梯度的强度和方向，生成每个关键点的图像描述符。

2.　SURF（Speed-Up Robust Feature）

SIFT有很好的检测效果，但是由于计算量大，效率不高。而SURF（加速稳健特征）可以以更快的速度获得接近 SIFT 的准确率。SURF通过查找图像的Hessian（海森）矩阵（由图像二阶偏导数构成的方阵）的判别式的极值点，来确定关键点的位置，相比SIFT使用高斯差异来寻找尺度空间极值，SURF的检测过程更加有效和快速。SURF算法还将高斯模糊以及对图像做二阶求导的操作合并为方盒滤波，这大大提高了计算速度。SIFT和SURF都是尺度

不变的，这意味着它们对尺度的变化具有鲁棒性，但SURF受尺度变化的影响比SIFT要小。SIFT和SURF都为每个关键点提取一个描述符向量，但SIFT使用128维描述符，SURF使用64维描述符。这使得SIFT描述符比SURF描述符更具描述性。

3. FAST（Features from Accelerated Segment Test）

和SIFT、SURF这些在不同尺度上进行检测的方法相比，FAST只在特定的尺度上进行计算，可以快速地检测到大量的特征点。FAST中的特征点，也叫作角点，角点是图像中的一类显著性点，它们具有局部的高强度变化，且很少出现在边缘上。下面我们来看看FAST中角点的核心计算过程。

（1）对于任意选中的像素点p，我们找到以它为圆心，半径为3的圆的圆周上的16个像素点$p_1 \sim p_{16}$，如图5-2所示。

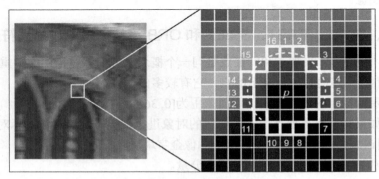

图5-2　FAST圆周点示意

（2）定义一个阈值t。阈值的取值一般在20～30，但是可能需要通过试验来调整以获得最佳结果。如图5-3所示，计算水平和竖直方向的像素点p_1、p_5、p_9、p_{13}与中心点p的像素差，若这些差值的绝对值有至少3个超过阈值，则p被当作候选角点，留待进行下一步考察；否则，p不可能是角点。

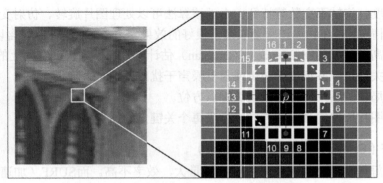

图5-3　计算p_1、p_5、p_9、p_{13}与中心点p的像素差

（3）如图5-4所示，若p是候选角点，则计算$p_1 \sim p_{16}$这16个点与中心点p的像素差，若它们有至少连续N个超过阈值，则p是角点；否则，p不可能是角点。这里的N可以选择9、10、11或12，分别对应FAST9、FAST10、FAST11和FAST12等算法变体。

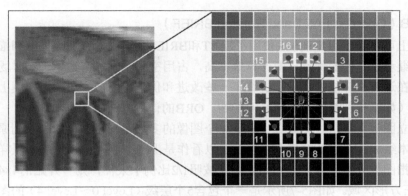

图5-4　计算每个圆周点和中心点 p 的像素差

（4）如果 p 是角点，接着使用如图5-5所示的公式计算该角点的得分 V：

$$V = \max \begin{cases} \sum (\text{pixel values} - p), \text{if } (\text{value} - p) > t \\ \sum (p - \text{pixel values}), \text{if } (p - \text{value}) > t \end{cases}$$

图5-5　FAST算法中角点得分计算公式

（5）如果在以点 p 为中心的一个正方形邻域（如3×3或5×5）内，有多个角点，则计算所有这些角点的得分，只保留分数最高的作为最终唯一角点。

4. BRIEF（Binary Robust Independent Elementary Features）

BRIEF算法于2010年提出，中文名为"二进制鲁棒独立基元特征点描述算法"。它是一种用于从图像中提取局部二进制描述符的特征描述算法，使用二进制字符串表示局部图像特征，因此计算高效和快速。BRIEF 算法对图像尺度、旋转和仿射变形的变化也很稳健。计算方法如图5-6所示。

（1）先对图像进行高斯滤波，以减少噪声干扰。

（2）以特征点 p 为中心，取 $S \times S$ 的邻域窗口（图中为7×7）。在窗口内随机选取一对像素点，比较二者像素值的大小，后者比前者大，则将该像素对的特征值设为1，反之设为0。

（3）重复步骤（2）的特征值计算过程 N 次，最终形成一个 N 维的二元特征向量，这个编码就是对特征点 p 的描述，即特征描述子（Descriptor）（N 通常被选择为2的幂。在研究工作中，N 可以取得较大，如512或1024。N 的值会影响描述符的大小和描述符的稳健性。较大的 N 会使描述符更长，描述符更健壮，但也会消耗更多的计算资源。在实践中，N 一般取64、128或256）。

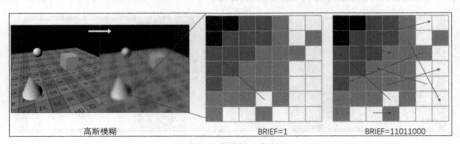

图5-6　BRIEF计算步骤

5. ORB（Oriented FAST and Rotated BRIEF）

从名字上可以看出，ORB方法使用了FAST和BRIEF分别作为特征点提取和描述符构建方法，所以也继承了它们的优点，即计算效率高，占用空间少，非常适用于实时场景。除此之外，ORB还在这两个算法的基础上进行了一些改进和优化，使得它在一定程度上不会受噪点和图像变换（如旋转和缩放变换等）的影响。ORB的计算方法如下：

（1）建立图像金字塔。图像金字塔是单个图像的多尺度表示法，由一系列原始图像的不同分辨率版本组成。金字塔的每个级别都可以看作是上一个级别的图像的下采样版本。这里的下采样是指图像分辨率被降低，比如图像按照1/2比例下采样，则一开始的4×4正方形区域会变成2×2正方形区域。如图5-7所示是一个包含5个层级（Level 0～Level 4）的图像金字塔示例。

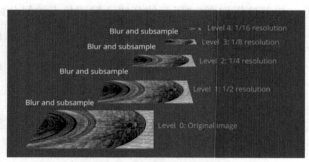

图5-7　图像金字塔示例

（2）在每个尺度上进行FAST特征点检测。ORB创建好图像金字塔后，它会使用FAST算法从每个级别不同大小的图像中快速找到特征点（角点）。通过确定每个级别的特征点，ORB能够有效发现不同尺寸的对象的特征点，这样的话ORB实现了部分缩放不变性。这一点很重要，因为我们要检测的对象在视频里的大小可能是动态变化的。

（3）带方向的FAST和BRIEF。为了保证特征点的旋转不变性，ORB在FAST和BRIEF的计算中都引入了方向的概念。首先，对于FAST，计算以特征点为中心、r为半径范围的方框的质心。质心（Centroid）可以看作给定范围中的平均像素强度的位置。如图5-8所示，特征点坐标到质心形成的向量即可作为该特征点的方向。在描述符构建阶段，如图5-9所示，选取了随机像素对以后，根据特征点的方向角度旋转这些像素对，使随机点对的方向与关键点的一致，最后，和BRIEF一样，比较像素对的亮度值，构建N维的特征向量。ORB描述符即是图像中的所有特征点对应的所有特征向量的集合。

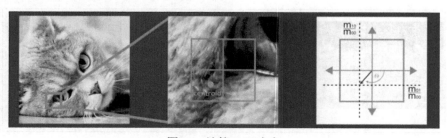

图5-8　计算FAST方向

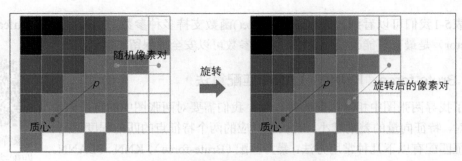

图5-9　根据FAST方向旋转随机像素对

在OpenCV中，ORB算法可以通过cv2.ORB_create()函数来初始化，该函数的原型及参数解释如表5-1所示。

表 5-1　cv2.ORB_create()函数及参数解释

```
1   cv2.ORB_create(nfeatures = 500,
2                  scaleFactor = 1.2,
3                  nlevels = 8,
4                  edgeThreshold = 31,
5                  firstLevel = 0,
6                  WTA_K = 2,
7                  scoreType = HARRIS_SCORE,
8                  patchSize = 31,
9                  fastThreshold = 20)
```

参　　数	参数解释
·nfeatures - int	确定要查找的最大特征点数
·scaleFactor - float	金字塔抽取率，必须大于 1。ORB 使用图像金字塔来查找特征点，因此必须提供金字塔中每个图层与金字塔所具有的级别数之间的比例因子。scaleFactor=2 表示经典金字塔，其中每个下一级别的图像像素数是其前一级别的 1/4
·nlevels - int	金字塔等级的数量。最小级别的图像尺寸等于 input_image_linear_size / pow（scaleFactor，nlevels）
·edgeThreshold - int	边缘阈值。该参数用于丢弃那些具有较高的哈里斯角得分但过于接近图像边缘的特征点。edgeThreshold 的大小应该等于或大于 patchSize 参数
·firstLevel - int	此参数允许确定应将哪个级别视为金字塔中的第一级别。它在当前实现中默认值为 0
·WTA_K - int	用于生成定向的 BRIEF 描述符的每个元素的随机像素的数量。可能的值为 2,3 和 4，其中 2 为默认值。例如，值 3 意味着一次选择三个随机像素来比较它们的亮度。返回最亮像素的索引。由于有 3 个像素，因此返回的索引将为 0,1 或 2
·scoreType - int	此参数可以设置为 HARRIS_SCORE 或 FAST_SCORE。默认的 HARRIS_SCORE 表示应用 Harris 角算法对特征点进行排名。该分数仅用于保留最佳特征。FAST_SCORE 生成的特征点稍差，但计算起来要快一些
·patchSize - int	面向 BRIEF 描述符使用的补丁的大小。当然，在较小的金字塔层上，一个特征所覆盖的感知图像区域更大
·fastThreshold - int	阈值个数

由表5-1我们可以看到，cv2.ORB_create()函数支持多种参数，前两个参数（nfeatures和scaleFactor）是最有可能改变的参数。其他参数可以安全地保留其默认值。

5.1.3 Brute-force、KNN、FLANN 匹配算法

图像特征提取和
匹配-常用特征
匹配算法

为了找寻两张图中相互匹配的特征点，我们需要对两张图中的特征向量进行比对，特征向量的差别越小，就认为对应的两个特征点的匹配程度越高。

特征匹配有以下几种常用方法：暴力匹配（Brute-force）、KNN、FLANN。

1. 暴力匹配（Brute-force）

顾名思义，暴力匹配采用了穷举遍历，如图5-10所示，它在第一幅图像（Query Img）中选取一个特征点向量，依次与第二幅图像（Train Img）的每个特征点向量进行距离计算，返回与其距离最近的特征点，组成一个匹配（DMatch）对象，在第一幅图像中所有的特征点遍历完成后，显示所得到的所有匹配。DMatch对象有如下属性。

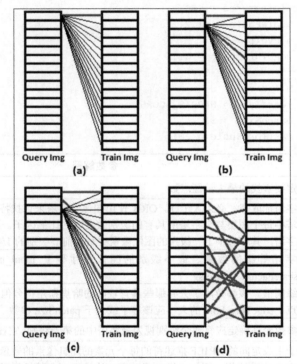

彩图

图5-10　(a)计算Query Img中的第一个特征向量和Train Img中的每个特征向量的距离，
红色线条连接的是距离最短的向量。(b)计算Query Img中的第二个特征向量
和Train Img中的每个特征向量的距离。(c)~(d) 依次类推，得到Query Img中的
每个特征向量与Train Img中的距离最短的特征向量的连接

DMatch.distance：DMatch.queryIdx特征描述符向量与DMatch.trainIdx特征描述符向量之间的距离。该距离越小，表明匹配质量越好。

DMatch.trainIdx：训练图特征描述符集合中当前描述符的索引。

DMatch.queryIdx：查询图特征描述符集合中当前描述符的索引。

DMatch.imgIdx：训练图像的索引。

暴力匹配一般采用欧式（欧几里得）距离，两个向量之间的欧氏距离（Euclidean distance）计算公式如下：

d=sqrt((v1[1]−v2[1])^2+(v1[2]−v2[2])^2+...+(v1[n]−v2[n])^2)

其中，d表示两个向量之间的距离，v1和v2分别表示两个向量，n是向量的维数。这个公式就是在向量中的每一位进行差的平方和然后开根号得到的距离。

2. KNN（K-Nearest Neighbors）

基础的KNN方法的大致流程和暴力匹配相同，唯一区别在于对于每个特征点向量，都会返回前k(k>1)个距离最近的特征点。通常使用KNN的目的在于筛选掉不够有代表性的特征点。SIFT的作者David Lowe提出，对图像Query Img中的一个特征点，找出在图像Train Img中距离最近的前两个特征点，在这两个特征点中，如果最近的距离除以次近的距离得到的比率ratio高于某个阈值T，也就是这两个距离过近，则原图Query Img的特征点很可能不够有代表性。这时就会把这个特征点删除，以获得更稳定的全图匹配结果，这种方法叫作比率测试。

在OpenCV中，对于以上两个匹配方法暴力匹配和KNN，都必须先使用cv2.BFMatcher()创建BFMatcher对象，得到两个特征向量之间的距离。cv2.BFMatcher()及其参数解释如表5-2所示。

表 5-2　cv2.BFMatcher()及其参数解释

1　cv2.BFMatcher(normType = cv2.NORM_L2, crossCheck = False)	
参　　数	参数解释
·normType	指定要使用的距离测量方式，默认情况下，它是 cv2.NORM_L2。它适用于 SIFT、SURF 等。对于基于二进制字符串的描述符，如 ORB、BRIEFK 等，应使用 cv2.NORM_HAMMING 汉明距离作为距离测量方式
·crossCheck	默认值为 False。如果设置为 True，匹配条件就会更加严格，只有 A 中的第 i 个特征点到 B 中的第 j 个特征点距离最近，并且 B 中的第 j 个特征点到 A 中的第 i 个特征点也是最近时才会返回最佳匹配，即这两个特征点要互相匹配才行 把 crossCheck 设置为 True，这是对 David Lowe 提出的比率测试的良好替代

得到距离信息后，可以选择使用BFMatcher.match()或BFMatcher.knnMatch()，前者对应暴力匹配，后者对应KNN匹配。

基础的KNN匹配由于计算量较大，在处理多维和海量数据时效率较低，所以FLANN应运而生。

3. FLANN（Fast Library for Approximate Nearest Neighbors）

FLANN是一个快速的最近邻搜索算法的集合，它在原始的KNN版本上做了效率的优化。在面对大数据集时它的效率要高于暴力匹配。

FLANN匹配器由如下命令创建：

flann = cv2.FlannBasedMatcher(index_params, search_params)

其中index_params和search_params都是字典形式，键值根据用户指定的具体算法而变化。对于SIFT、SURF等算法，可按如下方式设置index_params参数：

index_params = dict(algorithm = FLANN_INDEX_KDTREE, trees = 5)

对于ORB等算法，可按如下方式设置index_params参数：

index_params = dict(algorithm = FLANN_INDEX_LSH,
                    table_number = 6,
                    key_size = 12,
                    multi_probe_level = 1)

第二个字典参数search_params指定了索引中的树应该被递归遍历的次数。更高的值可以提供更高的精度，但也需要更多的时间。如果想改变这个值，可按如下方式设置：

search_params = dict(check = 100)

【项目准备】

1. 硬件条件

一台台式计算机或一部笔记本电脑。

2. 软件条件

（1）Windows 10，64位。

（2）PyCharm Windows社区版，Version: 2021.2.1，Build: 212.5080.64。

（3）OpenCV-Python 4.5.3.56、Numpy 1.19.5、Matplotlib 3.3.4等。

图像特征提取和匹配-让计算机定位 logo

【任务实施】

1. 处理流程

在该项目中，我们要实现的是让计算机识别出一段

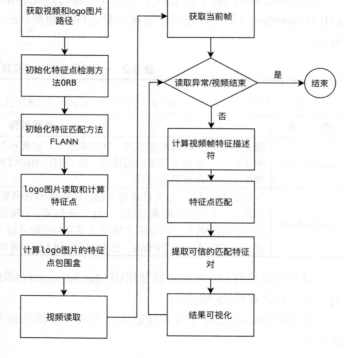

图5-11 项目的执行流程

视频中的可口可乐logo的功能。项目的执行流程如图5-11所示。

2. 步骤1：获取命令行输入

如图5-12所示，我们首先获取到用户传入的视频路径和logo图片路径。在用命令行执行Python脚本时，用户可以在python <脚本名.py> 后加上额外的参数，多个参数可以以空格隔

开，这些参数会以string的形式保存在sys.argv这个数组中，其中，sys.argv[0]是Python程序的文件名，剩下的元素即为传入的参数。以下是调用的命令示例：

python imageLogoDetection.py video.mp4 logo.png

3. 步骤2：初始化特征提取和特征匹配

Opencv-Python库中包含了前文所提到的特征检测和匹配方法。在这个项目中，我们使用ORB和FLANN分别作为图像特征提取算法和特征匹配算法，如图5-13所示，其中ORB设置了最大特征点个数为1000；配套地，FLANN选择使用6（FLANN_INDEX_LSH）为内置算法。注意table_number、key_size和multi_probe_level都是FLANN_INDEX_LSH的算法参数。我们为FlannBasedMatcher对象初始化的第二个参数传入了一个空字典。

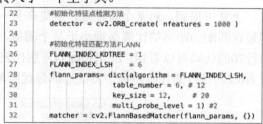

```
13    if __name__ == '__main__':
14        try:
15            video_src = sys.argv[1]
16            logo_src = sys.argv[2]
17        except:
18            print("请输入视频路径和logo图片路径")
19            exit(1)
```

图5-12 获取视频路径和logo图片路径

```
22        #初始化特征点检测方法
23        detector = cv2.ORB_create( nfeatures = 1000 )
24
25        #初始化特征匹配方法FLANN
26        FLANN_INDEX_KDTREE = 1
27        FLANN_INDEX_LSH    = 6
28        flann_params = dict(algorithm = FLANN_INDEX_LSH,
29                            table_number = 6, # 12
30                            key_size = 12,      # 20
31                            multi_probe_level = 1) #2
32        matcher = cv2.FlannBasedMatcher(flann_params, {})
```

图5-13 初始化特征点检测和匹配方法

4. 步骤3：图像特征点提取和描述符计算

如图5-14所示，ORB检测器初始化完成后，直接调用detectAndCompute方法即可获得传入的logo图片的特征点及特征描述符。该方法的第二个参数是mask，可以只检测mask范围内的特征点，如果传入的是None，则在全图范围内进行特征点检测。

```
34        #logo图片读取和计算特征点
35        logo = cv2.imread(logo_src)
36        keypoint_logo, desc_logo = detector.detectAndCompute(logo, None)
```

图5-14 特征点提取和描述符特征向量计算

5. 步骤4：视频读取和特征点匹配

如图5-15所示，该部分首先通过cv2.VideoCapture读取视频，随后依次读取视频中的每一帧并进行特征检测，并将得到的特征描述符和logo图片进行匹配。由于FLANN匹配属于KNN一类，所以需要调用knnMatch方法获取匹配结果。knnMatch方法包含三个参数，即logo图片和当前视频帧的特征描述符，以及k的值。匹配结果保存在matches列表中（行63）。matches列表中的每一条记录包含了logo图片中的相应特征点所查找到的匹配结果。由于k设置为2，所以每条记录的长度可能是0、1或2。

如果视频读取异常，则跳出循环（行54～行55）。

6. 步骤5：提取可信的匹配特征对

由于在真实场景下图像容易包含噪声，从而影响特征检测的精度，我们还需要进一步提取高可信的特征对。

```
50        #视频读取
51        cap = cv2.VideoCapture(video_src)
52        while cap.isOpened():
53            ret, frame = cap.read()
54            if not ret:
55                break
56
57            frame_cur = frame.copy()
58            vis = frame.copy()
59
60            #计算视频帧特征点
61            keypoint_frame, desc_frame = detector.detectAndCompute(frame_cur, None)
62            #特征点匹配
63            matches = matcher.knnMatch(desc_logo, desc_frame, k=2)
64
```

图5-15　视频读取和特征点匹配

上文中提到，对某个特征点，如果在另一张图中找到了它的两个匹配点，并且次优匹配和最优匹配的距离的比值必须小于某个阈值，才会保留该特征点的最优匹配。如图5-16所示，由行70的代码可以看到，m[0]和m[1]分别代表matches中每条记录的最优和次优匹配，阈值被设为0.7。行71的代码将每个特征点的最优匹配提取出来，以便后续使用。

```
11        #最少可信匹配特征点数量
12        MIN_MATCH_COUNT = 10
```

```
69        #提取可信的匹配特征对
70        good_matches = [m for m in matches if len(m) == 2 and m[0].distance < m[1].distance * 0.7]
71        good_matches_first = [m[0] for m in good_matches]
72
73        if len(good_matches_first)<MIN_MATCH_COUNT:
74            continue
75
76        #计算匹配特征对之间的齐次变换
77        p0 = [keypoint_logo[m.queryIdx].pt for m in good_matches_first]
78        p1 = [keypoint_frame[m.trainIdx].pt for m in good_matches_first]
79        p0, p1 = np.float32((p0, p1))
80        H, status = cv2.findHomography(p0, p1, cv2.RANSAC, 3.0)
81        #计算符合齐次变换的匹配点个数
82        good_points = status.ravel() != 0
83        if good_points.sum() < MIN_MATCH_COUNT:
84            continue
```

图5-16　提取可信的匹配特征对

在第12行，我们定义了一个最小匹配数为10，如果匹配个数小于该值，则认为当前视频帧中不含logo，继续下一帧的检测（行73、83）。

除了通过简单的数值比较方法，我们还可以通过几何方法对现有匹配是否满足要求进行判断。假设视频帧中存在目标logo，则它可以被看作是原始logo通过透视变换得到的。行80调用的函数cv2.findHomography可以根据变换前后的像素点位置，得到最优的透视变换矩阵H，并且在status中记录每对像素点是否符合这个变换，符合的像素对会被标记为1，反之标记为0。函数输入像素点来自于行71中提取到的最优匹配（行77～78），其中m.queryIdx和m.trainIdx分别记录了最优匹配中logo特征点和视频帧特征点的索引值。只有符合透视变换的像素对达到一定数量，我们才认为当前视频帧存在logo。

7．步骤6：将匹配的特征区域用四边形方式展示

上文中提到，视频帧中的目标logo，可以被看作是原始logo通过透视变换得到的，那么

视频帧中logo的包围框也可以通过同样的方法画出。如图5-17所示，行46~55遍历了logo图片中所有的特征点，提取横纵坐标的最大值、最小值，即可得到原始logo的长方形包围框的顶点信息。如图5-18所示，行87的函数cv2.perspectiveTransform根据上一步骤中取得的透视矩阵**H**对原始logo包围框的顶点进行变换。行89将变换后得到的四个新顶点用cv2.polylines函数进行连线并绘制到视频帧vis中，从而获得包含最终包围框的视频帧。

```
46      min_x = logo.shape[1]
47      min_y = logo.shape[0]
48      max_x = 0
49      max_y = 0
50      for i in range( len(keypoints_logo) ):
51          min_x = np.min( min_x, keypoints_logo[i].pt[0])) # 两个值要放到 tuple 里面
52          min_y = np.min( min_y,keypoints_logo[i].pt[1] ))
53          max_x = np.max( max_x,keypoints_logo[i].pt[0]))
54          max_y = np.max((max_y, keypoints_logo[i].pt[1]))
55      logo_rect = (min_x,min_y,max_x,max_y) #
```

图5-17　得到logo图片中特征点的包围框

```
85      x0, y0, x1, y1 = logo_rect
86      quad = np.float32([[x0, y0], [x1, y0], [x1, y1], [x0, y1]])
87      quad = cv2.perspectiveTransform(quad.reshape(1, -1, 2), H).reshape(-1, 2)
88
89      cv2.polylines(vis, [np.int32(quad)], True, (255, 255, 255), 2)
90      show_frame(vis)
```

图5-18　根据透视矩阵画出变换后的包围框

如图5-19所示，行7~9定义了结果视频帧的展示函数。waitKey函数表示等待用户做按键交互，这里等待1ms。必须说明的是，调用imshow之后必须调用waitKey。waitKey控制着imshow的持续时间，当imshow之后不调用waitKey时，相当于没有给imshow提供时间来展示图像，这时只能显示一个空窗口。添加了waitKey调用后，哪怕等待时间仅仅是1ms，我们也能正常显示结果视频帧。logo图片如图5-20所示，处理后结果如图5-21所示。

```
7   def show_frame(frame):
8       cv2.imshow('point match', vis)
9       cv2.waitKey(1)
```

图5-19　结果视频帧展示

图5-20　logo图片

图5-21　结果示例

【任务拓展】

1．项目中使用FLANN（KNN的变体）作为特征匹配法，请尝试将其替换为暴力匹配法，并比较两者的效果。

2．请使用Harris算法检测"chessboard.png"（如图5-22所示）中的角点，使用绿色显示检测出来的这些角点。

【项目小结】

通过本项目的训练，学生应当学会如何提取图像特征、如何对特征描述符进行匹配，并且将这些方法用在图像搜索和定位上。

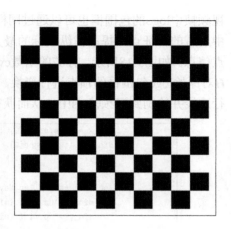

图5-22　chessboard.png

5.2　课后习题

一、单选题

1．FAST特征检测算法用于检测什么点？（　）

    A、斑点　　　　　　B、角点　　　　　　C、特征点　　　　　　D、拐点

2．Harris算法关注的是（　）。

    A、亮点　　　　　　B、暗点　　　　　　C、角点　　　　　　D、边缘点

3．SIFT是一种什么方法？（　）

    A、特征提取　　　　B、特征匹配　　　　C、特征校正

4．1999年，谁首先提出了尺度不变特征变换（SIFT）方法？（　）

    A、Frank Rosenblatt　　　　　　　　B、Russell Kirsch

    C、Larry Roberts　　　　　　　　　D、David Lowe

5．在SIFT算法中，确定关键点方向的是（　）。

    A、点之间的关系　　B、比率测试　　　　C、局部图像梯度　　D、高斯差分

6．图像金字塔是（　）的多尺度表示法。

    A、单个图像　　　　B、多个图像　　　　C、图像列表　　　　D、图像元组

7．在做图片匹配时，用于匹配的两张图分别叫什么图？（　）

    A、数字图　训练图　　　　　　　　B、查询图　训练图

    C、查询图　索引图　　　　　　　　D、训练图　索引图

8．以下关于ORB算法的说法中，正确的是（　）。

    A、它是 SIFT+SURF 的优化版　　　B、它是 BRIEF+SIFT 的优化版

    C、它是 SURF+BRIEF 的优化版　　　D、它是 FAST+BRIEF 的优化版

二、多选题

想要匹配两张图片，需要进行下述哪些活动？（　　）

　　A、特征提取　　　　B、特征实现　　　　C、特征测试　　　　D、特征匹配

三、判断题

1．基础KNN匹配的流程采用的还是暴力匹配。（　　）

2．Lowe比率测试的原理是选拔出类拔萃的第一，远超第二的第一。（　　）

3．做图像的KNN匹配时，采用的是特征点（关键点）匹配。（　　）

4．在做透视变换前，要准备logo图片的特征点包围盒，该包围盒的构成点以逆时针方式组织，然后提交给perspectiveTransform(...)函数作为参数。（　　）

5．特征点无非是位置特殊而已，它在性质上就是一个几何点。（　　）

6．ORB特征检测算法比SIFT算法快，但一般来说精确度不如SIFT。（　　）

7．可以说FLANN是一种特殊的KNN匹配算法，只不过重点在性能方面做了些优化，既然性能优化了，精确性也就稍有"牺牲"。（　　）

8．特征检测和匹配有些经验对应关系，如果特征检测采用orb，则FLANN匹配算法的索引参数中算法选择FLANN_INDEX_KDTREE。（　　）

9．H,status = cv2.findHomography(p0,p1,cv2.RANSAC,3.0) 该语句的作用是：通过计算单一性，来求得从p0点集到p1点集的变换矩阵H。（　　）

5.3　本章小结

通过本章的学习和训练，学生应理解特征、关键点和描述符等基本概念以及常见特征提取和匹配算法的基本原理，学会获取Query Img和Train Img中的特征点和描述符，学会提取可信的匹配，学会将匹配的特征区域进行展示，等等。图5-23所示是第5章的思维导图。

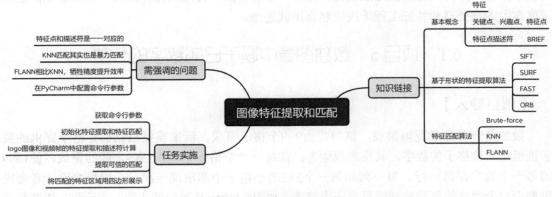

图5-23　第5章的思维导图

第6章 图像分割基础

通过第5章的学习，我们学会了提取图像特征的基本方法，并且能够对不同图像的特征进行匹配。在本章，我们将切换到计算机视觉的图像分割部分继续探索。

在计算机视觉课程中，图像分割指的是根据灰度、彩色、空间纹理、几何形状等特征将数字图像细分为互不相交的多个图像子区域的过程，使得这些特征在同一子区域内表现出一致性或相似性，而在不同子区域间表现出明显的不同。简单地说就是在一幅图像中，把前景目标从背景中分离出来。对于灰度图像来说，子区域内部的像素一般具有灰度相似性，而在子区域的边界上一般具有灰度不连续性。

图像分割的目的是简化或改变图像的表示形式，使得图像更容易分析和理解。图像分割通常用于定位图像中的物体和边界。更精确地，图像分割过程可以理解为一个标记过程，即把属于同一子区域的像素赋予相同的编号。

图像分割是计算机视觉的基础，是由图像处理到图像分析的关键步骤，同时也是图像处理中最困难的问题之一。由于问题本身的重要性和困难性，从20世纪70年代起图像分割问题就吸引了很多研究人员为之付出巨大的努力。虽然到目前为止，还不存在一个通用的完美的图像分割方法，但是对于图像分割的一般性规律则基本上达成了共识，已经产生了相当多的研究成果和方法。图像分割方法大体可分为传统方法和基于深度学习的方法两大类。本章我们将针对传统图像分割方法进行一些入门性的学习和应用。

传统图像分割方法主要包括基于阈值的图像分割方法、基于区域的图像分割方法、基于边缘检测的图像分割方法以及结合其他特定工具如小波分析和小波变换、遗传算法等的图像分割方法等。

随着算力的增加以及深度学习的不断发展，一些传统的图像分割方法在效果上已经不能与基于深度学习的图像分割方法相提并论了，尽管如此，传统图像分割的一些思想和做法在深度学习的预处理和特征工程阶段依然有用武之地。

6.1 项目5 数独图像中题干已知数字的分割

【项目导入】

数独是一种数学逻辑游戏，该游戏由9×9个格子组成，玩家需要根据部分格子提供的数字推理出其他格子的数字，其推理规则为：在每一个空格子中填入1到9之间的整数，使1到9的每一个数字在每一行、每一列和每一个3×3的小格子中都出现一次。一般游戏设计者会提供最少17个数字使得数独谜题只有一个答案。如图6-1所示是数独游戏的一个示例，该题数独格子提供了26个数字。

这种游戏只需要逻辑思维能力，与数字运算关系不大，所以数学不好的人也很适合玩它。虽然这种游戏玩法简单，但它提供的数字却可以千变万化，所以不少教育工作者认为玩数独游戏是锻炼脑筋的好方法。

图6-1所示是广泛流传的一张用于演示自适应阈值分割算法的图片，它本身拍摄自报纸的一角，报纸本身不够平整导致图中的格子和数字均有所变形，此外，9×9格子区域的不同部分具有不同的光照条件，这些因素都给我们分割题干中的已知数字制造了不小的困难。数独题干中的数字均为印刷体，所以我们一旦完成了题干中已知数字的分割，进一步识别这些数字的难度是不足惧的。

图6-1　第6章综合案例要分割的图像

【项目任务】

数独图像视觉解题项目我们将用两章来完成。在第6章我们将完成图像中各已知数字的分割；在第7章我们将完成对已分割出来的各已知数字的识别，然后我们顺手用计算机程序把数独谜题解出来，为数独谜题提供一个参考答案。

【项目目标】

1. 知识目标

（1）理解Otsu阈值分割算法。

（2）理解自适应阈值分割算法。

（3）理解距离变换法和分水岭分割算法。

（4）理解漫水填充算法。

2. 技能目标

（1）能够利用Otsu阈值分割算法进行图像分割。

（2）能够利用自适应阈值分割算法进行图像分割。

（3）能够利用距离变换法和分水岭分割算法进行图像分割。

（4）能够利用漫水填充算法获取图像中目标的掩码图。

3. 职业素养目标

（1）培养学生严谨、细致、规范的职业素质。

（2）培养学生团队协作和表达沟通能力。

（3）培养学生创新设计能力。

（4）培养学生的技术标准意识、操作规范意识和服务质量意识等。

【知识链接】

6.1.1　Otsu 阈值分割算法

自适应阈值分割
算法、Otsu 阈值
分割算法和分水
岭分割算法

　　Otsu阈值分割算法（简称Otsu算法）也被称为最大类间方差法，或大津算法，它是由日本图像学家大津展之于1979年提出的。该算法被认为是图像分割中阈值选取的最佳算法，其计算简单，且不受图像亮度和对比度的影响，因此在数字图像处理上得到了广泛的应用。它是按图像的灰度分布特性，将图像分成背景（background）和前景（foreground，即目标）两类，是类间方差最大（错分概率最小）的分割。

　　当前景与背景的面积相差不大时，Otsu算法能够有效地对图像进行分割。当图像中的前景与背景面积相差很大时，表现为直方图没有明显的双峰，或者两个峰的大小相差很大，此时Otsu算法分割效果不佳。当前景与背景的灰度有较大的重叠时使用该算法也不能准确地将前景与背景分开。该算法对噪声非常敏感，所以使用该算法前要使用第4章的方法先对图像去噪。

　　在OpenCV中，Otsu算法仍然使用函数cv2.threshold来实现，它的基本应用示例和原型如下：

```
# 对图像进行高斯模糊之后再应用 Otsu 算法，效果较好
blur = cv2.GaussianBlur(img,(5, 5), 0)
ret, th = cv2.threshold(blur, 0, 255, cv2.THRESH_BINARY+cv2.THRESH_OTSU)
ret, th = cv2.threshold(blur, thresh, maxVal, typeE[,dst])
```

　　原型中第一个参数blur是去噪后的原图像，它必须是灰度图像。

　　第二个参数thresh是阈值，在目前情况下该阈值可以任意选择（在示例中我们把它设为0），Otsu算法会自动找到最佳阈值。

　　第三个参数maxVal是分配给超过最佳阈值的像素值的最大值，一般设为255。

　　第四个参数type是OpenCV为该函数提供的不同的二值化类型，这里在传递该参数时，要多传递一个参数，即cv2.THRESH_OTSU。

　　如图6-2所示，我们首先读取一幅彩色图像，接着将彩色图像转换为灰度图像，然后利用固定阈值分割算法、Otsu阈值分割算法对图像进行分割，最后将图像分割的效果进行对比显示，结果如图6-3所示。

　　如图6-3所示，利用固定阈值分割算法（中间图）进行分割的效果不好，部分硬币间的边界线不清晰，部分硬币内出现了背景子区域。利用Otsu阈值分割算法（右图）进行分割的效果较好，这是由于Otsu阈值分割算法遍历了所有可能的阈值，从中选择了最佳阈值。

```
import cv2
from matplotlib import pyplot as plt
image = cv2.imread("coins.jpg") # 读取图像
image_Gray = cv2.cvtColor(image, cv2.COLOR_BGR2GRAY) # 将彩色图像转换为灰度图像
t1, dst1 = cv2.threshold(image_Gray, 100, 255, cv2.THRESH_BINARY) # 二值化阈值处理
# 实现Otsu方法的阈值处理
t2, dst2 = cv2.threshold(image_Gray, 0, 255, cv2.THRESH_BINARY  + cv2.THRESH_OTSU)
titles = ['Original Image', 'BINARY','OTSU']
images = [image_Gray, dst1, dst2]
for i in range(3):
    plt.subplot(1,3,i+1),plt.imshow(images[i],'gray')
    plt.title(titles[i])
    plt.xticks([]),plt.yticks([])
plt.show()
cv2.waitKey() # 按下任何键盘按键后
cv2.destroyAllWindows() # 销毁所有窗口
```

图6-2　固定阈值分割和Otsu阈值分割代码

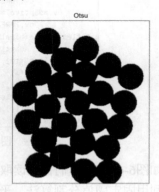

图6-3　固定阈值分割和Otsu阈值分割效果对比

6.1.2　自适应阈值分割算法

在图像的二值化处理中，我们前面使用一个固定的全局阈值对图像进行分割。但这可能并非在所有情况下都很好，例如，如果图像在不同区域具有不同的光照条件，在这种情况下，自适应阈值分割可以提供更好的帮助。自适应阈值分割算法基于像素周围的局部小区域确定像素的阈值。因此，对于同一图像的不同区域，我们获得了不同的阈值，这能为不同部分光照变化的图像提供了更好的分割效果。

OpenCV 函 数 cv2.adaptiveThreshold(src, maxValue, adaptiveMethod, thresholdType, blockSize, C)用于自适应阈值分割算法（简称自适应算法）。

其第一个参数src是原图像，它必须是灰度图像。

第二个参数maxValue是分配给超过阈值像素的最大值。

第三个参数adaptiveMethod决定像素阈值是如何计算的，它包括以下两种计算方式，如表6-1所示。

表 6-1　adaptiveThreshold()函数的第三个参数 adaptiveMethod 的两种取值类型及含义

类　　　型	含　　　义
cv2.ADAPTIVE_THRESH_MEAN_C	像素阈值是邻近区域的平均值减去常数 C
cv2.ADAPTIVE_THRESH_GAUSSIAN_C	像素阈值是邻域像素值的高斯加权总和减去常数 C

第四个参数thresholdType是OpenCV提供的不同的二值化类型，例如cv2.THRESH_BINARY、cv2.THRESH_TRUNC、cv2.THRESH_TOZERO等。

第五个参数blockSize用于确定邻近区域的大小。

第六个参数C是从邻域像素的平均值或加权总和中减去的一个常数。

如图6-4所示，是OpenCV官网提供的自适应阈值分割函数示范代码片段。

```python
import cv2 as cv
import numpy as np
from matplotlib import pyplot as plt
img = cv.imread('sudoku.png',0)
img = cv.medianBlur(img,5)
ret,th1 = cv.threshold(img,127,255,cv.THRESH_BINARY)
th2 = cv.adaptiveThreshold(img,255,cv.ADAPTIVE_THRESH_MEAN_C,\
            cv.THRESH_BINARY,11,2)
th3 = cv.adaptiveThreshold(img,255,cv.ADAPTIVE_THRESH_GAUSSIAN_C,\
            cv.THRESH_BINARY,11,2)
titles = ['Original Image', 'Global Thresholding (v = 127)',
            'Adaptive Mean Thresholding', 'Adaptive Gaussian Thresholding']
images = [img, th1, th2, th3]
for i in range(4):
    plt.subplot(2,2,i+1),plt.imshow(images[i],'gray')
    plt.title(titles[i])
    plt.xticks([]),plt.yticks([])
plt.show()
```

图6-4 自适应阈值分割函数示范代码

如图6-4所示，我们首先读取一幅图像，接着利用中值滤波对灰度图像进行平滑去噪处理，然后利用固定阈值分割算法、平均加权自适应阈值分割算法、高斯加权自适应阈值分割算法分别对图像进行分割，最后将图像分割的效果进行对比显示，如图6-5所示。

（a）原始图像　　　　　　　　（b）固定阈值分割算法

（c）自适应阈值分割算法（平均加权）　（d）自适应阈值分割算法（高斯加权）

图6-5 固定阈值分割和自适应阈值分割效果对比

如图6-5所示，固定阈值分割算法对当前图片的分割效果非常不好，它导致大部分数字区域变为黑色，丢失了重要信息。利用自适应阈值分割算法进行分割的效果较好，这是由于对于同一图像的不同区域，自适应阈值分割算法使用了不同的阈值。

6.1.3 分水岭分割算法

分水岭分割算法（简称分水岭算法）属于基于区域的图像分割方法。基于区域的图像分割方法是以直接寻找区域为基础的图像分割技术。分水岭分割算法的工作原理是：首先将图像理解为一个地形表面，图像上每个像素的强度代表该点的地表高度。为增强后续处理的效果，这一步可以通过对图像应用梯度算子（滤波器）来完成，它可以突出不同区域之间的边缘和边界。

接下来，该算法用注水方式逐渐淹没地表，并递归地去除地表的最低点（即"局部极小值"），直到所有集水盆形成。这个步骤被称为"淹没"。该算法使用一个优先级队列来跟踪具有最低强度值的像素，并反复删除最低强度值像素并淹没其邻居，直到所有像素都被访问过。一旦淹没完成，该算法可以通过追踪被淹没区域的边界来识别集水盆。这些边界通常对应于原始图像中不同物体或特征之间的边缘和边界，也就是分水岭。最后，该算法可以将图像中的每个像素分配给它所属的集水盆，从而将图像分割成多个区域。

这个算法背后的想法是，在淹没的过程中，算法会先访问强度相似的像素，由于强度较低的区域不太可能是物体的边界，所以强度相似的像素会被归入同一个区域（物体）中。

分水岭分割算法的大致过程如下：

（1）把梯度图像中的所有像素按照灰度值进行分类，并设定一个测地距离阈值T。

（2）找到灰度值最小的像素点（默认标记为灰度值最低点），让水平面从最小值开始增长，这些点为起始点。

（3）水平面在增长的过程中，会碰到周围的邻域像素，测量这些像素到起始点（灰度值最低点）的测地距离，如果小于阈值T，则将这些像素淹没，否则在这些像素上设置"大坝"，这样就对这些邻域像素进行了分类。

（4）随着水平面越来越高，会设置更多更高的"大坝"，直到水平面达到灰度值的最大值为止，这时所有区域都在分水岭线上相遇，这些"大坝"就对整个图像进行了分区。

由于噪声点等因素的干扰，按以上想法实现的分割结果很可能是密密麻麻的很多小区域，即图像被过度分割（over-segmented），这是由于图像中有非常多的局部极小值点导致的，每个局部极小值点都会自成一个小区域。

解决图像过度分割的方法之一是不从灰度最小值开始向上增长，可以将相对较高的灰度值作为起始点，这需要用户手动标记，然后从标记处开始逐渐淹没，则很多小区域会被合并为一个较大区域。当图像中需要分割的区域太多时，手动标记太低效，我们可以使用距离变换法进行自动标记，OpenCV中就使用了这种方法。这些标记被用来作为淹没过程的种子，引导算法走向所期望的分割。

在OpenCV中，分水岭分割算法使用函数cv2.watershed(img, markers)实现。

其第一个参数img是原图像，它可以是彩色图像。

第二个参数markers是标记图，它是一个与原图像大小相同的矩阵，数据类型为int32，如前所述，我们将使用距离变换法来自动生成标记图。

前面使用Otsu阈值分割算法很好地把背景和硬币分割开来，但由于不同硬币之间相邻或粘连，用Otsu阈值分割算法难以把不同硬币分割开。我们接着使用分水岭分割算法对图像进行处理，这次我们要把粘连的硬币相互之间分割开。

```python
# noise removal
kernel = cv2.getStructuringElement(cv2.MORPH_RECT, (3,3))
opening = cv2.morphologyEx(thresh, cv2.MORPH_OPEN, kernel, iterations = 2)
sure_bg = cv2.dilate(opening, kernel, iterations = 2)  # sure background area
sure_fg = cv2.erode(opening, kernel, iterations = 2)  # sure foreground area
unknown = cv2.subtract(sure_bg, sure_fg) # unknown area
```

首先使用开运算去除图像中的细小白色噪点，得到结果opening。接着对opening做膨胀运算，使得一部分背景合并为硬币像素，结果图像中的黑色区域就是确定的背景sure_bg，如图6-6右图所示，然后通过腐蚀运算移除硬币边界像素，结果图像中的白色区域就是确定的前景sure_fg，如图6-6左图所示。确定的背景图像减去确定的前景图像得到不明确的区域（unknown区域，硬币的真正边界在unknown区域内）。

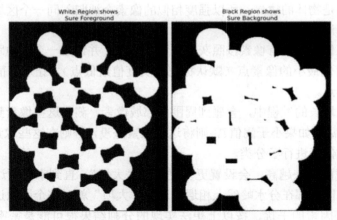

图6-6　腐蚀和膨胀运算后的结果图像

unknown区域不确定是硬币还是背景，这些区域位于前景和背景接触的区域。由图6-6左图可见经腐蚀之后硬币之间依然彼此接触，所以我们改用另一个获得确定前景sure_fg的方法，即带阈值的距离变换法。

```python
# Perform the distance transform algorithm
dist_transform = cv2.distanceTransform(opening, cv2.DIST_L2, 5)
# Normalize the distance image for range = {0.0, 1.0}
cv2.normalize(dist_transform, dist_transform, 0, 1.0, cv2.NORM_MINMAX)
# Finding sure foreground area
```

```
ret, sure_fg = cv2.threshold(dist_transform, 0.5*dist_transform.max(), 255, 0)
# Finding unknown region
sure_fg = np.uint8(sure_fg)
unknown = cv2.subtract(sure_bg, sure_fg)
```

图6-7左边的图为距离转换的结果图像，其中每个像素的值为其到最近的背景像素（灰度值为0）的距离，可以看到硬币的中心像素值最大（因为中心离背景像素最远）。对其进行二值化处理就得到了图6-7右图即确定前景图sure_fg，图6-7右图中的白色区域是确定的硬币区域，显然，这时硬币之间实现了相互分离。

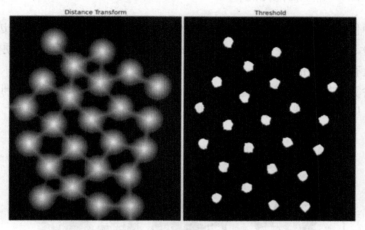

图6-7　距离转换后的图像

现在我们可以确定哪些是硬币区域sure_fg，哪些是背景区域sure_bg。如前所述，确定的背景区域sure_bg减去确定的前景区域sure_fg可得到不明确的区域（unknown区域，硬币的真正边界在unknown区域内）。

在使用分水岭分割算法之前，我们要创建标记，分水岭分割算法将标记为0的区域视为不确定区域unknown，将标记为1的区域视为背景区域，将标记大于1的正整数区域表示我们想得到的不同前景区域，在这里标记为2～25的24个硬币区域。

图像分割任务实施

我们使用在第4章中学习过的 cv2.connectedComponents() 来实现这个功能。cv2.connectedComponents() 将传入图像中的白色区域视为前景，在结果图像markers中用0标记图像的背景，用大于0的整数标记其他不同硬币对象。为达到分水岭分割算法使用前的要求，我们还需要对结果图像markers整体加1，用1来标记原图像的背景，把0空出来用于标记unknown区域。

在本示例中使用分水岭分割算法前markers标记的含义为：0（unknown）、1（sure_bg）、2（标记1#硬币）、3（标记2#硬币）、…、24（标记23#硬币）、25（标记24#硬币）。

```
# Marker labelling
ret, markers = cv2.connectedComponents(sure_fg)
```

```
# Add one to all labels so that sure background is not 0, but 1
markers = markers+1
# Now, mark the region of unknown with zero
markers[unknown == 255] = 0
```

标记图像完成后，最后就能正式使用分水岭算法了。此时，标记图像markers将被修改，不同硬币区域的边界将被标记为-1。

```
markers = cv2.watershed(img, markers)
img[markers == -1] = [0,0,255]
```

在本示例中使用分水岭算法后markers标记的含义为：-1（分水岭即硬币边界）、1（背景）、2（标记1#硬币）、3（标记2#硬币）、…、24（标记23#硬币）、25（标记24#硬币）。标记0消失了，因为现在没有不明确的区域了。

经过分水岭算法得到的标记图像和分割后的图像如图6-8所示，可以看到，现在取得了更好的分割效果。以此为基础，我们可以方便地对物体如硬币实现自动计数。

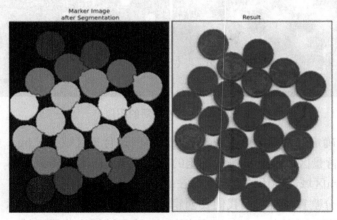

图6-8　分水岭分割算法的效果图

6.1.4　漫水填充算法

漫水填充算法的常规用法是使用它自动选中和种子点（seed point）相连的区域，接着将该区域替换成指定的颜色，用于标记或者分离部分图像。漫水填充也可以用来从输入图像获取掩码区域。

漫水填充算法和分水岭分割算法有相似之处，两者都是把图像像素的灰度值理解成像素点的高度，进而把一张图像看成崎岖不平的地面或者山区，接着向地面上低洼的地方开始注水。两者的差异在于分水岭分割算法中每个局部极小值点都会成为注水点，而漫水填充算法中只有唯一的注水点，即种子点。

在OpenCV中，实现漫水填充算法的函数原型如下：

```
cv2.floodFill(img, mask, seedPoint, newVal, loDiff, upDiff, flags)
```

cv2.floodFill()中的参数及其含义如表6-2所示。

表 6-2 cv2.floodFill()中的参数及其含义

参 数	参数解释
img	原图像
mask	掩码图像，大小必须为原图像的长宽+2。将图像外围设置一圈非 0 值的目的是中断从种子点开始的向外搜索
seedPoint	种子点坐标(x, y)
newVal	被填充像素点的新像素值
loDiff	像素的向下阈值
upDiff	像素的向上阈值
flags	填充标志。该标志由 3 部分组成。 第一部分（0～7 位）表示邻域的种类，4-邻域或者 8-邻域 第二部分（8～15 位）表示掩码图像中被填充像素点的新像素值 第三部分（16～23 位）表示填充算法的规则。第三部分可以为 0，或者是以下两种标识符的组合 ● FLOODFILL_FIXED_RANGE：如果设置了这个标识符，则考虑当前像素与固定的种子点像素之间的差，否则就考虑当前像素与其邻域像素的差 ● FLOODFILL_MASK_ONLY，如果设置了这个标识符，则 mask 不能为空，函数也不会去填充原图像，而是去填充掩码图像 mask。这时可忽略第三个参数 newVal flags 的多个部分可以用按位或（即'|'）连接起来

如图6-9所示，行4创建了高为200宽为150的全0单通道图像img；行5～8把img图像的200行分成了4大行，每大行包括50小行，第一大行的灰度保持为0，第二大行的灰度设成60，第三大行的灰度设成120，第四大行的灰度设成180。生成后的img如图6-10左图所示。

```
4    img = np.zeros((200, 150), dtype=np.uint8)
5    i = 0
6    for v in img:
7        v[:] = i // 50 * 60
8        i += 1
9    cv2.imshow('img', img)
```

图6-9　生成模拟图像img

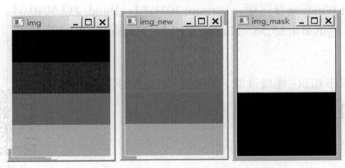

图6-10　漫水填充算法示范程序的运行结果

　　如图6-11所示，行12设定了种子点坐标为(70, 70)。行13初始化了掩码图像mask，其大小必须为原图像的长宽+2。newVal为被填充像素点的新像素值，被设为127。mask_fill是掩码图像中与被填充像素点对应的新像素值，被设为255。行17表示邻域种类为4-邻域，掩码图像中与被填充像素点对应的新像素值为255，采用固定范围。种子点(70，70)所在像素点的灰度值为60，60-loDiff=-10，60+upDiff=80，而img图像第一大行（0～49行）、第二大行（50～99行）的像素值分别为0和60，均在[-10, 80]这个闭区间范围内，故img图像第一大行（0～49行）、第二大行（50～99行）的像素均被填充为新值127，而第三大行（100～149行）、第四大行（150～199行）的像素值均维持不变，如图6-10中图所示。行19的返回值有4个，第一个返回值ret表示img图像中被更新的像素的数量；第二个返回值image表示修改后的img；第三个返回值mask表示修改后的掩码图如图6-10右图所示，它周边一圈像素的值均为1，它内部为0的像素区域对应img图像中不变（未被填充）的部分，它内部为255的像素区域对应img图像中被更新的部分；第四个返回值rect表示img图像中被更新的区域范围，在本例中它的值为(0, 0, 150, 100)，它表示左上点是（0，0）、宽度为150、高度为100的矩形范围。

```
11    #构建mask,mask的size必须为(img宽+2,img高+2)
12    seed = (70, 70)
13    mask = np.zeros((img.shape[0]+2, img.shape[1] +2), dtype=np.uint8)
14    newVal = (127)
15    mask_fill = 255
16    #floodFill填充标志
17    flags = 4 | (mask_fill<<8) | cv2.FLOODFILL_FIXED_RANGE
18    loDiff, upDiff = 70,20
19    ret, image, mask, rect = cv2.floodFill(img, mask, seed, newVal,(loDiff), (upDiff), flags)
20    cv2.imshow('img_new', image)
21    cv2.imshow('img_mask', mask)
```

图6-11　对图像img执行漫水填充算法

【项目准备】

1. 硬件条件

一台计算机或一部笔记本电脑。

2. 软件条件

（1）Windows 10，64位。

（2）PyCharm Windows社区版，Version: 2021.2.1，Build: 212.5080.64。

（3）OpenCV-Python 4.5.3.56、Numpy 1.19.5、Matplotlib 3.3.4等。

3. 其他条件

已初步掌握以下知识：图像读取、图像显示、图像分割基础等。

【任务实施】

1. 处理流程

在该项目中，我们将完成如图6-1所示数独图像中各已知数字

漫水填充 1　　漫水填充 2

数独分割-1

数独分割 2　　数独分割 3

的分割。项目的执行流程如图6-12所示。整个过程大致分为9步，每步的繁简程度可能存在较大差异。该案例的很多技术细节和做法值得大家深入熟悉，同学们在消化吸收后，要做到能够轻松地将类似功能迁移到其他计算机视觉项目中。接下来我们对图6-12中每一个步骤的代码进行详细讲解。

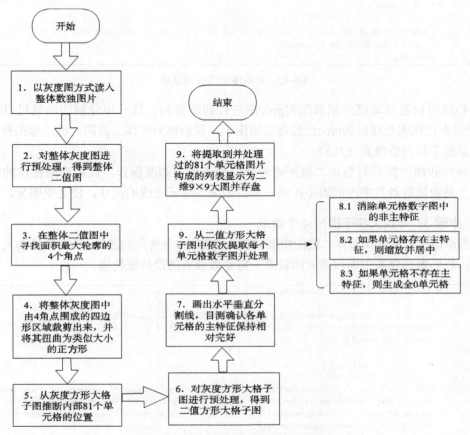

图6-12 数独分割项目总体处理流程

2. 步骤1：读入整体灰度图

该步骤代码异常简单，如下所示，其中path是整体数独题目图片的路径，图片格式不限。

original = cv2.imread(path, 0)

本步骤所得的original 是整体灰度图。

3. 步骤2：对整体灰度图进行预处理

该步骤代码如图6-13所示。

无论是对整体灰度图，还是对局部灰度图，我们均需要使用如图6-13所示的函数做预处理。该函数的输入参数包括gray和skip_dilate，其中gray是要进行预处理的灰度图像，skip_dilate表示是否要跳过对图像进行膨胀的操作。

行42使用高斯模糊函数对灰度图gray的复制品进行降噪，得到降噪后的灰度图proc。

```
40    def pre_process_gray(gray, skip_dilate=False):  # gray: 灰度图
41        """使用高斯模糊、自适应阈值分割和/或膨胀来暴露图像的主特征"""
42        proc = cv2.GaussianBlur(gray.copy(), (9, 9), 0)  # proc: 降噪后的灰度图
43        proc = cv2.adaptiveThreshold(proc, 255, cv2.ADAPTIVE_THRESH_GAUSSIAN_C, cv2.THRESH_BINARY_INV, 11, 2)
44        # 处理完毕的proc: 二值图, 前景数字是白色

46        if not skip_dilate:
47            # 膨胀的目的有二: 消除前景数字内部的小孔洞; 增大格子边线的尺寸, 使之更明显。
48            kernel = np.array([[0., 1., 0.], [1., 1., 1.], [0., 1., 0.]], np.uint8)  # 结构元
49            proc = cv2.dilate(proc, kernel)
50        return proc  # proc: 二值图, 前景数字是白色, 背景是黑色
```

图6-13　对灰度图进行预处理

行43使用自适应阈值分割算法对proc图进行初步分割，这一步分割的结果可以参考图6-5。经过本行代码处理后的proc已经是二值图了，我们称为整体二值图，请注意在整体二值图中前景数字是白色像素（255）。

行46～49用于按需对整体二值图进行数学形态学的膨胀操作。此处膨胀操作的作用有二：其一是消除前景数字内部的小孔洞；其二是增大格子边线的尺寸，使之更明显。

4．步骤3：寻找大格子图的4个角点

如图6-14所示是寻找整体二值图中面积最大轮廓的4个角点的函数，该函数的输入是整体二值图，我们要确保其中面积最大的轮廓一定是数独题的最外框轮廓。

```
62    def find_corners_of_largest_polygon(bin_img):  # bin_img: 二值图, 前景数字是白色
63        """找出图像中面积最大轮廓的4个角点。"""
64        contours, h = cv2.findContours(bin_img.copy(), cv2.RETR_EXTERNAL, cv2.CHAIN_APPROX_SIMPLE)
65        contours = sorted(contours, key=cv2.contourArea, reverse=True)  # 按面积降序排序
66        polygon = contours[0]  # Largest polygon

68        # 右下角点具有最大的 (x+y) 值, 左上角点具有最小的 (x+y) 值, 左下角点具有最小的 (x-y) 值, 右上角点具有最大的 (x-y) 值
69        # bottom_right_idx: 右下角点的编号, _: (x+y) 的最大值, 但我们并不关心
70        bottom_right_idx, _ = max(enumerate([pt[0][0] + pt[0][1] for pt in polygon]), key=operator.itemgetter(1))
71        top_left_idx, _ = min(enumerate([pt[0][0] + pt[0][1] for pt in polygon]), key=operator.itemgetter(1))
72        bottom_left_idx, _ = min(enumerate([pt[0][0] - pt[0][1] for pt in polygon]), key=operator.itemgetter(1))
73        top_right_idx, _ = max(enumerate([pt[0][0] - pt[0][1] for pt in polygon]), key=operator.itemgetter(1))

75        # 返回四边形的四个角点坐标数据
76        # 每个点的坐标示例如: [[481 68]]
77        points = [polygon[top_left_idx][0], polygon[top_right_idx][0],
78                  polygon[bottom_right_idx][0], polygon[bottom_left_idx][0]]
79        show_image(display_points(bin_img, points))
80        return points  # 顺时针方式安排
```

图6-14　寻找整体二值图中面积最大轮廓的4个角点

该函数中，行64可以找出bin_img复制品图中的所有外部轮廓contours；行65对contours轮廓集中的轮廓按面积排序，这里使用了降序排序（reverse=True），所以contours[0]是具有最大面积的轮廓，它就是图6-15左图中的绿色轮廓；我们在行66中把它另存为polygon。我们知道，轮廓是由点组成的，接着我们要计算轮廓polygon中的4个角点。我们以计算右下角点为例详细说明。行70中，pt[0][0]+pt[0][1]用于计算pt点的$x+y$值，[pt[0][0]+pt[0][1] for pt in polygon]则获取了轮廓polygon中每个点的$x+y$值，并组织成列表形式，enumerate([...]) 则对刚才的列表进行枚举，枚举的结果依然是列表，但每个列表项的形式变为（索引号，$x+y$值），

接着，依据$x+y$值在刚才的列表中寻找最大值，返回具有最大$x+y$值的轮廓点的索引号bottom_right_idx；理解了第4章介绍的图像坐标系概念之后，我们很容易理解：右下角点具有最大的（$x+y$）值，左上角点具有最小的（$x+y$）值，左下角点具有最小的（$x-y$）值，右上角点具有最大的（$x-y$）值。行71～73的代码类似。行77～78以顺时针方式组织左上角点、右上角点、右下角点和左下角点为点集points。行79用于显示轮廓polygon的四个角点，如图6-15右图所示。

彩图（左）

图6-15　左图的绿色轮廓具有最大轮廓面积，右图展示4角点

在图6-14中，行79调用的函数display_points如图6-16所示，它进一步调用了函数convert_with_color，如图6-17所示。

```
53    def display_points(in_img, points, radius=5, color=(0, 0, 255)):
54        """在图像上绘制彩色圆点。原图像可能是灰度图"""
55        img = in_img.copy()
56        img = convert_with_color(color, img)  # 如有必要，动态转换为彩图
57        for point in points:
58            cv2.circle(img, tuple(int(x) for x in point), radius, color, -1)
59        return img
```

图6-16　函数display_points

在图6-16中，行56用于将img转换为三通道彩图img；接着，就可以在彩图img上绘制代表四个角点的四个实心圆，如图6-15右图所示。

```
30    def convert_with_color(color, img):
31        """如果color是元组且img是灰度图，则动态地转换img为彩图"""
32        if len(color) == 3:
33            if len(img.shape) == 2:
34                img = cv2.cvtColor(img, cv2.COLOR_GRAY2BGR)
35            elif len(img.shape) == 3 and img.shape[2] == 1:  # 单通道
36                img = cv2.cvtColor(img, cv2.COLOR_GRAY2BGR)
37        return img  # 三通道彩图
```

图6-17　函数convert_with_color

函数convert_with_color的代码简单易读，在此不再赘述。

5. 步骤4：获取灰度方形大格子图

这部分的核心代码如图6-18所示。

```
99    top_left, top_right, bottom_right, bottom_left = crop_rect[0], crop_rect[1], crop_rect[2], crop_rect[3]
100
101   # 把数据类型显式转换为float32，否则后面的 `getPerspectiveTransform` 将抛出错误
102   src = np.array([top_left, top_right, bottom_right, bottom_left], dtype='float32')  # 来源区域位置
103
104   # 获取四边形的最大边长
105   side = max([
106       distance_between(bottom_right, top_right),
107       distance_between(top_left, bottom_left),
108       distance_between(bottom_right, bottom_left),
109       distance_between(top_left, top_right)
110   ])
111
112   # 描述一个边长为计算长度side的正方形，这就是我们的变换目标
113   dst = np.array([[0, 0], [side - 1, 0], [side - 1, side - 1],
114       [0, side - 1]], dtype='float32')  # 目标方形（顺时针方式组织）
115
116   # 通过比较前后4个点，获取用于扭曲图像以适合正方形的透视变换矩阵（3*3矩阵）
117   m = cv2.getPerspectiveTransform(src, dst)
118
119   # 因为src是 img的局部点集，所以下面这句只是把局部图像变为正方形，而不是整体！
120   cropped = cv2.warpPerspective(gray, m, (int(side), int(side)))  # 目标正方形的宽和高
```

图6-18　获取灰度方形大格子图的核心代码

在图6-18中，行99用于从函数的输入参数
crop_rect获取左上、右上、右下和左下四个角点的
坐标；行102则将这四个角点的坐标转换为浮点类
型，并组织成Numpy数组的形式；行105～110先分
别计算由以上四个角点构成的四边形的四条边长，
取最大边长并存为side；行113～114描述一个边长
为side的正方形，这就是我们的变换目标；由一个
普通四边形变换为正方形无法使用仿射变换达成，
只能使用透视变换。于是，在行117中通过比较前
后各4个点（src和dst）的坐标，我们获取到了用于
将普通四边形图像扭曲变换为正方形图像的透视
变换矩阵m（3×3矩阵）；最后，我们使用透视变换
矩阵m，将gray灰度图中src引用的部分图像变换为
边长为side的正方形图像cropped，如图6-19所示。

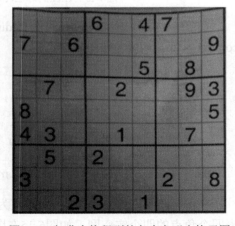

图6-19　扭曲变换得到的灰度方形大格子图

6．步骤5：推断大格子图内部81个小单元格的位置

推断大格子图内部81个小单元格的位置的代码如图6-20所示。

在图6-20中，行128中的side为大正方形的边长，行129返回的side为小单元格的边长；注
意在行132～133中，我们先遍历行号（y坐标），再遍历列号（x坐标），因此我们获取小单元
格的顺序是一行一行地取，每行从左到右取9个小单元格，注意行134～136，p1为小单元格左
上角点的坐标，p2为小单元格右下角点的坐标，每个小单元格的位置可由(p1, p2)确定。该函
数最后返回的squares是由81个小单元格位置构成的列表。

```
125    def infer_grid(square_gray):
126        """从正方形灰度图像推断其内部81个单元网格的位置（以等分方式）。"""
127        squares = []
128        side = square_gray.shape[:1]   # (487) 大正方形的高度
129        side = side[0] / 9   # 小正方形的高度
130
131        # 从左到右一行行遍历
132        for j in range(9):   # j: 行号（y坐标）
133            for i in range(9):   # i: 列号（x坐标）每次获取一个单元格的左上角点坐标p1和右下角点坐标p2
134                p1 = (i * side, j * side)   # 包围盒的左上角点
135                p2 = ((i + 1) * side, (j + 1) * side)   # 包围盒的右下角点
136                squares.append((p1, p2))   # (p1, p2) 代表一个单元格的位置和大小
137        return squares
```

图6-20　推断大格子图内部81个单元格的位置

7.　步骤6：获取二值方形大格子图

由前两步得到的方形大格子图是灰度图，我们还需要调用在图6-13中定义的函数对该灰度图进行预处理，得到二值图square_bin。该调用只需一行代码，如下：

square_bin = pre_process_gray(square_gray.copy(), skip_dilate = True)

8.　步骤7：确认各小单元格的主特征保持相对完好

为完成此任务，我们需要绘制参考线。画线代码如图6-21所示。

```
268    # 画出水平竖直分割线，用于目测各单元格的主特征是否保持相对完好
269    color = convert_with_color((0, 0, 255), square_bin)
270    hw, _ = color.shape[:2]
271    for i in range(10):
272        cv2.line(color, (0, int(i * hw / 9)), (hw - 1, int(i * hw / 9)), (0, 0, 255))
273        cv2.line(color, (int(i * hw / 9), 0), (int(i * hw / 9), hw - 1), (0, 0, 255))
274    cv2.imshow('drawRedLine', color)
275    cv2.waitKey(1)
```

图6-21　画线确认各小单元格的主特征是否保持相对完好

在图6-21中，行269用于将二值图square_bin转换为三通道彩图color，然后我们就可以在color图上绘制易于辨识的红色线条了；行270用于获取正方形图像的边长hw；行271～273用于绘制横纵各10条红色线段，效果如图6-22所示。经观察可知，除第一行中的数字4、7稍微偏下以外，其余小单元格要么没有主特征（数字），要么主特征完全留在等分小单元格中。经过这一步的确认，我们随后就可以对小单元格中的数字进行进一步分割了。

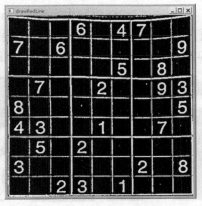

彩图

图6-22　在方形二值图中绘制等分红色线段以便于观察

9.　步骤8：从二值方形大格子图中依次提取每个小单元格数字图

完成这一步任务的主代码如图6-23所示。主代码调用了find_largest_feature函数和

scale_and_centre函数。

```
249        """从预处理后的二值方形大格子图中提取出rect指定的小单元格数字图"""
250        digit = cut_from_rect(bin_img, rect)
251        # 使用漫水填充法来获得经过盒子中间的最大特征
252        # margin（边距）用于定义中间的一个区域，我们期待该区域的某个像素属于最大特征。
253        h, w = digit.shape[:2]
254        margin = int(np.mean([h, w]) / 2.6)   # margin：边距，比边长一半要小一些
255        # 从中间区域开始寻找主特征
256        flooded, bbox, seed = find_largest_feature(digit, [margin, margin], [w - margin, h - margin])
257
258        # 计算紧凑数字图的宽和高
259        w = bbox[1][0] - bbox[0][0]
260        h = bbox[1][1] - bbox[0][1]
261
262        if w > 0 and h > 0 and (w * h) > 200:
263            digit = cut_from_rect(flooded, bbox)   # 注意：flooded去掉了非主特征
264            return scale_and_centre(digit, size, 4)
265        else:
266            return np.zeros((size, size), np.uint8)
```

图6-23　从二值方形大格子图中依次提取每个小单元格数字图的主代码

在图6-23中，行250使用cut_from_rect函数从bin_img图中提取由rect指定位置的小单元格图，这是一步提取ROI的操作，经过这步，我们得到了digit。在行254中，我们计算出了边距变量margin，这里的阈值2.6确保了该变量比边长一半偏小一些，随后我们通过[margin, margin], [w - margin, h - margin]可以指定位于图中央的红色小区域，如图6-24左图所示。行256调用find_largest_feature函数通过红框区域寻找最大特征（主特征，在图6-24左图主特征是数字6），该函数调用返回了三个值flooded、bbox和seed，其中flooded是去掉非主特征之后的小单元格图（如图6-24中间图所示），bbox指定了主特征在图中的位置，seed是通往主特征的种子点。在行259～260中我们通过bbox计算出了紧凑数字图的宽度和高度。行262用于判断主特征是否有效，如果存在有效主特征，就把主特征切出来，记为digit，如图6-24右图所示。最后，我们调用scale_and_centre函数对digit图进行缩放且加边距，具体请看后文的解释。如果不存在有效主特征，我们通过行266返回大小为size×size的全0图片。

在本书中，我们为了描述方便，自定义了一些提法，如紧凑图和非紧凑图，紧凑图是不带边距的图，如图6-24右图所示；非紧凑图是带边距的图，如图6-24中间图所示。

彩图（左）

图6-24　含主特征的小单元格图、去掉非主特征的小单元格图、紧凑主特征图

如图6-25左图所示，中间红框区域内全部是0像素，表明该小单元格图中不含数字的主特征，其他的前景像素如格子边线等会被find_largest_feature函数处理为0像素，最终得到图6-25右图。

如图6-26左图所示，中间红框区域内含有干扰性的前景像素，find_largest_feature函数会将干扰性前景像素视为主特征，如图6-26右图所示。图6-23中行262会判该主特征为无效主特征（因其面积小于阈值200）。

图6-25　不含主特征的小单元格图、　　　　　图6-26　含干扰主特征的小单元格图、
去掉非主特征的小单元格图　　　　　　　　去掉非主特征的小单元格图

如图6-27所示是find_largest_feature函数的定义，其输入参数inp_img是二值小单元格图，scan_tl和scan_br定义了中间扫描区域，可参考图6-24左图中的红框部分。临时变量seed_point定义了连通主特征的种子点。行190～196用于在红框范围内进行扫描，找到前景点就进行漫水填充（填充为特定灰度值64），并计算出填充区域的面积area，最终seed_point将连通到具有最大漫水填充面积的区域。前面的代码仅在中间的一个小区域内扫描，对于前景像素的处理可能存在遗漏，于是我们通过行197～200进行补偿式全图范围扫描，将剩余的前景像素也替换为灰色值64，请注意，这些像素没有和种子点连通。行202～203用于判断是否存在有效种子点，如存在，则使用漫水填充把和种子点连通的主特征从灰度级64恢复为255。行204～214通过遍历整个img范围，一方面把非主特征从灰度级64归为背景0像素，另一方面求出主特征的包围矩形位置范围top、bottom、left和right。行217给调用者返回去掉非主特征的小单元格图img（参考图6-24中间图）、主特征在img图中的位置和种子点坐标。

如图6-28所示是scale_and_centre函数的定义，它用于对输入的二值图img进行缩放和居中处理。在该函数内部额外定义了两个函数centre_pad和scale。行149～157是centre_pad函数的定义，它用于计算将length长的图居中放置于size长的框中两侧的边距分别是多少，如果边距和是偶数，则两侧的边距均为边距和的一半，如果边距和是奇数，则两侧的边距相差1像素。scale函数用于缩放，其中输入参数r是缩放系数。在scale_and_centre的主函数中，行162～167表示当图像高度大于宽度时，上边距和下边距均置为margin（两侧边距和）的一半，然后计算高度方向的缩放系数ratio（ratio=缩放后的高度/现高度），接着依据缩放系数ratio计算出图像的新宽和新高，再依据新宽w和总宽度size计算出左边距和右边距；行168～173处理图像高度不大于宽度的情况，思路与行162～167的类似。行175用于将img缩放到新宽和新高。行176用于给缩放后的img加四周的边距（t_pad上边距，b_pad下边距，l_pad左边距，r_pad右边距），边距区域的像素采用background值，一般该值设为0。行177～178用于处理两侧边距和margin为奇数的情况，如果两侧边距和margin是奇数，则经过上述算法处理后，img的最终宽度和高度中必有其一不是size，与要求不符，为避免后续程序崩溃，这时只能强行使用resize函数将img的最终宽高均调为size。

```python
183    def find_largest_feature(inp_img, scan_tl, scan_br):  # 主特征如果存在，它一定会与位于scan_tl、scan_br范围内的种子点连通
184        """利用floodFill函数返回它所填充区域的面积值的事实，找到图像中的主特征，将此结构填充为白色，其余部分涂为黑色。"""
185        img = inp_img.copy()
186        h, w = img.shape[:2]
187        max_area = 0
188        seed_point = (None, None)
189
190        for x in range(scan_tl[0], scan_br[0]):  # 水平方向扫描范围
191            for y in range(scan_tl[1], scan_br[1]):  # 垂直方向扫描范围
192                if img.item(y, x) == 255 and x < w and y < h:  # 注意 .item()方法中参数顺序为 y、x
193                    area = cv2.floodFill(img, None, (x, y), 64)  # 将与种子点相连接的注水区域替换成特定的颜色64
194                    if area[0] > max_area:  # 更新max_area
195                        max_area = area[0]
196                        seed_point = (x, y)
197        for x in range(w):  # 前面的代码仅在中间的一个小区域内扫描，对于背景像素的处理可能有遗漏
198            for y in range(h):
199                if img.item(y, x) == 255 and x < w and y < h:
200                    cv2.floodFill(img, None, (x, y), 64)  # 将剩余的背景像素替换为灰色64
201
202        if all([p is not None for p in seed_point]):
203            cv2.floodFill(img, None, seed_point, 255)  # 主特征恢复为前景像素255
204        top, bottom, left, right = h, 0, w, 0
205        for x in range(w):
206            for y in range(h):
207                if img.item(y, x) == 64:
208                    cv2.floodFill(img, None, (x, y), 0)  # 将主特征标为背景0
209                # 不断更新主特征的适用范围
210                if img.item(y, x) == 255:
211                    top = y if y < top else top
212                    bottom = y if y > bottom else bottom
213                    left = x if x < left else left
214                    right = x if x > right else right
215
216        bbox = [[left, top], [right, bottom]]
217        return img, np.array(bbox, dtype='float32'), seed_point
```

图6-27　使用先验知识找主特征的函数

```python
145    def scale_and_centre(img, size, margin=0, background=0):  # img是单元格图形 size边长 margin两侧边距和（偶数）background边框像素值
146        """把单元格图片img居中缩放且加边距，置于边长为size的新背景正方形图像中"""
147        h, w = img.shape[:2]
148
149        def centre_pad(length):
150            padAll = size - length
151            if padAll % 2 == 0:  # 整除
152                pad1 = int(padAll / 2)  # 整除
153                pad2 = pad1
154            else:
155                pad1 = int(padAll / 2)  # 不能整除
156                pad2 = pad1 + 1
157            return pad1, pad2
158
159        def scale(r, x):
160            return int(r * x)
161
162        if h > w:
163            t_pad = int(margin / 2)
164            b_pad = t_pad
165            ratio = (size - margin) / h
166            w, h = scale(ratio, w), scale(ratio, h)
167            l_pad, r_pad = centre_pad(w)
168        else:
169            l_pad = int(margin / 2)
170            r_pad = l_pad
171            ratio = (size - margin) / w
172            w, h = scale(ratio, w), scale(ratio, h)
173            t_pad, b_pad = centre_pad(h)
174
175        img = cv2.resize(img, (w, h))
176        img = cv2.copyMakeBorder(img, t_pad, b_pad, l_pad, r_pad, cv2.BORDER_CONSTANT, None, background)
177        if margin % 2 != 0:  # 如果双向边框margin不是偶数，当经过上述算法处理后，img的宽度高度中会有一不是size
178            img = cv2.resize(img, (size, size))
179        return img
```

图6-28　对img进行缩放且加边距的函数

10.　**步骤 9：将处理过的 81 个小单元格图拼成一张大图**

这部分的代码被封装在函数show_digits中，如图6-29所示。

```
13    def show_digits(digits, color=255, withBorder=True):
14        """将提取并处理过的81个单元格图片构成的列表显示为二维9*9大图"""
15        rows = []
16        if withBorder:
17            # 给复制图片（每个数字图片）四周向外加边框，此处上下左右的边框宽度均为1像素，且默认加白色边框
18            with_border = [cv2.copyMakeBorder(digit, 1, 1, 1, 1, cv2.BORDER_CONSTANT, None, color) for digit in digits]
19        for i in range(9):  # 一行行地处理
20            if withBorder:  # axis=0 表示垂直方向拼接，axis=1 表示水平方向拼接
21                row = np.concatenate(with_border[i * 9: (i + 1) * 9], axis=1)  # 水平方向拼接9张图片，得到一行图片
22            else:
23                row = np.concatenate(digits[i * 9: (i + 1) * 9], axis=1)
24            rows.append(row)
25        bigImage = np.concatenate(rows, axis=0)  # 若每个数字图片尺寸为58*58，则加边框后单张数字图片大小为60*60
26        show_image(bigImage)  # 其中60=58+2，此时bigImage尺寸为 540*540
27        cv2.imwrite('segmentedBigImg.jpg', bigImage)
```

图6-29　函数show_digits的定义

　　函数show_digits的输入参数有三个，其中digits是处理后的小单元格图的列表，color为大图中小单元格图之间分割线的颜色，参数withBorder是个布尔量，它用于表明是否需要在小单元格之间添加分割线，如果添加分割线，最终拼出来的大图会美观一些。

　　在图6-29中，行18用于给每个小单元格图添加上下左右各1像素的分割线，添加分割线之后的小单元格图列表记为with_border；行19～24用于一行一行地处理小单元格图列表，行21～23表示将每行9个小单元格图沿水平方向（axis = 1）合并，得到长条形图row，行24用于将长条形图row加入rows列表；行25表示将9个长条形图沿垂直方向（axis = 0）合并为一张最终大图bigImage；行26用于显示最终大图，如图6-30所示；行27将这张大图存盘，图片文件命名为segmentedBigImg.jpg，下一章我们将继续处理这张大图片，对其中的数字进行自动识别，并顺手用程序最终解出该数独谜题。

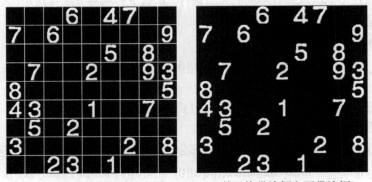

图6-30　分割完成的最终大图bigImage（单元格带边框和不带边框）

【任务拓展】

　　1. 以图6-31所示图片作为输入，编程对它进行处理，要求输出多张类似于图6-30所示的大图片，每张大图片对应一道分割完毕的数独谜题。

　　2. 读取"maze.png"迷宫图像（如图6-32所示），画出走出迷宫的路线。

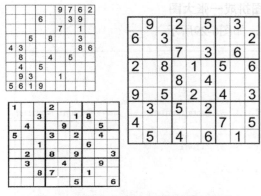

图6-31　第6章拓展练习题1的输入图片　　　　图6-32　第6章拓展练习题2的输入图片

【项目小结】

本项目基于寻找最大面积轮廓的思路，通过透视变换获得包含数独题干的方形大格子图，再以等分方式获得数独题目中的81个小单元格图。对于每个小单元格图，我们通过漫水填充算法消除其中的非数字特征。进一步我们通过缩放和调边距的方法使主特征在小单元格图中居中。最后，我们将处理过的81个小单元格图合并成一张大图，存盘后送给下一个环节——印刷体数字识别。

6.2　课后习题

一、单选题

1. 如果图像在不同区域具有不同的光照条件，那么下列哪种分割算法是比较合适的？（　　）

A、自适应阈值分割算法　　　　　　　　B、Otsu 阈值分割算法

C、分水岭分割算法　　　　　　　　　　D、单阈值分割算法

2. bottom_right, _ = max(enumerate([pt[0][0] + pt[0][1] for pt in polygon]), key = operator.itemgetter(1))

上面的语句中，key = operator.itemgetter(1)里面1的含义是什么？（　　）

A、获取点的 y 坐标　　　　　　　　　　B、获取点的 x 坐标

C、获取 enumerate 函数返回的第二部分　　D、获取 enumerate 函数返回的第一部分

3. bottom_right, _ = max(enumerate([pt[0][0] + pt[0][1] for pt in polygon]), key = operator.itemgetter(1))

上面的语句中，pt[0][1] 里面1的含义是什么？（　　）

A、获取第一个点　　　　　　　　　　　B、获取点的 y 坐标

C、获取点的 x 坐标　　　　　　　　　D、获取第二个点

4. points = [polygon[top_left][0], polygon[top_right][0], polygon[bottom_right][0], polygon[bottom_left][0]]上句中，polygon[top_right][0] 中0的作用是什么？（　　）

A、取右上点的 x 坐标　　　　　　　　　B、取右上点的 y 坐标

C、取右上点，因为一个点的数据表现为二维形式，实际上是一种降维操作

D、右上点有好几个，取其中的第一个

5．dst = np.array([[0, 0], [side - 1, 0], [side - 1, side - 1], [0, side - 1]], dtype = 'float32')
上述语句构建了正方形的四个点，这四个点的顺序是什么？（　　）

A、顺时针　　　　　　　　　　　　　　　B、逆时针

C、特定的顺序，不一定是顺时针　　　　　D、特定的顺序，不一定是逆时针

6．OpenCV-Python中Otsu阈值分割算法的函数是在哪个参数里多传一个cv2.THRESH_OTSU？（　　）

A、src　　　　　　　B、thresh　　　　　　C、maxVal　　　　　D、thresholdType

7．关于分水岭分割算法，以下说法中正确的是（　　）。

A、灰度值较大的像素连成的线可以看作山脊

B、灰度值较小的像素连成的线可以看作山脊

C、灰度值等于 0 的像素连成的线可以看作山脊

D、灰度值等于 255 的像素连成的线可以看作山脊

二、多选题

1．以下可充当图像分割特征的有哪些？（　　）

A、灰度　　　　　　B、色彩　　　　　　　C、空间纹理　　　　D、几何形状

2．计算自适应阈值有哪两种方法？（　　）

A、大津算法　　　　B、均值法　　　　　　C、高斯分布法　　　D、高斯差分法

三、判断题

1．对于图像的单阈值分割而言，Otsu阈值分割算法几乎是最好的分割算法。（　　）

2．Otsu阈值分割算法用于推荐最佳单阈值，它所采用的方法是计算最大类间方差。（　　）

3．自适应阈值分割算法是一种多阈值分割算法，每个像素的阈值不是固定的，而是由其邻域像素的分布来决定。（　　）

4．分水岭分割算法中的分割线也叫大坝，它们是用来阻止不同集水盆的水相互汇聚而添加的。（　　）

5．cv2.distanceTransform(...)用于距离变换，即计算图像中每一个非0像素距离最近的0像素的距离，距离越大，则该像素越可能是前景。距离变换是使用分水岭算法之前的重要一步。（　　）

6．为了确定争议区（unknown），前景、背景先各后退一步，得到确定的前景（sure_fg）和确定的背景（sure_bg），然后两者相减得到争议区（unknown = cv2.subtract(sure_bg, sure_fg)）。好的算法要使得确定的前景（sure_fg）图中不同硬币变得不粘连。（　　）

7．在课本的分水岭分割算法案例中，距离变换法比腐蚀膨胀法效果要差。（　　）

8．在使用分水岭分割算法之前的最后一步，标记中为零的部分对应的是图像的背景。（　　）

9．Grabcut分割算法是一种交互式的图像分割算法，它以用户选定的区域为基础去做图

像分割。（ ）

10．对凸多边形做透视变换时，凸多边形的多个点以逆时针方式提供。（ ）

11．若有多个轮廓，我们要取最重要的轮廓，可以使用面积法，即面积越大的轮廓越重要。这里有一个前提：轮廓一般是封闭的，所以可以计算轮廓的面积。c = max(cnts, key = cv2.contourArea) 该语句用于从多个轮廓集合cnts中找出面积最大的那个轮廓c。（ ）

12．漫水填充floodFill简而言之用于对连通域染色。如何确定连通域？这时起始位置（seed）的像素值是一个关键因素。（ ）

13．在漫水填充中，掩码图的尺寸和图像的尺寸一样大。（ ）

14．在图上画点实际上就是画圆，为了保证在灰度图上画彩色点，首先需要把灰度图转换成三通道的图。（ ）

15．cv2.warpPerspective(img, m, (int(side), int(side))) 用于把img整张图变换为side宽side高的图像。（ ）

16．在scale_and_centre函数中，缩放系数ratio由原图的长和宽中大者决定。（ ）

17．如果img是二值图，它经过下句缩放后就必然还是二值图：cv2.resize(img, (size, size))。（ ）

18．if all([p is not None for p in seed_point])：用于判断点seed_point的x和y坐标都不是None，即该点的x、y坐标均为有效的数字。（ ）

19．我们可用漫水填充算法cv2.floodFill来保留二值图像中的最主要前景特征。（ ）

20．深度学习方法越来越多地应用于图像分割领域。（ ）

6.3　本　章　小　结

通过本章的学习和训练，学生应学会利用Otsu阈值分割算法、自适应阈值分割算法、距离变换法、分水岭分割算法、漫水填充算法等，完成图像的分割，并能够把握不同算法的优缺点和适用场合，等等。目前，基于深度学习的图像分割算法越来越成为主流。我们将从第8章开始逐渐涉及。图6-33所示是第6章的思维导图。

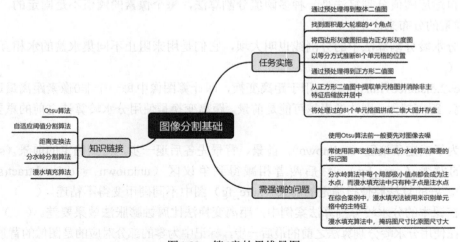

图6-33　第6章的思维导图

第 7 章　使用经典机器学习方法的目标检测和图像分类

在第6章我们初步学习了图像分割，图像分割可以作为目标检测和图像分类的基础，它将一幅图像划分为多个片段或区域，每个片段或区域可能包含类似的特征或特性。这个过程可以帮助隔离感兴趣的物体或区域，使其更容易被识别和分类。

经典机器学习方法是一套算法和技术，用于在数据集上训练模型，并针对新的输入数据做出预测。这些方法已经存在了数十年，它们是现代机器学习的基础。

以下是一些关键的经典机器学习方法。

- 线性回归。线性回归是一种统计方法，用于通过对数据进行线性方程拟合来建立因变量与一个或多个自变量之间的关系。
- Logistic 回归。Logistic 回归用于建立基于一个或多个预测变量的二元结果（例如，是/否，0/1）的概率模型。它通常用于分类问题。
- 朴素贝叶斯：朴素贝叶斯是一种概率分类器，它使用贝叶斯定理，根据与事件相关的条件的先验知识，计算出特定事件发生的概率。
- 决策树。决策树是树状模型，用于根据一组决策规则，通过递归地将数据分割成较小的子集来对数据进行分类。
- 随机森林。随机森林是一种集合学习方法，它结合了多个决策树来提高预测的准确性和稳健性。
- 支持向量机（SVM）。SVM 是一套监督学习算法，用于分类、回归和离群点检测。它用于在高维空间中构建一个或一组超平面，将数据分成若干类。
- K-Nearest Neighbors（KNN）。KNN 是一种用于分类和回归的非参数算法。它通过寻找特征空间中最接近的 k 个训练实例对新数据点进行分类，并在其中分配最常见的类别。
- 聚类。聚类是一种无监督的学习方法，它涉及到根据一些相似度量将类似的数据点归入同一集群。

这些方法有其优点和缺点，方法的选择取决于问题的类型和数据的特点。随着深度学习的进步，部分经典机器学习方法已经变得不那么流行，但它们仍然是许多机器学习应用的基础。

在本章的项目中，我们将用到SVM和KNN。

7.1　项目 6　使用 SVM 完成图片中的多车检测

【项目导入】

我们现在有一张包含多辆汽车的图，如图7-1所示。

现在，我们想通过计算机程序检测并定位其中的车辆，我们要怎么实现呢？

为达成目标，我们需要学习图像金字塔、滑动窗口、快速非极大抑制、BOW训练器等知识和技能。本章的综合项目有较好的综合性，涵盖了不少基础性的知识与技能。

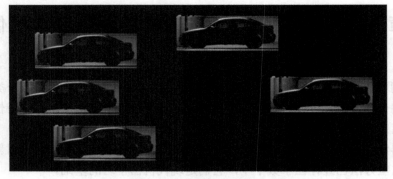

图7-1 包含多辆汽车的图

【项目任务】

本项目的任务是检测并定位出图中的车辆，结果可参考图7-2。

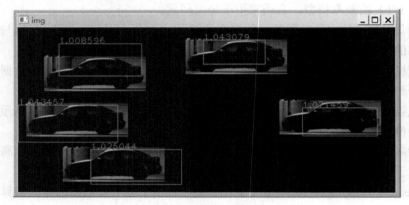

图7-2 项目6完成图

【项目目标】

1．知识目标

（1）理解生成器和普通函数的区别。

（2）理解yield的作用。

（3）理解滑动窗口的原理。

（4）理解非极大抑制的工作原理。

（5）了解词袋技术BOW。

（6）定性了解视觉BOW。

（7）理解SVM的原理。

2．技能目标

（1）能使用yield改造返回列表的普通函数。

（2）能综合使用图像金字塔和滑动窗口技术对图像进行不同尺度的遍历。

（3）能使用非极大抑制技术调节输出矩形框的数量。

（4）掌握视觉BOW的编程过程。

（5）能使用Numpy中argsort函数进行排序。

（6）能使用SVM进行数据训练，能应用SVM训练结果进行预测。

3. 职业素养目标

（1）培养学生严谨、细致、规范的职业素质。

（2）培养学生团队协作及表达沟通能力。

（3）培养学生跟踪新技术及创新设计能力。

（4）培养学生的技术标准意识、操作规范意识、服务质量意识等。

生成器、滑动窗口
及非极大抑制

【知识链接】

7.1.1.　生成器（generator）

在实际编程中，如果一个函数需要产生一段序列化的数据，最简单的方法是将所有结果都放在一个列表list中返回，如果数据量很大的话，应该考虑用生成器来改写直接返回列表list的函数。

yield的作用就是把一个函数变成一个生成器，带有yield的函数不再是一个普通函数，Python 解释器会将其视为一个生成器，如图7-3所示是本项目中带yield的一个函数。

```
9     def pyramid(image, scale=1.5, minSize=(200, 80)):
10        yield image # 原始尺寸图需要输出
11
12        while True:
13            image = resize(image, scale)
14            if image.shape[0] < minSize[1] or image.shape[1] < minSize[0]:
15                break
16
17            yield image # 每次缩小后的图要输出
```

图7-3　带yield语句的pyramid()函数是一个生成器

调用pyramid()函数时并不会一次性完整地执行pyramid()函数。在程序每次迭代执行时pyramid()函数内部的代码会被部分执行，当执行到yield语句时，pyramid()函数就返回一个迭代值。下次迭代时，代码从yield的下一条语句继续执行，而此时函数的局部变量取值和上次中断执行时是完全一样的，因此函数能够继续正常执行，直到再次遇到yield。图7-3中的代码首次迭代时会返回原始尺寸图，以后每次迭代会返回宽高均缩小为上次1/scale倍的图像，直到图像的宽度小于200或高度小于80时迭代结束。

7.1.2　滑动窗口

滑动窗口技术（简称滑窗技术）指的是利用已知尺寸的窗口遍历整幅图像，形成许多子图像的技术。在本项目中，图7-4所示代码使用了滑窗技术。可见，sliding_window函数也是生成器。该生成器利用window_size大小的滑动窗口，以step为步长，遍历图像image。每走一步（step），判断在当前位置能否返回一个尺寸规范的子图像ROI，如果能够，则返回ROI的位置（左上角点）和ROI图像数据。

```
19    def sliding_window(image, step, window_size): # 滑动窗口，滑窗
20      for y in range(0, image.shape[0], step):
21        for x in range(0, image.shape[1], step):
22          if y + window_size[1] <= image.shape[0] and x + window_size[0] <= image.shape[1]:
23            # 输出一系列ROI的位置和图像数据
24            yield (x, y, image[y:y + window_size[1], x:x + window_size[0]])
```

图7-4　对一张大图应用滑窗技术得到一系列子图像（ROI）

7.1.3　非极大抑制

非极大抑制（Non-maximal Suppression，简称NMS）指的是抑制（删除）不是极大值的元素，可以理解为局部最大（或最优）搜索。请看抑制前后对比图，如图7-5所示。

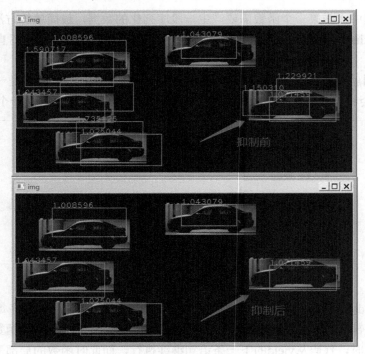

图7-5　抑制前后对比图

抑制前车辆周围有三个矩形框，抑制掉两个矩形框之后，只保留最优的矩形框。

滑动窗口技术导致同一辆车会被很多ROI部分覆盖，可能大部分ROI会检测到其中包含车辆（检测结果为1）的矩形框，也就是说，存在很多有车窗口大量交叉的情况。这时，我们就要使用NMS来选取那些邻域里分数最好的ROI。

这里我们设定overlapThresh为重叠率阈值。

假设窗口包含车的概率（分数）从小到大依次是A、B、C、D、E、F，这里F包含车的

概率最大就把它留下，且以F为标杆，计算A～E分别与F的面积重叠率，假设B、D与F的重叠率大于阈值overlapThresh，则抛弃B、D，因为B、D与F重叠较多，它们很大可能与F指向同一辆车，但F的结果已经很好了，不需要再多两个矩形框指向该车。

现在还剩下包含车辆的矩形框A、C、E，其中E的分数最优，所以E保留，且以E为标杆，计算A、C分别与E的面积重叠率，假设C与E的重叠率大于阈值overlapThresh，则抛弃C，因为C很大可能与E指向同一辆车，但E的结果已经很好了，不需要再多一个矩形框指向该车。

以此类推，直到所有矩形框都被处理（保留或抛弃）为止。

后面我们在具体实现时，为了方便，代码的逻辑略有修改。

7.1.4　BOW

1. BOW 简介

BOW、Numpy 中 argsort 函数用法及 SVM（支持向量机）的基本含义

BOW全称是Bag-Of-Word，即词袋，其原意是通过一系列文档构建一个词汇字典（Vocabulary），然后使用字典中每个单词出现的次数构成向量来表示一个文档。举例如下：

文档1：I like OpenCV and I like Python；

文档2：I like C++and Python；

文档3：I don't like artichokes.

词汇字典如下：

```
vocabulary = {
1:'I',
2:'like',
3:'OpenCV',
4:'and',
5:'Python',
6:'C++',
7:'don\'t',
8:'artichokes'}
```

则上面三个文档可用如下向量来表示：

[2,2,1,1,1,0,0,0]，[1,1,0,1,1,1,0,0]，[1,1,0,0,0,0,1,1]。

这里的每一个向量都可以看作是对应文档的直方图表示。我们的思路是：每一个向量都可以看作是文档的特征，那么这些特征可以用来训练文档分类器。

2. 视觉 BOW

借用前述概念，我们如果想训练图像分类器，那就需要把图像"文字化"，此时局部图像特征则成为"单词"。

视觉BOW向量的生成步骤如下。

（1）初步特征提取：提取数据集中每幅图像的关键点、描述符，形成局部图像特征数据，如图7-6所示是局部图像特征数据示例。

（2）生成视觉词汇：局部图像特征数据合并后，再聚类成为若干类，每一类就是一个视觉词汇（视觉Word）；所有视觉词汇集中到一起，则构成视觉词汇字典（Vocabulary）。

（3）利用视觉词汇字典对图像进行向量化。

图7-6　局部图像特征示例

生成视觉词汇的关键步骤是聚类。我们用的是K均值（K-means）聚类。K-means聚类是基于样本间相似性度量的间接聚类方法，它把n个对象分为k个簇（Cluster），使得簇内具有较高的相似度，而簇间相似度较低。

如图7-7所示是用视觉词汇字典表示图像的三个可视化例子。图7-7左图表明在人脸图像中，人脸和眼睛这样的"词汇"出现概率较高，而自行车座和小提琴琴身等"词汇"出现的概率很低。

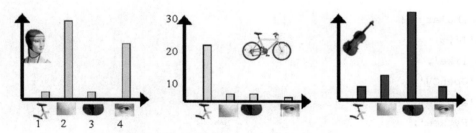

图7-7　用视觉词汇字典表示图像

实际应用中，为了达到较好的效果，视觉词汇数量k往往比较大，随着目标类数目增多，对应的k值也增大，一般情况下，k的取值在几百到上千。在本项目中，k设成了64。

7.1.5　Numpy 中 argsort 函数的用法

请看图7-8中的例子。注意：idxs和idxsR都是索引列表。为理解图7-8中的第3行代码，我们需要简单地复习Python中的切片技术sequence[start:stop:step]，其中step是步长，步长step为1时切片可以简写为sequence[start:stop]；step也可以是负数，当step是负数时，切片的方向会发生逆转，即从后向前。idxs[::-1]的写法省略了start和stop且把step设为-1，由于我们想对整个列

```
x = np.array([30, 10, 20])
idxs = np.argsort(x) # 升序索引
idxsR = idxs[::-1] # 降序索引
print(idxs)
print(idxsR)

[1 2 0]
[0 2 1]
```

图7-8　Numpy中argsort函数的用法

表进行切片，所以省略了start和stop。又由于我们要反转切片，所以我们指定了负的步长值。还由于我们想把每个列表值都包含在反转的列表中，所以步长值应该是-1。

7.1.6　SVM（支持向量机）的基本含义

支持向量机（Support Vector Machine, SVM）是一类按监督学习（Supervised Learning）方式对数据进行二元分类的广义线性分类器（Generalized Linear Classifier），其决策边界是对学习样本求解的最大边距超平面（Maximum-margin Hyperplane）。如图7-9所示，圆形类别的关键向量是涂满蓝色的向量，方形类别的关键向量是涂满褐色的两个向量。关键向量也叫支持向量，支持向量决定了分类超平面的位置，支持向量到分类超平面的距离叫间隔（Margin）。图7-9中的空心圆形向量和空心方形向量是出工不出力的"打酱油"向量，它们对分类超平面位置的确定没有任何贡献。总之，SVM是一种基于关键点的分类算法。

【项目准备】

1.　硬件条件
一台计算机。

2.　软件条件
（1）Windows 10，64位。
（2）PyCharm Windows社区版，Version: 2021.2.1，Build: 212.5080.64。
（3）OpenCV-Python 4.5.3.56、Numpy 1.19.5等。

【任务实施】

1.　项目结构和项目流程
本综合项目结构如图7-10所示。

多车检测实训

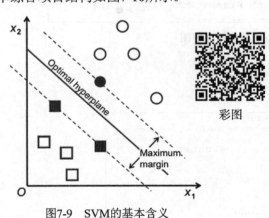

图7-9　SVM的基本含义

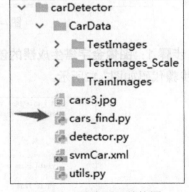

彩图

图7-10　综合项目结构图

如图7-10所示，CarData目录来自伊利诺伊大学汽车检测图像数据库（The UIUC Image Database for Car Detection），我们在本项目中使用了其中的TrainImages子目录中的图片文件。

以neg-开头的图片文件称为负样本，这样的图片中没有汽车，我们为这样的图片打上标签-1。以pos-开头的图片文件称为正样本，这样的图片中有汽车，我们为这样的图片打上标签+1。本项目的程序文件一共有三个，它们分别是utils.py、detector.py和cars_find.py，其中主程序位于cars_find.py中。SVM训练的结果是svmCar.xml，我们使用cars3.jpg作为最终测试图片。

项目执行流程图如图7-11所示。下面我们分步骤对整个项目程序进行解读。

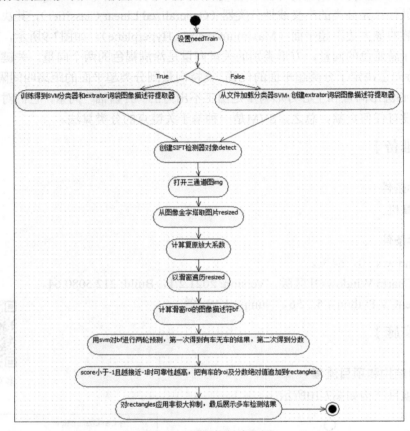

图7-11　项目执行流程图

2.　步骤1：图像金字塔生成器的创建

此步骤代码如图7-12所示。

```
4   def resize(img, scaleFactor): #图片缩放
5       return cv2.resize(img, (int(img.shape[1] * (1 / scaleFactor)),
6                               int(img.shape[0] * (1 / scaleFactor))),
7                          interpolation=cv2.INTER_AREA)
8
9   def pyramid(image, scale=1.5, minSize=(200, 80)):
10      yield image # 原始尺寸图需要输出
11
12      while True:
13          image = resize(image, scale)
14          if image.shape[0] < minSize[1] or image.shape[1] < minSize[0]:
15              break
16
17          yield image # 每次缩小后的图要输出
```

图7-12　图像金字塔生成器的创建

图7-12所示程序说明如下：行4～7定义的函数resize实现了对img图像的缩放，缩放系数是1/scaleFactor；行9～17定义了pyramid生成器函数，它以迭代的形式输出原尺寸图和缩小图，直到缩小图小到一定程度时停止输出，image是原图像，1/scale是缩放系数，minSize用于限定最小缩小图的尺寸。

3. 步骤 2：滑窗生成器的创建

此步骤代码如图7-13所示。

```
19    def sliding_window(image, step, window_size): # 滑动窗口，滑窗
20      for y in range(0, image.shape[0], step):
21        for x in range(0, image.shape[1], step):
22          if y + window_size[1] <= image.shape[0] and x + window_size[0] <= image.shape[1]:
23            # 输出一系列ROI的位置和图像数据
24            yield (x, y, image[y:y + window_size[1], x:x + window_size[0]])
```

图7-13　滑窗生成器的创建

此步骤代码在知识链接的第二部分已经说明。

4. 步骤 3：快速非极大抑制的实现

此步骤代码如图7-14所示。

此步骤代码说明如下：行32～33表示如果boxes的数量为0，则无须抑制，直接返回空列表。行35～36表示如果boxes中的元素类型是整型，则需要先转换成浮点型，因为后面有除法运算。行38初始化pick为空列表，pick列表用于存储抑制掉不合适边界框矩形之后留下的最佳目标边界框。行39～43提取boxes中所有边界框矩形的左边界值、上边界值、右边界值、下边界值和分数值等列表，这些结果是使用SVM模型计算出来的。行45计算所有盒子的面积area列表。行46对盒子的分数进行降序排序，得到排序后的盒子索引列表idxs，此处分数越低则越优。行48～66处理idxs，这个索引列表idxs中的元素数量会逐渐减少，减少到0时循环结束。行49～51表示将最后一个索引对应的边界框矩形留下，将其加入pick中，因为它的分数最优。行53～54计算本轮循环最佳矩形框（最后一个矩形框）和其他矩形框的左边界最大值列表xx1和上边界最大值列表yy1。行55～56计算本轮循环最佳矩形框（最后一个矩形框）和其他矩形框的右边界最大值列表xx2和下边界最大值列表yy2；xx1、yy1、xx2、yy2围成的区域是本轮循环最佳矩形框（最后一个矩形框）依次和其他各矩形框围成的重叠区域列表。行59～60分别计算各重叠区域的宽和高。行62计算各重叠区域的面积占各矩形框面积的比例，如果这个比例偏高，则说明对应的矩形框与本轮循环最佳矩形框指向同一个目标，根据非极大抑制原理，要抑制（删除）这样的矩形框。行63选出要抑制的矩形框，矩形框得到处理包括两种情况：被选中或被抑制，行65得到所有被处理过的矩形框的索引列表。行66表示把被处理过的矩形框删除掉。行68表示返回遴选后留下来的最佳矩形框列表。

5. 步骤 4：完成 detector 的第一部分

此步骤代码如图7-15所示。

```
31    def non_max_suppression_fast(boxes, overlapThresh):
32        if len(boxes) == 0:
33            return []
34
35        if boxes.dtype.kind == 'i':
36            boxes = boxes.astype('float')
37
38        pick = []
39        x1 = boxes[:, 0]
40        y1 = boxes[:, 1]
41        x2 = boxes[:, 2]
42        y2 = boxes[:, 3]
43        scores = boxes[:, 4]
44
45        area = (x2 - x1 + 1) * (y2 - y1 + 1)
46        idxs = np.argsort(scores)[::-1]
47
48        while len(idxs) > 0:
49            last = len(idxs) - 1
50            i = idxs[last]
51            pick.append(i)
52
53            xx1 = np.maximum(x1[i], x1[idxs[:last]])
54            yy1 = np.maximum(y1[i], y1[idxs[:last]])
55            xx2 = np.minimum(x2[i], x2[idxs[:last]])
56            yy2 = np.minimum(y2[i], y2[idxs[:last]])
57
58            # 各重叠区域的宽和高
59            w = np.maximum(xx2 - xx1 + 1, 0)
60            h = np.maximum(yy2 - yy1 + 1, 0)
61
62            overlap = (w * h) / area[idxs[:last]]
63            bools = np.where(overlap > overlapThresh)
64            print("np.where ", bools)
65            idxs2 = np.concatenate(([last], bools[0]))
66            idxs = np.delete(idxs, idxs2)
67
68        return boxes[pick]
```

图7-14   快速非极大抑制的实现

```
4     image_folder = 'CarData/TrainImages'
5     MAXNUM = 550
6
7     def path(cls, i):  # cls: pos-
8         fn = '%s/%s%d.pgm' % (image_folder, cls, i)
9         return fn
10
11    def get_flann_matcher():
12        flann_param = dict(algorithm=1, trees=5)
13        params2 = dict(checks=50)
14        return cv2.FlannBasedMatcher(flann_param, params2)
15
16    def get_extract_detect():
17        return cv2.SIFT_create(), cv2.SIFT_create()
18
19    def extract_sift(fn, extractor, detector):
20        im = cv2.imread(fn, 0)
21        kps = detector.detect(im)  # 检测关键点
22        return extractor.compute(im, kps)[1]  # 只返回描述符
23
24    def bow_features(img, extract_bow, detector):
25        return extract_bow.compute(img, detector.detect(img))
26
27    def get_extract_bow():  # bow 训练
28        pos, neg = 'pos-', 'neg-'
29        extract, detect = get_extract_detect()
30        matcher = get_flann_matcher()
31        extract_bow = cv2.BOWImgDescriptorExtractor(extract, matcher)
32        bow_kmeans_trainer = cv2.BOWKMeansTrainer(64)
33
34        for i in range(8):
35            bow_kmeans_trainer.add(extract_sift(path(pos, i), extract, detect))
36            bow_kmeans_trainer.add(extract_sift(path(neg, i), extract, detect))
37
38        vocabulary = bow_kmeans_trainer.cluster()
39        extract_bow.setVocabulary(vocabulary)
40
41        return extract_bow, extract, detect
```

图7-15   detector的第一部分

图7-15所示程序说明如下：行4指明训练图片所在的文件夹；行5指明正样本数量和负样本数量的最大值；行7~9定义了一个函数，使用它可以返回样本图片的全路径fn；行11~14定义了函数get_flann_matcher，该函数可用于创建基于近似最近邻快速库的匹配器；行16~17定义了函数get_extract_detect，该函数可用于获取图像描述符提取器和图像关键点检测器；行19~22定义了函数extract_sift，该函数可用于计算图片文件的描述符；行24~25定义了函数bow_features，该函数可用于计算图像的词袋描述符；行27~39定义了函数get_extract_bow，该函数可用于创建并设置词袋描述符提取器，该函数同时返回的还有图像描述符提取器和图像关键点检测器；行28指明了正负样本图片的前缀；行29用于获取图像描述符提取器和图像关键点检测器；行30用于获取基于FLANN的匹配器；行31创建并初始化了词袋描述符提取器对象extract_bow；行32创建了词袋K均值训练器bow_kmeans_trainer，其输入参数64是视觉词汇数量；行34~36表示向bow_kmeans_trainer中添加8个正样本描述符和8个负样本描述符；行38表示进行聚类操作，得到字典（词汇表）；行39表示设置词袋描述符提取器对象extract_bow的字典，到此为止，extract_bow已做好准备，已具备处理图像进而获得图像的词袋描述符的能力。

6. 步骤5：完成detector的第二部分

此步骤代码如图7-16所示。

图7-16所示代码说明如下：行46指明了正负样本图片的前缀；行47用于获取图像词袋描述符提取器extract_bow、图像描述符提取器extract和图像关键点检测器detect；行48初始化训练数据和对应标签为空列表；行50～64用于向traindata和trainlabels中添加样本数据（词袋描述符）和标签数据（1表示正样本，-1表示负样本）；行66～71用于创建SVM对象，对它进行初始化，并完成训练；行72表示把SVM分类器存盘为xml文件；行73返回SVM分类器和图像词袋描述符提取器。

7. 步骤6：主程序的第一部分

此步骤代码如图7-17所示。

```
45    def car_detector():
46        pos, neg = "pos-", "neg-"
47        extract_bow, extract, detect = get_extract_bow()
48        traindata, trainlabels = [], []
49        print("Adding to train data.")
50        for i in range(MAXNUM):
51            print(i, end='\n')
52            try:
53                grayImg = cv2.imread(path(pos, i), 0)
54                traindata.extend(bow_features(grayImg, extract_bow, detect))
55                trainlabels.append(1)
56            except:
57                pass
58
59            try:
60                grayImg = cv2.imread(path(neg, i), 0)
61                traindata.extend(bow_features(grayImg, extract_bow, detect))
62                trainlabels.append(-1)
63            except:
64                pass
65
66        svm = cv2.ml.SVM_create()
67        svm.setType(cv2.ml.SVM_C_SVC)
68        svm.setGamma(1)
69        svm.setC(35)
70
71        svm.train(np.array(traindata), cv2.ml.ROW_SAMPLE, np.array(trainlabels))
72        svm.save('svmCar.xml')
73        return svm, extract_bow
```

图7-16　detector的第二部分

```
4    from detector import car_detector,bow_features,path,get_extract_bow
5    from utils import pyramid,sliding_window,non_max_suppression_fast as nms
6
7    needTrain = True
8    test_image = 'cars3.jpg'
9    svm = None
10   extract_bow = None
11
12   if needTrain:
13       svm,extract_bow = car_detector()
14   else:
15       svm = cv2.ml.SVM_load('svmCar.xml')
16       extract_bow = get_extract_bow()[0]
17
18   detect = cv2.SIFT_create()
19   w,h = 100,40
20   img=cv2.imread(test_image,1)
21   h0,w0,ch0 = img.shape
22   rectangles = []
23   scaleFactor = 1.08
24   scale = 1 # 复原系数
25   font = cv2.FONT_HERSHEY_PLAIN
```

图7-17　主程序的第一部分

图7-17所示程序说明如下：行4～5表示从另外两个程序文件引入本程序文件要用到的一些函数；行7表示需要训练；行8指明了测试图片名；行9对分类器SVM进行初始化；行12～16表示如果需要训练分类器，就调用car_detector函数来生成分类器，否则从当前目录下的svmCar.xml文件加载分类器；行18创建了图像关键点检测器detect；行19定义了滑窗（roi）的宽、高；行20表示读取三通道图像img；行21～25继续对一些变量进行初始化，其中scaleFactor是图像金字塔缩放系数（该系数大于1，但用于除法，表明生成的金字塔图像是逐步缩小的），scale是滑窗复原放大系数（以便恢复到原图像尺寸级别）。

8. 步骤7：主程序的第二部分

此步骤代码如图7-18所示。

图7-18所示程序说明如下：行26～45表示对图像金字塔生成器输出的图像进行处理，其思路为在缩略图中找车，找到后乘以放大系数，推算车在原图中的坐标；行28用于计算滑窗的放大系数scale；行29～45表示应用滑窗技术处理金字塔生成器输出图像的一系列roi；行31表示计算roi的词袋描述符bf；行32～33表示如果bf为空，则直接处理下一个roi；行35～36使

用SVM分类器对bf进行两次预测，两次预测的参数不一样，进而导致两次计算得到的结果具有不一样的意义。行35用于计算图像中是否有车，行36用于计算结果的分数，分数小于-1但又接近-1时的结果是较可靠的；行38~42表示在图像中有车的情况下，如果分数小于-1，则暂时接纳该结果；行48表示对中间结果进行非极大抑制，得到boxes（即最终结果）；行50~53用于把最终结果在三通道图像img上框出来，并在这些框的旁边输出其分数；行55用于显示多车检测结果。

至此，我们完成了本章的综合项目任务！

```
26   for resized in pyramid(img, scaleFactor): # 图像金字塔生成器
27       # 在细略图中找车, 找到后乘放大系数推算车在原图中的坐标
28       scale = float(img.shape[1]) / float(resized.shape[1])
29       for (x, y, roi) in sliding_window(resized, 10, (100, 40)): # 滑窗生成器, 滑窗大小是(100, 40), 步长10
30           try:
31               bf = bow_features(roi, extractor, detect)
32               if bf is None: # bf经常算出 None
33                   continue
34
35               _, result = svm.predict(bf) # result值为1, 则有车; result值为-1, 则无车
36               _, res = svm.predict(bf, flags=cv2.ml.STAT_MODEL_RAW_OUTPUT | cv2.ml.STAT_MODEL_UPDATE_MODEL)
37               score = float(res[0][0])
38               if result[0][0] == 1:
39                   print("Class: %d, Score: %f" % (result[0][0], res[0][0]))
40                   if score < -1: # 分数阈值
41                       rx, ry, rx2, ry2 = int(x * scale), int(y * scale), int((x+w) * scale), int((y+h) * scale)
42                       rectangles.append([rx, ry, rx2, ry2, abs(score)])
43           except:
44               print('Exception in predict...')
45               pass
46
47   windows = np.array(rectangles)
48   boxes = nms(windows, 0.08) # boxes 数量 比 windows 数量少很多
49
50   for (x, y, x2, y2, score) in boxes:
51       print( x, y, x2, y2, score)
52       cv2.rectangle(img, (int(x),int(y)), (int(x2), int(y2)), (0, 255, 0), 1)
53       cv2.putText(img, "%f" % score, (int(x),int(y)), font, 1, (0, 255, 0))
54
55   cv2.imshow("img", img)
```

图7-18 主程序第二部分

【任务拓展】

使用支持向量机完成手写数字分类，打印准确率，并选取16张图片显示模型预测结果。数据集加载可参考以下代码：

```
from sklearn import datasets
digits = datasets.load_digits()
X = digits.data
y = digits.target
```

【项目小结】

通过本项目的学习和训练，学生应学会计算图像的视觉词袋描述符，能够应用OpenCV训练出基于图像金字塔、滑窗技术和词袋描述符的分类器，进而定位出一幅大图中的多辆小车。

7.2　项目 7　使用 KNN 识别印刷体数字

【项目导入】

经过第6章的项目演练，我们得到了如图7-19左图所示的数独题分割大图。做到这里，我们自然会萌生出把分割后的图片转换为算法程序能够直接使用的数独矩阵的想法。

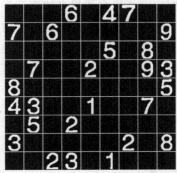 

彩图

图7-19　数独题中数字的识别

【项目任务】

为了获得算法程序能够直接使用的数独矩阵，我们要把分割大图中的每一个数字子图像识别出来。为完成此任务，我们首先需要有印刷体数字样本集和对应的标签集，接着我们可以使用该样例集训练KNN模型，然后用训练好的KNN模型去预测分割大图中的每一个数字子图像，我们将预测结果打印到分割大图中，如图7-19右图所示。

【项目目标】

1．知识目标
理解KNN的原理。

2．技能目标
（1）能对原始数据集进行处理得到规范的样例集。
（2）能使用KNN进行数据训练，能应用KNN训练结果进行预测。

3．职业素养目标
（1）培养学生严谨、细致、规范的职业素质。
（2）培养学生团队协作及表达沟通能力。
（3）培养学生跟踪新技术及创新设计能力。
（4）培养学生的技术标准意识、操作规范意识、服务质量意识等。

【知识链接】

KNN 算法

K Nearest Neighbor算法，简称为KNN算法，其中的K表示与自己最接近的K个数据样本。在一个样本空间中的样本已被分成多个类型，现在给定一个待分类的新数据，通过计算与自己最接近的K个样本来判断这个待分类的新数据属于哪个分类，即由那些离自己最近的K个点来投票决定待分类的新数据归为哪一类，新数据应归类为得票最多的那一类。

图7-20来自维基百科。图中的绿色圆要被决定属于哪个类，是红色三角形还是蓝色四方形？如果$K=3$，则由于红色三角形所占比例为2/3，绿色圆将被赋予红色三角形那个类，如果$K=5$，则由于蓝色四方形所占比例为3/5，因此绿色圆此时应被赋予蓝色四方形类。

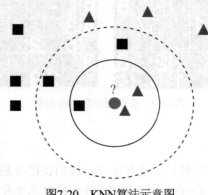

图7-20　KNN算法示意图

彩图

【项目准备】

1. 硬件条件
一台计算机。

2. 软件条件
（1）Windows 10，64位。
（2）PyCharm Windows社区版，Version: 2021.2.1，Build: 212.5080.64。
（3）OpenCV-Python 4.5.3.56、Numpy 1.19.5等。

【任务实施】

1. 项目结构和项目流程
本项目程序结构如图7-21所示。其中data是训练数据和标签文件夹，含各种样式的印刷体数字0～9，每种数字均包含1016个样例。图7-22展示了数字0的部分样例。samples.npy和labels.npy是两个npy文件，npy文件是由安装了Numpy库的Python软件包创建的Numpy数组二进制文件，其优点是读写速度非常快。samples.npy和labels.npy分别存储了图片样本集和标签集，它们合在一起构成了样例集。segmentedBigImg.jpg是第6章最后生成的分割大图文件。sudokuSolver.py文件中包含了解数独谜题的函数。main.py是本项目的主程序。我们在搭建完本项目后，需先执行dataset.py得到samples.npy和labels.npy，再执行main.py得到最终结果。

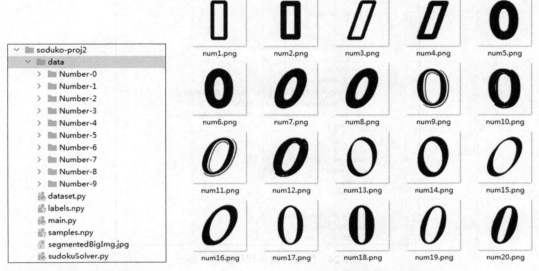

图7-21　识别印刷体数字项目
　　　　的程序结构图

图7-22　数字0的部分样例

本项目流程如图7-23所示，共分7步。下面结合程序逐步骤加以解读。

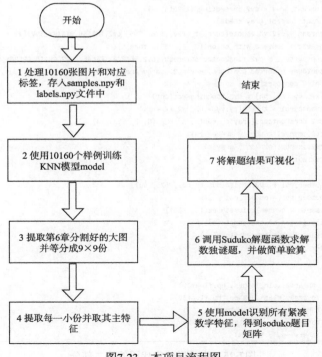

图7-23　本项目流程图

2. 步骤1：生成样例集 samples.npy 和 labels.npy

本步骤的代码包括图7-24和图7-25所示代码。

```python
1   import cv2
2   import os
3   import numpy as np
4
5
6   def convert_with_color(color, img):
7       """如果color是元组且img是灰度图，则动态地转换img为彩图"""
8       if len(color) == 3:
9           if len(img.shape) == 2:
10              img = cv2.cvtColor(img, cv2.COLOR_GRAY2BGR)
11          elif len(img.shape) == 3 and img.shape[2] == 1:  # 单通道
12              img = cv2.cvtColor(img, cv2.COLOR_GRAY2BGR)
13      return img  # 三通道彩图
14
15
16  if __name__ == '__main__':
17      path = 'data'
18      bin_images = []
19      class_number = []
20
21      _list_ = os.listdir(path)
22      print(len(_list_))
23      no_of_class = len(_list_)
```

图7-24　生成样例集代码的第一部分

```python
25      for x in range(0, no_of_class):
26          picture_list = os.listdir(path + "/Number-" + str(x))  # 每个文件夹对应一个数字类别
27          for y in picture_list:
28              imgFilePath = path + "/Number-" + str(x) + "/" + y
29              print(imgFilePath)
30              current_gray = cv2.imread(imgFilePath, 0)
31              print(current_gray.shape)
32              thresh = cv2.threshold(current_gray, 128, 255, cv2.THRESH_BINARY_INV)[1]  # 返回二值图，前景为255
33              gray3c = convert_with_color((0, 0, 255), thresh)
34              contours, _ = cv2.findContours(thresh, cv2.RETR_EXTERNAL, cv2.CHAIN_APPROX_SIMPLE)
35              contours = sorted(contours, key=cv2.contourArea, reverse=True)  # Sort by area, descending
36              cnt = contours[0]  # Largest contour
37              [xx, yy, ww, hh] = cv2.boundingRect(cnt)
38              number_roi = thresh[yy:yy + hh, xx:xx + ww]
39              cv2.drawContours(gray3c, contours, -1, (0, 0, 255), 3)
40              cv2.imshow('number', number_roi)
41              cv2.imshow('gray3c', gray3c)
42              cv2.waitKey(1)
43
44              number_roi = cv2.resize(number_roi, (20, 40))
45              number_roi = number_roi / 255.
46              sample = number_roi.reshape((1, 800))
47              bin_images.append(sample[0])
48              class_number.append(float(x))
49          print(x, end=" ")
50      print(" ")
51
52      samples = np.array(bin_images, np.float32)
53      labels = np.array(class_number, np.float32)
54      labels = labels.reshape((labels.size, 1))
55      np.save('samples.npy', samples)  # 读取*.npy文件速度超级快
56      np.save('labels.npy', labels)
```

图7-25　生成样例集代码的第二部分

在图7-24中，行6～13定义了函数convert_with_color，用于动态地把灰度图转换为三通道彩图。从行16开始定义主函数，其中path表示原始数据集路径，bin_images列表用于存储拉平后的紧凑数字二值图，拉平前的紧凑数字二值图如图7-26所示。class_number列表用于存储二值图列表对应的标签。根据原始数据集的实际情况，no_of_class的值为10，表示数字的种类为10种。

图7-26　拉平前的紧凑数字二值图示例

在图7-25中，行26用于获取每一个数字文件夹下面的所有文件列表。行27用于遍历列表picture_list中的每一张图片y。行28～48用于处理图片文件y，整个处理过程如下：获取图片文件全路径（行28），以灰度图方式读取图片（行30），以128为阈值对灰度图current_gray实施反向二值化得到二值图thresh（行32），在二值图thresh上寻找轮廓得到轮廓集contours（行34），获取面积最大轮廓cnt（行35～36），获取cnt的包围矩形（行37），切割出紧凑数字二值图number_roi（行38），将number_roi的尺寸调整为宽20高40（行44），将number_roi的像素值归一化到[0, 1]之间（行45），将number_roi拉平成仅有一行（行46），将这一行的800像素追加到列表bin_images中（行47），相应地，在class_number列表中追加对应的标签（行48）。行52～53将bin_images和class_number转换为Numpy数组samples和labels，此时samples的shape为(10160, 800)，而labels的shape为(10160,)，我们在训练时将会使用行样例，所以需要把labels的shape调为(10160, 1)，这是通过行54实现的。行55～56用于把Numpy数组存盘为npy文件。

3. 步骤 2：使用样例集训练 KNN 模型

此步骤的代码如图7-27所示。行36～37使用np.load函数加载上一步生成的两个npy文件，这两个npy文件里面共有10160个样本和标签，即10160个样例。行39～41表明我们将所有的样例均用于训练。行43用于创建一个新的KNN模型，此时的模型没有经验，是"青涩"的。行44将包含10160个样本和标签的数据喂给模型model，前面我们提过，train_input和train_label均有10160行，即样本集和标签集在行数上是匹配的，两者的对应行构成一系列样例，所以train方法的第二个参数我们选用cv2.ml.ROW_SAMPLE（ROW是行的意思）。

```python
35    ## 训练knn模型
36    samples = np.load('samples.npy')
37    labels = np.load('labels.npy')
38
39    k = 10160
40    train_label = labels[:k]
41    train_input = samples[:k]
42
43    model = cv2.ml.KNearest_create()
44    model.train(train_input, cv2.ml.ROW_SAMPLE, train_label)
```

图7-27　使用样例集训练knn模型的代码

4. 步骤 3：将分割大图等分成 9×9 份

此步骤的代码如图7-28所示。行47用于读入灰度图gray。行48用于将灰度图gray二值化得到二值图bin。行49将二值图转为三通道图bin3c。行50用于获取二值图的高度和宽度。行51～52以整除的方式获取每个单元格的高度和宽度。行53创建了一个可用于数学形态学操作的结构元kernel。行55生成一个9×9的零矩阵，作为数独谜题答案的初始值。

5. 步骤4：提取每一小份并取其主特征

此步骤的代码如图7-29所示，这部分代码调用了find_largest_feature函数，该函数的定义如图7-30所示。find_largest_feature函数用于求取二值图中面积最大的连通域（我们称其为主特征），并将其他前景连通域替换为背景。该函数改编自第6章的同名函数。与第6章同名函数不同的是，该函数是直接针对整幅图进行扫描的（行13～14）。最后该函数返回仅保留主特征的图和主特征的面积。

在图7-29中，行57～58表示我们依次遍历81个小单元格，其中i是行编号，j是列编号。行59用于提取每一小单元格的roi图片。行60用于寻找小单元格图片number_roi的主特征，返回的max_feature是主特征图，max_area是主特征的面积。行61～62用于排除面积偏小的主特征（即它不是有效的数字），经测算，若每个单元格的尺寸为60×60，则边框线面积为236，行61使用阈值300可以排除仅有边框线而不包含数字的单元格。行63～64对中间结果进行可视化，如图7-31所示，其中左图是原始的小单元格图片（含白色边框线），中间图是主特征图（白色边框线已替换为背景像素）。行66用于对主特征图做闭运算，可消除主特征内部可能存在的小孔洞，进而提高后续识别的准确率。

```python
46    # 提取上一章分割好的大图
47    gray = cv2.imread('segmentedBigImg.jpg', 0)
48    bin = cv2.threshold(gray, 130, 255, cv2.THRESH_BINARY)[1]
49    bin3c = cv2.cvtColor(bin, cv2.COLOR_GRAY2BGR)
50    height, width = bin.shape[:2]
51    box_h = height // 9
52    box_w = width // 9
53    kernel = cv2.getStructuringElement(cv2.MORPH_RECT, (3, 3))
54    # 数独矩阵初始化为零矩阵
55    soduko_ans = np.zeros((9, 9), np.int32)
```

图7-28　将大图等分成9×9份的代码

```python
57    for i in range(9):
58        for j in range(9):
59            number_roi = bin[i*box_h:(i+1)*box_h, j*box_w:(j+1)*box_w]
60            max_feature, max_area = find_largest_feature(number_roi)
61            if max_area <= 300:    # 经测算，边框线面积小于300
62                continue
63            cv2.imshow('rawdigit', cv2.resize(number_roi, None, fx=3, fy=3))
64            cv2.imshow('max_feature', cv2.resize(max_feature, None, fx=3, fy=3))
65            cv2.waitKey(1)
66            max_feature = cv2.morphologyEx(max_feature, cv2.MORPH_CLOSE, kernel)
```

图7-29　获取每一单元格主特征的代码

```python
6    def find_largest_feature(inp_img):  # inp_img 二值图
7        max_feature = inp_img.copy()  # 保护原图
8        height, width = max_feature.shape[:2]
9
10        max_area = 0
11        seed_point = (None, None)
12
13        for x in range(0, width):# 水平方向扫描高图
14            for y in range(0, height):  # 垂直方向扫描高图
15                if max_feature.item(y, x) == 255 and x < width and y < height:
16                    area = cv2.floodFill(max_feature, None, (x, y), 64)  # 将与(x, y)相连接的区域换成特定的颜色64
17                    if area[0] > max_area:
18                        max_area = area[0]
19                        seed_point = (x, y)
20
21        if max_area < height*width*0.06:  # 主特征面积不能过于小
22            seed_point = (None, None)
23            max_area = 0
24
25        # 将主特征恢复成前景灰度级255
26        if all([p is not None for p in seed_point]):
27            cv2.floodFill(max_feature, None, seed_point, 255)
28
29        for x in range(width):
30            for y in range(height):
31                if max_feature.item(y, x) == 64:  # 将非主特征恢复为背景灰度级0
32                    cv2.floodFill(max_feature, None, (x, y), 0)
33
34        return max_feature, max_area
```

图7-30　find_largest_feature函数的定义

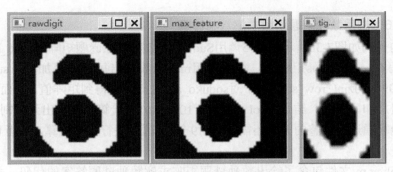

图7-31　原始数字图、主特征图和紧凑数字图（数字6）

6．步骤 5：使用模型识别紧凑数字特征

此步骤的代码如图7-32所示。行69用于寻找主特征二值图中的所有轮廓cnts。行71～72用于求最大轮廓的包围矩形。行73用于切出该矩形图片number_roi2。行74用于调整该矩形图片的尺寸为宽20高40。行75用于归一化。行76～77用于将归一化的结果可视化，如图7-31右图所示，可见二值图经过resize后已经不是二值图了，而变成了普通的灰度图，这就是插值的效果。行78用于将normalized_roi归一化图reshape为1行800列得到sample1，行79用于将sample1转换为Numpy数组。以上过程和我们处理样本图片的过程是一样的，只有保证处理样本图片和处理测试图片的过程一样，才能保证模型有良好的识别率。行82调用模型的findNearest方法去找与sample1最近的邻居（k=1），行83用于获得预测的数字结果number，行84用于把number写入数独谜题矩阵。

针对每一个含数字的小单元格图片，我们均做以上处理，就等于把已知条件写入了数独谜题矩阵中。行87～88用于把数字number打印在小单元格的左下角并显示出来，如图7-19右图所示，显然目前的识别是完全正确的。

```
69      cnts, _ = cv2.findContours(max_feature, cv2.RETR_EXTERNAL, cv2.CHAIN_APPROX_SIMPLE)
70      if len(cnts) > 0:
71          contours = sorted(cnts, key=cv2.contourArea, reverse=True)
72          x, y, w, h = cv2.boundingRect(contours[0])
73          number_roi2 = number_roi[y:y+h, x:x+w]   # 紧凑数字图像
74          resized_roi = cv2.resize(number_roi2, (20, 40))
75          normalized_roi = resized_roi / 255.
76          cv2.imshow('tight digit', cv2.resize(normalized_roi, None, fx=5, fy=5))
77          cv2.waitKey(1)
78          sample1 = normalized_roi.reshape((1, 800))
79          sample1 = np.array(sample1, np.float32)
80
81          # knn模型预测sample1
82          retval, results, neigh_resp, dists = model.findNearest(sample1, 1)
83          number = int(results.ravel()[0])
84          soduko_ans[i][j] = number
85
86          # 识别结果展示
87          cv2.putText(bin3c, str(number), (j*box_w+2, i*box_h +52), 3, 1.0, (0, 0, 255), 1, cv2.LINE_AA)
88  cv2.imshow('display', bin3c)
89  cv2.waitKey(0)
```

图7-32　使用模型识别紧凑数字特征的代码

7. 步骤6：调用数独解题函数求解数独谜题

此步骤的代码如图7-33所示。行95调用Suduko函数对数独谜题矩阵soduko_ans进行求解，求解结果也写在soduko_ans矩阵中。行98使用map函数求出每行的累加和（sum），结果为row_sum。行99中的zip(*row_sum)用于对soduko_ans进行解包得到矩阵值，进而使用map函数求出每列的累加和（sum），结果为col_sum。行100～101将验算结果输出到控制台，如图7-34所示，初步验算通过，完整的验算还需考虑对9个3×3区域进行求和验算，读者可自行添加代码。

sudokuSolver.py文件包含了给出数独谜题矩阵求解数独谜题答案的代码，类似这种需要穷举的问题一般采用回溯法（暴力求解）来解。因为与本书的主题相关度不高且限于篇幅，故我们不在此处将其贴出，读者可以从随书资源包中下载此代码并自行研究。

```
91   print("\n生成的数独谜题矩阵\n")
92   print(soduko_ans)
93
94   print("\n求解数独谜题矩阵\n")
95   Suduko(soduko_ans, 0, 0)  # 数独求解
96   print(soduko_ans)
97   print("\n验算：求每行每列的和\n")
98   row_sum = map(sum, soduko_ans)
99   col_sum = map(sum, zip(*soduko_ans))
100  print(list(row_sum))
101  print(list(col_sum))
```

图7-33　调用数独解题函数求解数独谜题的代码

```
验算：求每行每列的和

[45, 45, 45, 45, 45, 45, 45, 45, 45]
[45, 45, 45, 45, 45, 45, 45, 45, 45]
```

图7-34　验算结果

8. 步骤7：将解题结果可视化

此步骤代码如图7-35所示。此步骤的执行结果如图7-36所示。

```
103  # 把结果按照位置填入图片中
104  for i in range(9):
105      for j in range(9):
106          cv2.putText(bin3c, str(soduko_ans[i][j]), (j*box_w+2, i*box_h +52), 3, 1., (0, 0, 255), 1, cv2.LINE_AA)
107  cv2.imshow("result", bin3c)
108  cv2.waitKey(0)
```

图7-35　将最终解题结果可视化的代码

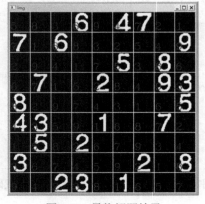

图7-36　最终解题结果

彩图

至此，我们彻底完成了采用计算机视觉技术解决数独谜题的项目！

【任务拓展】

把项目7中介绍的方法用于解决第6章拓展练习生成的数独分割大图所遗留的识别问题，校验项目7方法的准确性，若发现问题，请予以解决。

【项目小结】

通过本项目的学习和训练，学生应能够对原始数据集进行处理从而得到规范的样例集，使用样例集训练KNN模型，进而能应用训练好的KNN模型对新的图像进行预测。

7.3　课后习题

一、单选题

1．在Python中，一边循环一边计算输出的机制，称为（　　）。

　　A、生成器　　　　　B、迭代器　　　　　C、返回器　　　　　D、装饰器

2．g=(x * x for x in range (10))，第四次执行 next(g)的输出是（　　）。

　　A、4　　　　　　　B、9　　　　　　　C、16　　　　　　　D、0

3．使用了 yield 的函数有什么特殊的地方？（　　）

　　A、yield 和 return 没有区别

　　B、这种函数只能用于小规模数据的处理

　　C、使用了 yield 的函数返回某个值时，会停留在某个位置

　　D、这种函数只能用于大规模数据的处理

4．SVM是什么？（　　）

　　A、也叫支持向量机，是一种多分类模型

　　B、也叫支持向量机，是一种二分类模型

　　C、也叫尺度不变特征变换，是一种多分类模型

　　D、也叫尺度不变特征变换，是一种二分类模型

5．通常来说，一个人工智能计算机视觉系统中，机器学习的代码占系统总代码量的多少？（　　）

　　A、一小部分　　　　　　　　　　　B、一半

　　C、一大半　　　　　　　　　　　　D、所有代码都是机器学习代码

二、多选题

以下关于SVM的说法中，正确的是（　　）。

　　A、SVM 只能解决线性问题

　　B、SVM 可通过一定的技巧解决非线性问题

　　C、SVM 中有多个核函数

D、其中 Polynomial 核函数又叫 RBF 核函数

三、判断题

1．生成器是可迭代对象，所以可以对它使用for循环把元素逐渐取出来。（　）
2．使用np.argsort函数对列表进行排序，返回的是排序后的列表。（　）

7.4　本 章 小 结

本章我们进行了两个项目（项目6和项目7）的演练，其核心功能分别是使用SVM对图像进行二分类、使用KNN对图像进行多分类。通过做项目，我们体会到对原理只要有了定性而准确的理解就可以做项目，机器学习代码由OpenCV封装，表现在我们所写的项目代码中，机器学习代码只占很小的比例，而预处理和可视化代码占代码总量的比例则非常高。通过本章的学习，相信大家已经深刻认识到高质量数据集对于成功实施机器学习项目的价值。图7-37所示是第7章的思维导图。

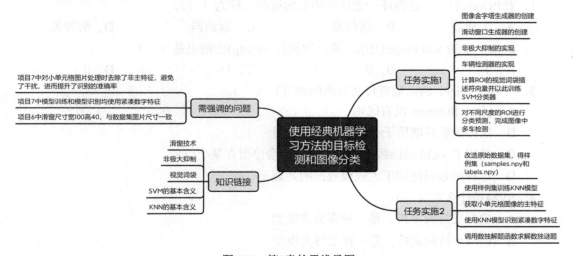

图7-37　第7章的思维导图

第 8 章　基于深度学习的图像分类基础

多年来，机器学习一直是人工智能的一个重要方面。虽然经典的机器学习已经提供了非常有价值的见解和预测模型，但深度学习现在正迅速成为这一领域的主导方法。深度学习已经成功地解决了复杂的问题，包括语音识别、图像识别、自然语言处理和机器人技术。

深度学习是机器学习的一个子领域，它使用人工神经网络从海量数据中学习。神经网络由一层层相互连接的节点或神经元组成，将输入数据转化为有用的表示。这些网络可以学习识别模式，并根据提供给它们的数据做出预测。

深度学习算法与传统的机器学习算法不同，它们可以自动学习从原始数据中提取特征，而不是依赖人类设计的特征工程。深度学习还使用了数据的分层表示，这使得模型能够识别在原始数据中可能看不到的复杂模式。

最常用的深度学习算法是卷积神经网络（CNN）。CNN主要用于图像识别和分类任务。它们可以检测不同尺度和方向的特征，这使得它们在分析图像时非常有效。

虽然深度学习有很多优点，但它也有一些局限性。深度学习模型需要大量的数据来进行有效训练。它们在计算上也很昂贵，在网络复杂和数据规模庞大时需要强大的硬件，如图形处理单元（GPU）。此外，深度学习模型可能难以解释，这使得理解它们是如何得出预测结果具有挑战性。

尽管有这些挑战，深度学习在解决各个领域的许多复杂问题方面已经显现出显著的成功。它仍然是一个快速发展的领域，研究人员正在不断开发新的架构和技术来提高深度学习模型的性能。

总之，虽然经典的机器学习仍然有用，但深度学习正在迅速成为人工智能领域的主导方法。

后面4章我们都将围绕深度学习在计算机视觉领域的应用来展开，本章我们先学习如何应用全连接网络和CNN解决基础图像分类问题。

8.1　项目 8　基于全连接网络的图像分类

【项目导入】

图像分类是计算机视觉中的一项基本任务，它的目标是把不同的图像根据其内容划分到对应的类别上。它的作用除了直接告诉我们图片所属类别以外，还包括为更高层次的视觉任务，如检测、分割、物体跟踪等，提供先验信息。图像分类在很多领域有广泛应用，包括网络图像检索、相册自动归类、交通场景识别、人脸识别、智能视频分析以及医学图像识别等。而正因为上述原因，图像分类也成为了深度学习模型早期发展历程中最核心的任务。目前计算机视觉领域中被广泛使用到的基准模型，包括VGG、ResNet等，都是针对图像分类而设计的。在本项目中，我们就要学习如何训练一个简单的图像分类模型。

【项目任务】

本项目需要在计算机上完成，任务是使得计算机具有将图像根据所包含物体进行分类的能力。

【项目目标】

1. 知识目标

（1）理解人工智能、机器学习和深度学习之间的关系。

（2）理解单个神经元的功能和计算过程。

（3）理解激活函数的作用，熟悉常见的激活函数。

（4）理解损失函数的作用，熟悉常见的损失函数。

（5）理解正则化的作用。

（6）理解使用梯度下降法来最小化损失函数的原理。

2. 技能目标

（1）掌握MNIST图片分类数据集在Keras中的使用方法。

（2）掌握搭建和训练全连接神经网络。

（3）掌握使用全连接神经网络进行图像分类的方法。

3. 职业素养目标

（1）培养学生严谨、细致、规范的职业素质。

（2）培养学生团队协作及表达沟通能力。

（3）培养学生跟踪新技术及创新设计能力。

（4）培养学生技术标准意识、操作规范意识、服务质量意识等。

【知识链接】

8.1.1 深度学习和神经网络

自2012年以来，深度学习为计算机视觉领域增添了巨大的推动力，在图像着色、分类、分割和检测等多种有挑战的任务上，其效果逐步超越了传统算法。通过深度学习算法，计算机视觉技术的许多新应用开始被关注，并且正逐渐成为我们日常生活的一部分。根据最新的研究，使用深度学习的医疗图像识别，在核磁共振成像和 X 射线检测癌症上的准确度已超过人类水平。深度学习也让自动（辅助）驾驶成为可能。那么深度学习究竟是什么？它的发展历程又是怎样的呢？

在具体介绍深度学习之前，我们先来看一下会涉及到的一些基本概念和它们之间的关系，如图8-1所示。

深度学习简介

神经网络基本概念

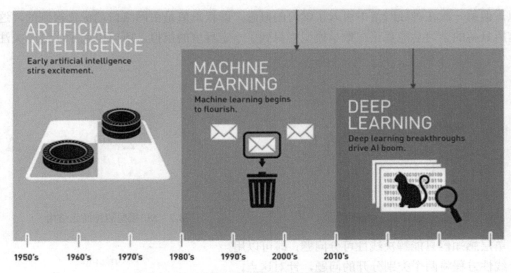

图8-1　人工智能、机器学习和深度学习的关系

AI: Artificial Intelligence，即人工智能，它是研究、开发用于模拟、延伸和扩展人的智能的理论、方法、技术及应用系统的一门新的技术科学。人工智能的终极目标是让机器和人一样活动与思考。

ML: Machine Learning，即机器学习，它是达成人工智能的一个手段，也就是通过模拟和统计我们收集到的数据，推断出一些规律，并且这些规律可以运用在一些没有被收集到的数据上。

DL: Deep Learning，即深度学习，它是机器学习的子集。上面说到机器学习会根据收集到的数据总结规律，而深度学习利用具有阶层结构的神经网络来达到这一目的。

人工智能这个概念被提出来以后，很快吸引了很多科学家的注意，大家都认为这是人使用机器的一个最终形态。但是之后的很多年，相关的算法都无法应用于实际场景中，这让人工智能一直停留在理论阶段。而到了20世纪后半叶，机器学习理论的出现，为人工智能的实现带来了曙光，随着硬件和互联网的发展，人们发现使用更大的模型和更多的数据，可以极大提升机器学习的准确率，深度学习开始让人工智能的概念深入人心。

深度学习的发展可以追溯到1943年，那一年心理学家Warren MacCulloch和数学逻辑家Walter Pitts在发表的论文《神经活动中内在思想的逻辑演算》中，提出了MP模型。MP模型的灵感来源是人类神经元的结构和工作原理。如图8-2所示，一个人类大脑神经元由树突、细胞核、轴突、髓鞘、轴突末梢组成。树突负责获取前面的神经元传递过来的信号，细胞核对这些信号进行处理，经过处理的信号再由轴突、髓鞘、轴突末梢传递到后续的神经元。MP模型同样构建了类似的神经元，如图8-3所示，"细胞核"负责对输入数值$x_0 \sim x_m$进行加权求和，权重值由$w_0 \sim w_m$表示。再经过一个函数f的处理，最后输出新的数值y。MP模型作为人工神经网络的起源，奠定了神经网络模型的基础。这里要注意的一点是，MP模型中的权重值是人为给定的，因此不存在"学习"的概念。到了1957年，美国心理学家Frank Rosenblatt提出一种具有单层计算单元的神经网络，称为Perceptron，即感知器。感知器的结构和MP模型很相似，但第一次在神经网络中引入了学习的概念，即权重值是由网络自动优化得到的，这使人脑所具备的学习功能真正在数学模型中得到了一定程度的模拟，所以引起了广泛的关注。

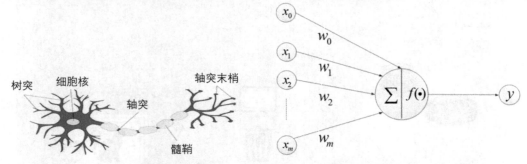

图8-2　人脑神经元结构简图　　　　　图8-3　MP模型的神经元结构

　　单层感知器只能解决线性可分问题，即可以用一个线性方程将两个类别分开的问题，针对这点，1986年，计算机科学家Geoffey Hinton提出了一种适用于多层感知器（Multi-layer Perceptron，MLP）的反向传播（Backpropagation，BP）算法。多层感知器（见图8-4）也属于神经网络的一种，它包含三种网络层：输入层、隐藏层和输出层，每一层中都有一定数量的神经元（也称为节点），同一层中的神经元不相互连接。输入层直接从外部得到输入的数据，在输入节点中，不进行任何计算，仅把信息传递给隐藏节点。隐藏节点和外部世界没有直接联系。这些节点进行计算，并将信息传递到输出节点。尽管一个多层感知器只有一个输入层和一个输出层，但可以没有也可以有多个隐藏层。输出节点也负责计算，并从网络向外部世界传递计算结果。在

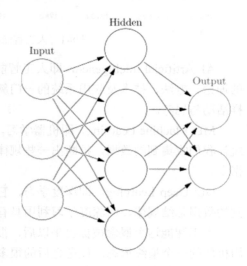

图8-4　三层感知器示意图

多层感知器中，两个相邻层的节点完全连接，即上一层的每个神经元都会输出计算结果给下一层的每个神经元。同单层感知器一样，除了输入节点，其他节点都会对来自上一层不同节点的数据进行加权求和，权重值代表了每个节点受上一层节点的影响程度。BP算法在传统神经网络正向传播的基础上，增加了基于误差的反向传播过程，从而可以不断地调整神经元之间的权重，直到网络输出的结果和预期结果的误差减小到允许的范围之内，或达到预先设定的训练次数为止。正是由于多层感知器和BP算法的出现，才使得人工神经网络有可能应用到实际问题中，而多层的神经网络也是深度学习当中的核心技术，因此，Hinton也被称为"深度学习之父"。到了2006年，Hinton和他的学生正式提出了深度学习的概念。

　　深度学习真正得到广泛重视是由于多层神经网络在计算机视觉任务上获得了巨大的成功。2009年，ImageNet数据集被发布，其中的大部分图片都被手工标注好类别，这些类别涵盖了大部分生活中会看到的物品。这个数据集对图像分类、目标检测等视觉任务提供了训练

和测试集。在这个数据集上提取出的包括一百多万张图片、1000个类别的子集，从2010年到2017年被使用到大规模视觉识别竞赛（ImageNet Large Scale Visual Recognition Challenge , ILSVRC）中。从2012年AlexNet被提出开始，在ILSVRC 竞赛中诞生了许多基于深度学习的图像分类方法，比如VGG、GoogleNet、ResNet等。值得一提的是，ResNet是由清华大学毕业生何凯明提出的，在国际上具有很高的影响力。这些方法在赛后又得到了进一步的发展与应用。

　　虽然神经网络的设计理念让它具有承载如人脑般的强大计算能力的潜力，但从首次被提出到成为主流算法，它花费了数十年的时间。这是因为任何成熟的神经网络模型都需要必不可少的两个要素：数据和计算资源。在深度学习领域发展的早期，研究者无法获取足量的数据和计算资源以至于无法训练出有意义的神经网络。

8.1.2　神经元的计算过程

　　通过对MP模型和多层感知器的介绍，可以知道神经元（Neuron）是神经网络中最基础的组成部分。

　　如图8-5所示，神经元从上一层的神经元获取输入$x_1 \sim x_n$，分别对应权重值$w_1 \sim w_n$，然后进行加权求和的操作。注意求和的结果还要加上一个偏差（bias）b。此时获得的是一个线性输出，为了让网络具有处理非线性任务的能力，求和结果要经过一个非线性函数，也称为激活函数（Activation Function）的处理，激活函数的输出值才是神经元最终的计算结果。这个结果会传递到神经网络的下一层神经元中。

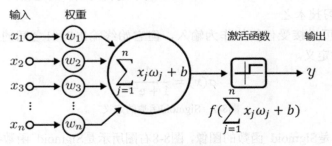

图8-5　神经元详细示意图

8.1.3　神经网络应用

　　到目前为止，我们已经讨论了构建神经网络的基本模块和网络结构。但是，你可能仍然对神经网络如何应用到实际任务当中感到困惑。下面介绍一个示例，以便大家了解神经网络是如何进行预测的。

　　图8-6中设计了一个简单的房价预测网络，它包含一个输入层、一个隐藏层以及一个输出层。已知影响房价的因素有很多，我们假设输入数据分别为面积（平方英尺）、卧室数量、到市中心的距离、房龄这四个信息，那么这四个参数将构成神经网络的输入层。输出层只有一个节点y，就是最终得到的房价数值。除了输入层外，每个神经元都会得到上一层的神经元数值，通过加权求和与应用激活函数求得自己的输出值，并传递到下一层进行类似的计算。

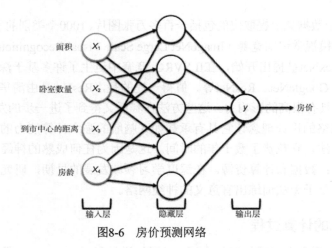

图8-6　房价预测网络

8.1.4　激活函数

上文说到一个神经元需要根据权重和激活函数计算输出值，我们接下来讨论四种主要的激活函数类型：Sigmoid函数、Softmax函数、线性整流函数系列（ReLUs）、双曲正切函数（Tanh）。让我们一一研究这些激活函数。

1. Sigmoid 函数

Sigmoid 函数在数据科学界广为人知，它常用于逻辑回归，而逻辑回归是用于解决分类问题的核心机器学习技术之一。

Sigmoid 函数可以接受任何值作为输入，但它始终输出0到1之间的值。图8-7所示是Sigmoid函数的数学定义。

$$\sigma(x) = \frac{1}{1 + e^{-x}}$$

图8-7　Sigmoid函数的定义

图8-8左图所示是Sigmoid 函数的图像，图8-8右图所示是Sigmoid 函数导数的图像。可以看到代表Sigmoid 函数图像的曲线是平滑的，这意味着可以计算该曲线上任何点的导数。可导性对于网络的训练十分重要，因为训练网络需要对函数进行求导，从而可以通过梯度下降法对网络权重进行优化。具体描述参见神经网络训练部分。

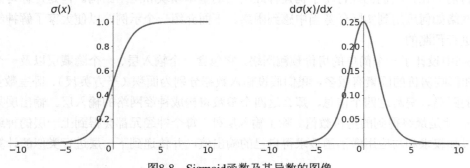

图8-8　Sigmoid函数及其导数的图像

Sigmoid函数是深度学习领域发展初期使用频率最高的激活函数。它的优点有二，一是输出范围有限，在(0, 1)之间，可以用作输出层。二是它是连续函数，便于求导。但它也有三个缺点，其一是饱和性，从图8-8右图也不难看出其两侧导数逐渐趋近于0，容易造成梯度消失。其二是它的偏移现象（输出范围全部在0的上侧，没有关于0对称），从实践角度来说，这会导致训练时优化速度变慢。其三是因为该函数包含指数计算部分，所以它的计算复杂度高。

由于Sigmoid函数的输出在0~1之间，所以通常在图像分类任务中它用于表示输入图片属于某个类别的概率，且多用于二分类（对应网络只有一个输出节点）或可能输出多个正确答案（网络有多个输出节点）的问题。对于二分类问题，输出值大于0.5时预测结果为一个类别，否则预测结果为另一个类别。对于多个正确答案的问题，比如一张图片里可能同时包含A和B，这时网络的输出节点有两个，一个节点输出图片中包含A的概率，另一个节点输出图片中包含B的概率。只要A和B的概率都大于0.5，这张图片就会同时属于A类和B类，即有两个正确答案。

2. Softmax 函数

Softmax函数的定义如图8-9所示。

$$\text{Softmax}(x_i) = \frac{e^{x_i}}{\sum_{j=1}^{n} e^{x_j}}$$

图8-9　Softmax函数的定义

Softmax函数一般用在输出层，它将上一层n个神经元的输出x_1~x_n分别做自然对数，最后对每个输出做归一化，使得n个输出值的范围均在0~1之间，且和为1。它和Sigmoid函数不同的地方在于，它的应用场景是有多个候选类别但只有一个正确答案的问题。这是因为归一化后每个类别的概率是互斥的，此消彼长，在选取最终结果的时候，就可以选取概率最大即输出值最大的类别，作为我们的预测结果。

3. 线性整流函数系列（Rectified Linear Unit, ReLU）

最初版本的线性整流函数通常称为修正线性单元，或简称为ReLU。

ReLU没有处处可导属性，尽管如此，它在深度学习领域仍然很受欢迎。它的定义如下：如果输入值小于0，则函数输出0；否则，函数输出它的输入值。图8-10是ReLU函数及其导数的图像。

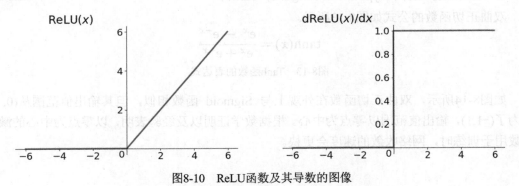

图8-10　ReLU函数及其导数的图像

ReLU函数虽然简单，但却是近几年深度学习领域的重要成果之一，它有以下几大优点：

（1）在正区间解决了Sigmoid等函数的梯度消失问题。

（2）它的计算速度非常快，只需要判断输入是否大于0。

（3）使用它作为激活函数时训练的收敛速度远快于Sigmoid和Tanh。

ReLU还有一个需要特别注意的问题，就是Dead ReLU问题，它指的是某些神经元对应的权重导数永远为0（x在负区间），导致权重永远不能被更新。这种情况的产生有两个主要原因：①非常糟糕的参数初始化，这种情况比较少见；②学习率太高导致在训练过程中参数更新幅度太大，不幸使网络进入这种状态。

既然是因为负区间的导数为0导致权重不能更新的，ReLU很快出现了一些改进版本。比如Parametric Rectified Linear Unit（PReLU），如图8-11所示，PReLU和ReLU的区别在于PReLU在负区间的输出值由参数a定义，这就使得a不等于0的情况下，负区间的导数不为0。

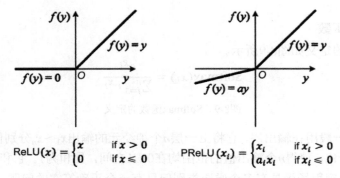

$$ReLU(x) = \begin{cases} x & \text{if } x > 0 \\ 0 & \text{if } x \le 0 \end{cases} \qquad PReLU(x_i) = \begin{cases} x_i & \text{if } x_i > 0 \\ a_i x_i & \text{if } x_i \le 0 \end{cases}$$

图8-11　PReLU和ReLU的对比

PReLU的一个常用特例是Leaky ReLU，其公式如图8-12所示。

$$f(x) = \max(0.01x, x)$$

图8-12　Leaky ReLU的公式

理论上来讲，PReLU有ReLU的所有优点，外加不会有Dead ReLU问题，但是在实际操作当中，并没有完全证明PReLU总是好于ReLU。

4. 双曲正切函数（Hyperbolic Tangent，Tanh）

双曲正切函数的公式如图8-13所示。

$$\tanh(x) = \frac{e^x - e^{-x}}{e^x + e^{-x}}$$

图8-13　Tanh函数的表达式

如图8-14所示，双曲正切函数在外观上与 Sigmoid 函数相似，但其输出值范围从(0, 1)变为了(-1,1)，输出值范围以零点为中心。根据数学证明以及经验表明，以零点为中心的激活函数用于训练时，网络收敛的速度会更快。

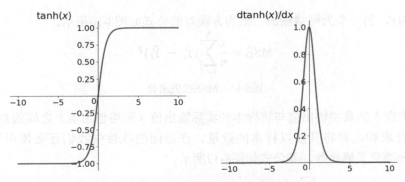

图8-14　Tanh函数及其导数的图像

8.1.5　神经网络训练原理

对于一个神经网络，一旦固定了输入数据的值和激活函数类型，网络的输出完全由不同层神经元之间连接的权重决定。我们把确定权重的过程称为网络训练。

无论是训练普通的机器学习模型或是神经网络，都需要有两个要素：数据集和损失函数。其中数据集是训练的关键。我们需要告诉算法什么是输入和相应的输出。将输入数据与预期输出相关联的操作称为标记。如图8-15所示，如果我们的任务是根据其中显示的手写数字对给定的图像进行分类，则我们需要收集大量图像，并用相应的数字标记每幅图像，这个标记也称为标签。在几乎所有模型训练项目中，对数据集进行分类和标记都会花费大部分时间。从开始训练，调试模型到测试，使用到的分别是三个不同的数据集：训练集、验证集和测试集。训练集是用于训练模型的数据集。测试集用于评估使用训练集对模型的训练程度。验证集是训练模型时用于评估模型性能的数据集，它是从原始数据集中分离出来的，用于验证模型是否过拟合或欠拟合，以及调整模型的超参数。

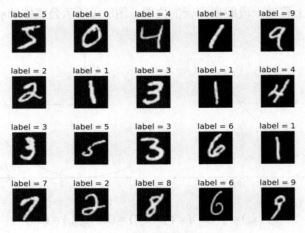

图8-15　MNIST数据集部分展示

数据准备就绪后，我们还需要定义一个训练目标。一般来说，这个目标就是希望网络的预测值和真实值尽可能相近。预测值和真实值之间距离的计算方式叫作损失函数。最常用的损失函数是均方误差（Mean Square Error，MSE）。假设训练集中一共有n个样本，输出为y，真实输出设为Y，另一个为网络输出，则均方误差的公式如图8-16所示。

$$\mathrm{MSE} = \frac{1}{n}\sum_{i=1}^{n}(Y_i - \hat{Y}_i)^2$$

图8-16　MSE损失函数

它取每个样本的真实输出值与该样本的实际输出值（网络输出值）之间的差值，将该差值的平方进行求和，并将其除以样本的数量。在后面的项目中我们还会使用到categorical crossentropy分类交叉熵函数，其公式如图8-17所示。

$$\mathrm{loss} = -(\sum_{i=1}^{n} \hat{y}_{i1} \log(y_{i1}) + \hat{y}_{i2}\log(y_{i2})+\ldots+\hat{y}_{im}\log(y_{im}))$$

图8-17　分类交叉熵函数

其中n是样本数，m是分类数。从公式中可以看出，分类交叉熵函数适用于多分类任务（$m>1$）。

回到网络训练，我们的目标就是通过调整每一个权重值来使得损失函数的值降到最小。损失函数也可以看成是以所有待求权重值为自变量的函数，所以我们可以采用常用的梯度下降法来求解最小化损失函数的问题。

想象一下，我们在山顶放了一个球，一松手它就会顺着山坡最陡峭的地方滚落到谷底。以一个凸函数$y = x^2$为例，函数图像看上去就像一个山谷，梯度下降法就是让球经过一步步的滚动最终来到谷底，也就是到了函数的最小值。

如图8-18所示，现在我们假设函数的起点在$x=10$处，也就是把球放在$x=10$、$y=100$的坐标处，对函数求导数，得到20，这是一个正值，指向函数值增长最快的方向，也就是x轴正方向，而相对应地，负的导数就代表函数值减小最快的方向。所以为了让函数值减小，需要向x轴负方向移动，让x在x轴上移动一段距离到新的位置。图8-19所示公式中的η代表步长，用于控制移动的距离。

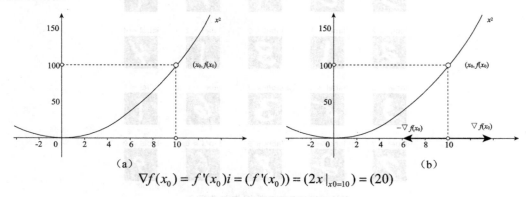

$$\nabla f(x_0) = f'(x_0)i = (f'(x_0)) = (2x\mid_{x0=10}) = (20)$$

图8-18　梯度下降示意图

$$(x_1) = (x_0) - \eta\nabla f(x_0)$$

图8-19　梯度下降中权重的更新示例

重复导数的计算和距离的移动过程多次，函数值就可能下降到了接近最低点的值。

对于函数输入是多维数据（也就是网络有多个输入节点）的情况，梯度下降的过程就是对每个变量分别求偏导数，然后各自在自己的负偏导数方向上进行移动。

对于多层神经网络来说，可以将其看作是输入x的一个复合函数。首先在一个神经元的计算中，加权求和$\sum$是x的函数，求和结果经过一个激活函数g以后，就已经演变成了一个复合函数$g(\sum)$。再经过后续网络层的处理，最终的网络输出就是一个对于x的复杂的复合函数。复合函数的求导方式需使用链式法则，如图8-20所示是链式法则使用示例，其中，$y=f(x)$。

$$\frac{\partial E}{\partial x} = \frac{\mathrm{d}y}{\mathrm{d}x}\frac{\partial E}{\partial y} = \frac{\mathrm{d}}{\mathrm{d}x}f(x)\frac{\partial E}{\partial y}$$

图8-20　链式法则使用示例

比方对于单个神经元的输出求对于w_i的导数，结果等于激活函数对于求和结果的导数乘以x_i。回顾前文说到的Sigmoid激活函数存在的梯度消失问题，就是因为当输入值不在0点附近的时候，导数趋近于0，进而导致复合函数的导数在进行乘法操作以后也趋近于0，所以难以更新权重值。

根据梯度下降法更新权重值的过程称为反向传播，一般将所有权重值都更新一次称为一次迭代，网络训练过程需要经过多次迭代才能完成训练。

上面介绍的梯度下降更新方式只是最简单的一种，即固定步长的方式，这时只需考虑一阶导数。除此之外，梯度下降算法还有一些改进版本，包括动量优化器、Adagrad优化器、RMSprop优化器和Adam优化器等。

对于神经网络这样多层嵌套的复合函数，乘法链很长，常用的深度学习框架已经可以自动进行反向传播的计算，因此我们可以直接调用内置的损失函数和优化方法来进行训练。

8.1.6　正则化

一个神经网络中会有大量的权重（也称为网络参数），这容易导致模型训练过程中的过拟合现象，即网络预测的准确率只在训练集上高，在测试集上却很低。为了减少这样的情况发生，研究者提出了很多有效的正则化技术，包括对参数添加约束（L1、L2正则化）和Dropout等。

L1和L2正则化都是将无意义的权重值变为0，做法是在损失函数中添加正则化项。L1正则化项的表达式如图8-21所示。

$$\lambda\|w\|_1$$

图8-21　L1正则化项

图8-21中λ是用户设定的正则化项的权重值，代表对正则化的关注程度，后面的项代表权值向量w中各个元素的绝对值之和。L1正则化的含义是使权重值的和不会超过一定大小，从而达到压缩权重值大小的目的。L2正则化则是将绝对值的和变为平方和（也有版本是求完平方和再求平方根）。

Dropout是另一种对神经网络有效的正则化形式，在一个迭代中随机把一定比例的节点的输出设置为0，也就是丢弃掉这些节点的信息。图8-22中左图表示没有丢弃任何节点信息，右图则执行了丢弃。

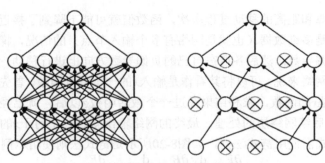

图8-22　是否进行Dropout的对比

8.1.7　全连接网络

我们现在知道，神经网络是由多个神经元组成的网络层连接而成的。而连接的方式有很多种，最基础的一种叫作全连接，也就是上一层的任意一个节点，都和当前层的所有节点连接。由全连接层组成的神经网络就叫作全连接网络。

8.1.8　TensorFlow 和 Keras

1. TensorFlow

TensorFlow是谷歌基于DistBelief进行研发的第二代人工智能学习框架，它对2011年开发的深度学习基础架构DistBelief进行了各方面的改进，表达了高层次的机器学习计算，大幅简化了第一代系统，并且具备更好的灵活性和可延展性，可被用于语音识别或图像识别等多个机器学习和深度学习领域。其命名来源于本身的运行原理。Tensor（张量）意味着N维数组，Flow（流）意味着基于数据流图的计算，TensorFlow为张量从流图的一端流动到另一端的计算过程。TensorFlow是将复杂的数据结构传输至人工智能神经网络中去执行分析和处理过程的系统。

TensorFlow是一个开放源代码软件库。借助其灵活的体系结构及支持异构设备分布式计算的能力，用户可以轻松地将计算工作部署到多种平台（CPU、GPU、TPU）和设备（桌面设备、服务器集群、移动设备、边缘设备等），它可在小到一部智能手机、大到数千台数据中心服务器等各种设备上运行。TensorFlow最初由Google Brain团队（隶属于Google的AI部门）中的研究人员和工程师开发，可为机器学习和深度学习提供强力支持，并且其灵活的数值计算核心广泛应用于许多其他科学领域。

TensorFlow支持CNN、RNN和LSTM算法，这都是目前在计算机视觉、语音、自然语言处理中最流行的深度神经网络模型。因为TensorFlow是开源的，长期以来在社区的支持下，越来越多的语言开始支持TensorFlow。TensorFlow目前已成为GitHub上排名第一的机器学习开源库。图8-23显示了主流深度学习框架在GitHub上的Star数。

截至2021年，谷歌已经有六千多个产品使用了TensorFlow，这给了TensorFlow开发团队大量的反馈和机会来优化产品。图8-24是使用TensorFlow进行机器翻译的一个例子。开发团队通过简化API，或添加新的API使TensorFlow更容易使用。

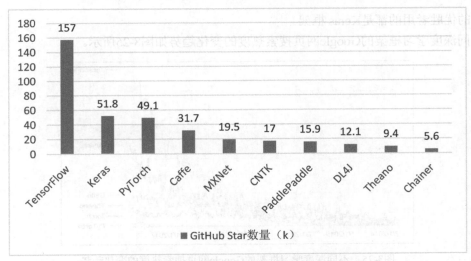

图8-23　主流深度学习框架在GitHub上的Star 数

图8-24　使用TensorFlow的机器翻译示例

2. Keras

Keras 是一个Python 深度学习框架,可以方便地定义和训练几乎所有类型的深度学习模型。Keras 最开始是为研究人员开发的,其目的在于使研究人员能够快速实验。Keras 具有以下重要特性。

(1) 相同的代码可以在 CPU或 GPU 上无缝切换运行。

(2) Keras具有用户友好的 API,便于快速开发深度学习模型的原型。

(3) Keras内置支持卷积网络(用于计算机视觉)、循环网络(用于序列处理)以及二者的任意组合。

(4) Keras支持任意网络架构:如多输入或多输出模型、层共享、模型共享等。这也就是说,Keras能够构建任意深度学习模型,无论是生成式对抗网络还是神经图灵机。

(5) Keras 基于宽松的MIT 许可证发布,这意味着大家可以在商业项目中免费使用它。它与所有版本的Python 都兼容(截至2017 年年中,从Python 2.7 到Python 3.6 都与之兼容)。

(6) Keras 已有200000 多个用户,这些用户既包括创业公司和大公司的学术研究人员与工程师,也包括研究生和业余爱好者。Google、Netflix、Uber、CERN、Yelp、Square 以及上百家创业公司都在用Keras解决各种各样的问题。

(7) Keras 还是机器学习竞赛网站Kaggle 上的热门框架,在最新的深度学习竞赛中,几乎所有的优胜者用的都是Keras框架。

不同深度学习框架的Google网页搜索热度的变化趋势如图8-25所示。

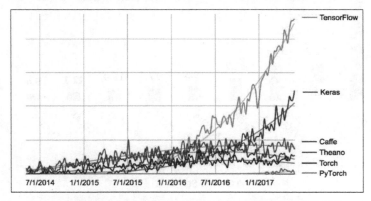

图8-25　不同深度学习框架的Google网页搜索热度的变化趋势

Keras是一个模型级（model-level）的库，为开发深
度学习模型提供了高层次的构建模块。它不处理张量操
作、求微分等低层次的运算。相反，它依赖于一个专门
的、高度优化的张量库来完成这些运算，这个张量库就
是Keras的后端引擎（Backend Engine）。Keras没有选择与
特定的后端引擎绑定，而是以模块化的方式处理这个问
题（如图8-26所示）。因此，几个不同的后端引擎都可以

图8-26　Keras体系结构

无缝嵌入到 Keras中。目前，Keras有三个后端引擎实现：TensorFlow 后端引擎、Theano后端
引擎和微软认知工具包（CNTK，Microsoft cognitive toolkit）后端引擎。未来 Keras 可能会
扩展到支持更多的深度学习后端引擎。

8.1.9　本项目使用的主要类、方法和函数

1. 优化器类

Keras内置了多种优化器，如SGD优化器、Adam优化器、RMSprop优化器、Adagrad优化
器、Adadelta优化器等。SGD类实现了SGD优化器。优化器是使用损失梯度更新参数的具体
方式。

SGD类有多个参数，但通常情况下只应修改学习率（lr），而保持其他参数为默认值。

Adam类有多个参数：lr、beta_1、beta_2、epsilon、decay、amsgrad。其中，epsilon是模
糊因子（它是一个小的浮点值，以确保我们永远不会遇到除零的情况，它的默认值为10^{-7}），
decay是每次参数更新后学习率lr的衰减值，beta_1为一阶矩估计的指数衰减率，beta_2为二阶
矩估计的指数衰减率，这些参数均具有默认值。

2. NetWork 类、Model 类和 Sequential 类

NetWork 类用于构建模型各个层的有向无环图，是模型的拓扑表示。Model 类

（keras.models.Model）用于将训练和评价的逻辑加入NetWork类。Model类实例化时需要两个参数：一个输入张量（或张量列表）和一个输出张量（或张量列表），其返回值是一个Keras模型。与之相对应的，Sequential类用于线性地构建模型。和Model类的区别是，Sequential类构建的模型层与层之间只有相邻关系，无法实现跨层连接。这种模型编译速度快，操作也比较简单；Model类构建的模型支持多输入多输出，层与层之间允许任意连接。这种模型编译速度慢。用Model类和Sequential类构建的模型分别称为函数式模型和序贯模型。特别地，本项目使用了Sequential类的add方法，用于在模型层的栈顶增加一个新层的实例。可选地，第一层接收输入形状的参数（input_shape）。图8-27给出了一个编程示例。第二层及之后，程序将对输入形状做自动化推理。

```
model = Sequential()
model.add(Dense(32, input_shape=(500,)))
```

图8-27　使用Sequential类构建模型的第一层

　　本项目还使用了Sequential类的compile方法、fit方法、evaluate方法和predict方法。compile方法用于编译模型，fit方法用于训练模型，evaluate方法用于评价模型，predict方法用于使用模型生成对输入的预测（如新图片所属的分类）。以fit方法为例，它的第一个参数是训练数据的图片，第二个参数是训练数据的类别标签，还可以指定batch_size，代表在一次反向传播中会使用多少张图片。fit方法还需要指定epoch，一个epoch代表所有的训练数据都在网络训练中使用了一次，epoch的值就代表所有的数据会被使用多少轮。

　　此外，也可以不在第一层传入input_shape参数，则模型将在训练或评价方法（如fit方法）中构建（延迟构建），如图8-28所示。

```
model = Sequential()
model.add(Dense(32))
model.add(Dense(32))
model.compile(optimizer=optimizer, loss=loss)

model.fit(x, y, batch_size=32, epochs=10)
```

图8-28　在fit方法中构建模型（延迟构建）

　　如果使用延迟构建的方法，在model.compile之前打印model.weights将会返回空，因为此时模型尚未构建。如果确实需要显示模型参数，可以使用build方法手动构建模型，如图8-29所示。

```
model = Sequential()
model.add(Dense(32))
model.add(Dense(32))
model.build((None, 500))
print(model.weights)
```

图8-29　使用build方法手动构建模型

3. Dense 类、Dropout 类、Activation 类

　　Dense类用于实现密集连接层（也就是全连接层）。该类实现了如下运算："output=activation(dot(input, kernel) + bias)"。其中activation是激活函数，kernel是该层构建的一个权重矩阵，bias是该层构建的bias向

量。该层的输入形状为"(batch_size, ..., input_dim)"，最常见的输入形状为2D形状："(batch_size, input_dim)"。该层的输出形状为 "(batch_size, ..., units)"。举例而言，如果模型的第一层构建如下："model.add(Dense(32, input_shape=(16,)))"，其表示输入的张量形状为(*, 16)，而输出的张量为(*, 32)。

Dropout类用于实现Dropout层，即训练过程中，对于神经网络单元，按照一定的概率将其暂时从网络中丢弃（使其值为0），以降低过拟合的概率。

Activation类用于指定激活函数。

4. MNIST 对象

该对象用于读取Keras内置的MNIST数据集，该内置数据集已经将训练集和测试集分开了。

【项目准备】

1. 硬件条件

一台计算机。

2. 软件条件

（1）Windows 10，64位。

（2）PyCharm Windows社区版，Version: 2021.2.1，Build: 212.5080.64。

（3）Anaconda创建的Python 3.6.10虚拟环境。

（4）TensorFlow (CPU版) 1.14.0。

（5）Keras 2.2.5。

（6）OpenCV-Python 4.5.3.56、Numpy 1.19.5等。

基于全连接网络的图像分类

【任务实施】

1. 处理流程

在本项目中，我们将搭建并训练一个用于图像分类的非常基础的全连接神经网络。流程如图8-30所示。

项目中我们使用到的是MNIST数据集。MNIST数据集来自美国国家标准与技术研究所（National Institute of Standards and Technology，NIST）。其中的训练集（Training Set）由手写的数字0～9构成，书写人中 50%是高中学生，

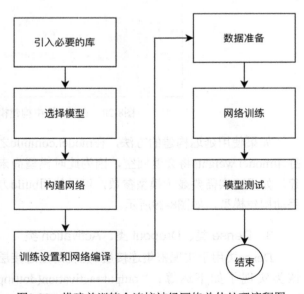

图8-30 搭建并训练全连接神经网络总体处理流程图

50%是人口普查局（the Census Bureau）的工作人员。测试集（Test Set）也包含同样比例的手写数字数据。该数据集中每个样本由28×28的手写数字图片以及对应的数字类标签组成，数据一共有10类，也就是整数0～9。MNIST数据集中训练样本和测试样本分别有60000张和10000张。

2. 步骤1：引入必要的库

如图8-31所示，我们为项目引入了必要的库。Keras框架提供了很多神经网络相关的基础类，让我们可以不用关心具体细节，只需要给定参数，就可以使用它们进行网络模型搭建、训练和测试。我们要用到四类模块，包括keras.models、keras.layers、keras.optimizers和keras.datasets，它们分别用于神经网络定义、神经网络结构设计、优化器设计和数据集使用。除此之外，我们还需要Numpy这个常用的数组操作库。

```
1   from keras.models import Sequential
2   from keras.layers import Input, Dense, Dropout, Activation
3   from keras.models import Model
4   from keras.optimizers import SGD
5   from keras.datasets import mnist
6   import numpy as np
```

图8-31 引入必要的库

3. 步骤2：选择模型

如图8-32所示，我们在本项目中采用的是序贯模型。

构建Sequential模型的时候，也可以向模型传递一个神经网络层的列表，如图8-33所示。

```
9    '''选择模型构造方法'''
10   model = Sequential() # 采用序贯模型
```

图8-32 选择序贯模型

```
model = Sequential([Dense(32, units=784),
Activation('relu'),
Dense(10),
Activation('softmax'),
])
```

图8-33 构建Sequential模型的同时传入网络层列表

我们也可以通过add()方法一个个地将layer加入模型中（在下面会进行详细描述）。

如图8-34所示，我们使用add方法构建一个包含四层的Sequantial网络。

我们首先定义第一个隐藏层，它是全连接层。Keras提供了Dense类来实现创建全连接层的功能，创建时需要指定该层的神经元个数，这里设置为500。除此之外，网络模型需要知道输入数据的shape，因此，与其他层不同的是，序贯模型的第一个隐藏层还需要接收一个关于输入数据shape的参数，后面的各个层则可以自动推导出中间数据的shape，因此不需要再为后面的层指定shape参数。这里我们传递一个input_shape的关键字参数给第一层，input_shape是一个tuple类型的数据，其中也可以填入None，如

```
12   '''构建网络'''
13   # 构建输入为784个节点，包含500个神经元的隐藏层
14   model.add(Dense(500,input_shape=(784,)))
15   model.add(Activation('tanh')) # 采用tanh为激活函数
16   model.add(Dropout(0.5)) # 每次只使用一半的神经元
17
18   model.add(Dense(500)) # 第二个隐藏层
19   model.add(Activation('tanh'))
20   model.add(Dropout(0.5))
21
22   model.add(Dense(500)) # 第三个隐藏层
23   model.add(Activation('tanh'))
24   model.add(Dropout(0.5))
25
26   model.add(Dense(10)) # 输出层
27   model.add(Activation('softmax')) # 最后一层用softmax作为激活函数
```

图8-34 构建网络

果填入None则表示此位置可能是任何正整数。因为MNIST数据集中图片的大小是28×28，将二维图片压平，网络输入就从二维图像矩阵变成了一个长度为784的向量。

4. 步骤3：构建网络

我们接着使用Activation类指定Tanh为该层的激活函数。

行16使用了Dropout类。Dropout可以比较有效地缓解过拟合的发生，在一定程度上可达到正则化的效果。在本项目中，我们将Dropout的比例设为50%。

第二和第三个隐藏层的设计与第一层相似，在此不再赘述。

第四层是输出层，由于MNIST的图像类别有10类，这里输出的是一个10维向量，向量中的每个位置对应该图片属于对应类别的概率。由于MNIST分类任务是一个单类别输出的任务，在最后一层使用Softmax作为激活函数。

5. 步骤4：网络训练设置和编译

如图8-35所示，在训练模型之前，我们需要通过compile来对训练过程进行配置。compile一般接收以下两个参数。

● 损失函数 loss：该参数为模型试图最小化的目标函数，它可为预定义的损失函数名，如 categorical_crossentropy、mse 等，也可以为一个自定义的损失函数。

● 优化器 optimizer：该参数可指定为已预定义的优化器名，如 rmsprop、adagrad 等，或一个 Optimizer 类的对象。

```
29    '''网络优化和编译'''
30    # 使用SGD作为优化函数, 设定学习率 (lr) 等参数
31    sgd = SGD(lr=0.01, decay=1e-6)
32    # 使用交叉熵作为loss函数
33    model.compile(loss='categorical_crossentropy', optimizer=sgd)
34
```

图8-35　网络训练设置和编译

除此以外，如果还想查看训练过程中没有参与训练的其他指标，可以设置第三个参数，如评价指标列表metrics，对分类问题，我们一般将该列表设置为metrics=['accuracy']，也就是网络在验证集上的预测准确率。指标可以是一个预定义指标的名字，也可以是一个自定义的函数。指标函数应该返回单个张量，或一个完成metric_name - > metric_value映射的字典。

在本项目中，我们使用SGD，即随机梯度下降（Stochatic Gradient Descent）。在经典的梯度下降中，每次权值更新都会使用到训练集当中的所有数据，如果训练集包含数量庞大的样本，则迭代速度会非常慢。随机梯度下降则解决了这个问题：在每次更新权重值时只用一个样本。相比于经典方法，这样的方法能更快地收敛，虽然可能达不到全局最优，但多数时候是可以接受的。在定义SGD优化器时，我们传入了两个参数：学习率lr和每次迭代完成后学习率减小的幅度。在网络优化的过程中，损失函数值可能很快会下降到最小值附近，这时如果保持原来的学习率来更新步长，则很容易跨过最小值，在附近震荡。在训练的后期将学习率降低，可以缓解这种情况的发生。

6.　步骤 5：数据准备

如图8-36所示，Keras提供了读取MNIST数据集的方法，即mnist.load_data，该调用返回两组数据，第一组是训练数据，包含 60000 个样本。X_train代表的是每张图片样本的像素值，所以X_train 的形状是（60000，28，28）。y_train保存的是这些样本对应的数字标签，即长度为60000的一维向量。返回的第二组数据是测试数据，包含10000个样本，组织方式和训练数据一样。为了转换成便于网络训练的格式，在行40～41，需要将图片数据展开成为长度为784的向量，而每个样本的标签需要变成一个长度为10的one-hot向量，即真实标签对应的位置设为1，其余设为0。

```
35      '''数据准备'''
36      # mnist数据获取（需要联网）
37      (X_train, y_train), (X_test, y_test) = mnist.load_data()
38
39      # 由于mist的输入数据维度是(num, 28, 28)，这里需要把后面的维度直接拼接起来，变成(num, 768)
40      X_train = X_train.reshape(X_train.shape[0], X_train.shape[1] * X_train.shape[2])
41      X_test = X_test.reshape(X_test.shape[0], X_test.shape[1] * X_test.shape[2])
42
43      #将每个样本的预期输出变为一个OneHot的10维向量，真实标签对应的位置设为1，其余设为0
44      Y_train = (np.arange(10) == y_train[:, None]).astype(int)
45      Y_test = (np.arange(10) == y_test[:, None]).astype(int)
```

图8-36　项目数据准备

7.　步骤 6：网络训练

如图8-37所示，网络训练通过model.fit方法实现。fit方法的一些参数介绍如下。

batch_size：对总的样本数进行分组，每组包含的样本数量；

epochs：训练次数；

shuffle：是否把样本随机打乱之后再进行训练；

validation_split：拿出百分之多少用来做交叉验证，即在每次训练当中，多少比例的数据用来作为验证集；

verbose：屏显模式，0为不输出屏显，1为输出进度，2为输出每次的训练结果。

```
47      '''开始训练'''
48      model.fit(X_train, Y_train, batch_size=128, epochs=50, shuffle=True, verbose=2, validation_split=0.3)
```

图8-37　网络训练

图8-38展示了训练过程中的部分输出。其中loss代表模型在训练集上的损失值，val_loss代表模型在验证集上的损失值。

```
Train on 42000 samples, validate on 18000 samples
Epoch 1/50
 - 2s - loss: 1.5074 - val_loss: 0.5148
Epoch 2/50
 - 2s - loss: 0.8824 - val_loss: 0.4358
Epoch 3/50
 - 2s - loss: 0.7457 - val_loss: 0.4012
```

图8-38　网络训练时的输出

8. 步骤7：模型测试

如图8-39所示，展示了模型测试的代码。有两种对模型进行量化测试的方法，第一种是行52使用model.evaluate计算测试集上的损失值。另一种方法是从行57开始，采用model.predict得到测试集上的网络输出，并根据输出向量的最大元素所在位置算出每个样本预测出的数字类别，最后计算预测准确的图片比例。

```
50    '''测试'''
51    print("test set")
52    scores = model.evaluate(X_test,Y_test, batch_size=128, verbose=0) #计算测试损失
53    print("The test loss is %f" % scores)
54
55
56    '''计算模型在测试集上的准确率'''
57    result = model.predict(X_test,batch_size=128,verbose=1)
58    # 找到每行最大的序号
59    result_max = np.argmax(result, axis = 1) #获得预测结果的序号
60    test_max = np.argmax(Y_test, axis = 1) # 获得真实序号
61    result_bool = np.equal(result_max, test_max) # 找出预测结果和真实结果一致的样本
62    true_num = np.sum(result_bool) #正确结果的数量
63    print("The accuracy of the model is %f" % (true_num/len(result_bool))) # 验证结果的准确率
```

图8-39　模型测试

如图8-40所示，我们可以看到模型训练到最后，分类准确率可接近95%。

```
The test loss is 0.191435
10000/10000 [==============================] - 0s 22us/step
The accuracy of the model is 0.948000
```

图8-40　测试结果

如果要使用predict方法对单张图片进行预测，需要对图片进行维度扩充处理，如图8-41所示。行94～96是在测试集中选择序号为0的手写数字图片并reshape为正常单通道图片格式，通过cv2.imshow显示出来，可以看到是数字7，如图8-42所示。行97是将图片reshape为（1, 784），以满足网络输入格式的要求。行98将图片传入model.predict方法中，得到了概率向量test_result，行100～101获得类别的序号并在终端打印出来，如图8-43所示，表明网络预测正确。

```
94    test_image = X_test[0,:].reshape(28,28)
95    cv2.imshow("test_image", test_image)
96    cv2.waitKey()
97    test_image = test_image.reshape(1, test_image.shape[0] * test_image.shape[1])
98    test_result = model.predict(test_image, batch_size=1)
99    print(test_result)
100   test_max = np.argmax(test_result, axis = 1) # 这是结果的真实序号
101   print(test_max)
```

图8-41　对单张图片进行预测的代码

图8-42　测试集中序号为0的图片　　　　　　　　　图8-43　打印结果为7

【任务拓展】

1．在本项目的训练设置中，我们使用SGD作为优化器。同学们可以尝试使用keras.Optimizer中的其他优化器进行训练，并与SGD的结果进行比较。

2．本项目我们使用categorical_crossentropy作为损失函数，同学们可以尝试使用MSE作为损失函数，并比较两者的训练结果。

【项目小结】

通过本项目的学习和训练，学生应学会将Keras框架用于MNIST图片分类数据集上的方法，应掌握如何搭建和训练全连接网络，以及如何使用全连接神经网络进行图像分类，等等。

8.2 项目9 基于卷积神经网络（CNN）的图像分类

【项目导入】

在图像分类任务上，目前基于卷积神经网络的方法有着统治地位。从2012年的AlexNet开始，所有经典的图像分类模型都采用了卷积神经网络架构。因此，理解卷积神经网络中的概念，能根据描述搭建并训练卷积神经网络，是计算机视觉学习中的一个重要技能。在本项目中，我们就要在一个更复杂也更贴近真实应用场景的数据集上训练卷积神经网络。

【项目任务】

本项目需要在计算机上完成，目标是使得计算机具有将图像根据所包含物体进行分类的能力，通过本项目的训练，我们应掌握将Keras用于CIFAR-10图片分类数据集的方法，以及搭建和训练卷积神经网络的方法。

【项目目标】

1．知识目标
（1）了解卷积神经网络结构中的基本概念。
（2）了解CIFAR-10图片分类数据集。
（3）了解卷积神经网络的训练步骤。

2．技能目标
（1）掌握将Keras用于CIFAR-10图片分类数据集的方法。
（2）掌握使用Keras搭建和训练卷积神经网络的方法。

3．职业素养目标
（1）培养学生严谨、细致、规范的职业素质。
（2）培养学生团队协作和表达沟通能力。

（3）培养学生跟踪新技术和创新设计能力。

（4）培养学生的技术标准意识、操作规范意识和服务质量意识等。

【知识链接】

8.2.1 卷积神经网络

卷积神经网络基本概念

在之前的课程中，我们知道一个神经网络是由神经元构成的层串联而成的。那么对于卷积神经网络，结构上又有什么区别呢？

卷积神经网络，顾名思义，核心在于对图片进行卷积操作。在第4章中我们已经学习过，卷积操作需要一张原始图像和一个卷积核（也称为滤波器），利用卷积核在原图像上从左往右、从上往下逐渐滑动，输出的像素值为卷积核和原始图像重叠区域的加权求和。若有遗忘，大家可以翻到第4章相关章节复习。

现在我们看一个简单的卷积神经网络示例，如图8-44所示。

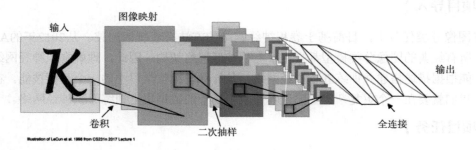

图8-44　卷积神经网络示例

这个卷积神经网络由一系列卷积层和最后三个全连接层构成。可以看到它和全连接层不同的是，卷积神经网络的前几个隐藏层是由多个特征图二维矩阵（也称为Feature Map或Activation Map）构成的。每一层的每张特征图都是通过上一层的特征图进行卷积操作得到的。和第4章接触到的二维卷积不同的是，卷积神经网络的原始图片和卷积核通常是三维的。以一幅$n×n×3$的图片为例，为了得到一个二维Feature Map，需要使用$k×k×3$的卷积核对它进行卷积，这里n和k分别代表图片和卷积核的宽度。如果要产生多张Feature Map，则需要对应数量的卷积核。如图8-45所示，我们使用6个三维卷积核，计算得到了6张Feature Map，即输出层的维度是$n×n×6$。训练卷积神经网络的过程，就是求每一层的每个卷积核的值的过程。

卷积中还有一个重要概念是padding，我们简单复习下。如图8-46所示，想象一张5×5的图片Image，采用3×3的卷积核（Filter/Kernel）做卷积，得到的结果是3×3的，但很多时候我们希望输出的结果和原图有同样的高和宽，这时就需要在原图的外围进行像素的补全（填充）。假设补全的宽度为1，也就是上下左右分别往外扩张一个像素，使原图变为7×7，则输出的Feature Map为5×5，和原图一致。以上描述的是卷积的same模式。

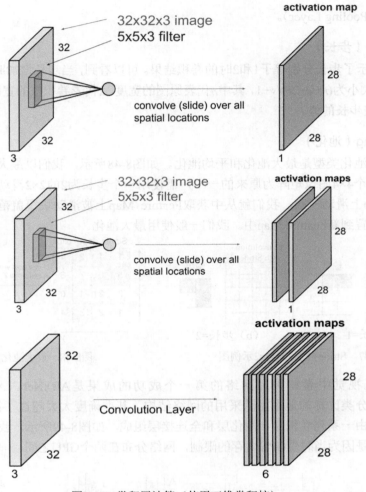

32x32x3 image
5x5x3 filter
32
32
3
convolve (slide) over all
spatial locations
activation map
28
28
1
32x32x3 image
5x5x3 filter
32
32
3
convolve (slide) over all
spatial locations
activation maps
28
28
1
32
32
3
Convolution Layer
activation maps
28
28
6

图8-45　卷积层计算（使用三维卷积核）

Image

0	0	0	0	0	0	0
0	2	4	9	1	4	0
0	2	1	4	4	6	0
0	1	1	2	9	2	0
0	7	3	5	1	3	0
0	2	3	4	8	5	0
0	0	0	0	0	0	0

X

Filter / Kernel

1	2	3
-4	7	4
2	-5	1

=

Feature

21	59	37	-19	2
30	51	66	20	43
-14	31	49	101	-19
59	15	53	-2	21
49	57	64	76	10

图8-46　padding示例图

在卷积网络的某些层中，我们希望可以压缩Feature Map的高和宽，以减少网络中参数的数量进而减少计算量。有两种方法可达成这一目标，其一是将卷积滑动的步长增加，其二是引入池化层（Pooling Layer）。

1. Stride（步长）

图8-47显示了步长分别等于1和2时的卷积结果。可以看到，当步长增加时，得到的Feature Map变小，其大小为$(n-k+2p)/s+1$，其中n代表原图的宽度，k代表卷积核的宽度，p代表padding的宽度，s代表步长的值。

2. Pooling（池化）

最常见的池化类型是最大池化和平均池化。如图8-48所示，我们以最大池化为例，假设我们要缩小一个4×4图像矩阵为原来的一半，需使用一个步长为2的2×2滑动块。该滑动块每在Feature Map上滑动一次，我们就从中获取Feature Map上被滑动块覆盖范围内像素的最大值，并将其放置到新Feature Map中。我们一般使用最大池化。

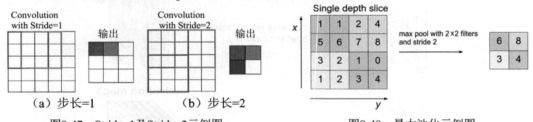

图8-47　Stride=1及Stride=2示例图　　　　图8-48　最大池化示例图

在计算机视觉中卷积神经网络的第一个成功的成果是AlexNet。AlexNet是2012年ImageNet图像分类比赛的冠军团队采用的网络结构，其准确度大大超过了第二名。AlexNet基本体系结构由一系列卷积层、池化层和全连接层组成。如图8-49所示，我们可以看到每层有两个块，这是因为当时受GPU内存的限制，网络分布在两个GPU之间。

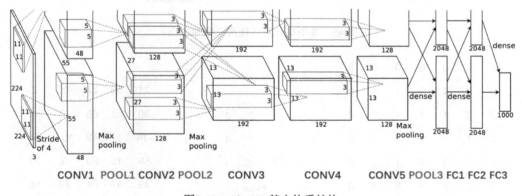

图8-49　AlexNet基本体系结构

8.2.2　本项目中用到的类和函数

1. Conv2D 类、MaxPooling2D 类、Flatten 类

Conv2D类用于构建2D卷积层。2D卷积层用于构建一个卷积核对输入进行卷积操作，然后输出卷积后的张量。如果该层是模型的第一层，建议指定input_shape（输入形状）参数的

取值。如果use_bias参数取值为"True"，则会构建一个bias（偏置）向量，并加入输出张量。如果data_format参数的取值是"channels_first"，则一个4D张量输入的形状为"(batch, channels, rows, cols)"，输出的形状为"(batch, filters, new_rows, new_cols)"；如果data_format参数的取值是"channels_last"，则一个4D张量输入的形状为"(batch, rows, cols, channels)"，输出的形状为"(batch, new_rows, new_cols, filters)"。data_format的默认值取决于安装的Keras的配置，该配置文件位于"C:\Users\lxh\.keras\keras.json"，其中"lxh"是用户名，每个人的计算机用户名是不同的。如果从未设置过，则其默认值为"channels_last"。

MaxPooling2D类用于实现最大池化。其data_format参数与Conv2D中的用法相同。

Flatten类用于实现将输入压平。该压平操作不会作用于批大小的维度，即如果输入一个4D张量形状如"(batch, rows, cols, channels)"，压平后的输出形状为"(batch, units)"。编程示例如图8-50所示。

```
model = Sequential()
model.add(Conv2D(64, (3, 3),
                 input_shape=(3, 32, 32), padding='same',))
# now: model.output_shape == (None, 64, 32, 32)

model.add(Flatten())
# now: model.output_shape == (None, 65536)
```

图8-50　Flatten层示例

2. Model 模型和 Input 类

上一个项目中我们构建了Sequential模型，这个项目我们构建Model模型。构建Model模型时，每一层的定义除了实例化的参数外还需要增加上一层输出的变量，如图8-51所示。

```
inputs = Input(shape=(784,))
x = Dense(32, activation='relu')(inputs)
predictions = Dense(10, activation='softmax')(x)
model = Model(inputs=inputs, outputs=predictions)
```

图8-51　构建Model模型的编程示例

使用Input类时需要指定输入层的形状，如图8-51所示。

【项目准备】

1. 硬件条件
一台计算机。

2. 软件条件
（1）Windows 10，64位。
（2）PyCharm Windows社区版，Version: 2021.2.1，Build: 212.5080.64。
（3）Anaconda创建的Python 3.6.10环境。
（4）TensorFlow (CPU版) 1.14.0。

（5）Keras 2.2.5。

（6）OpenCV-Python 4.5.3.56、Numpy 1.19.5等。

使用卷积神经网络的图像分类

【项目实施】

1. 处理流程

在该项目中，我们将搭建并训练一个用于图像分类的卷积神经网络。流程和全连接神经网络的搭建基本一致，如图8-52所示。

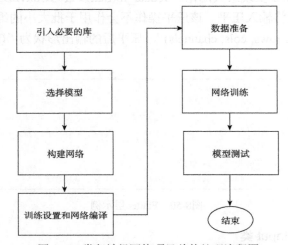

图8-52　卷积神经网络项目总体处理流程图

本项目中我们使用的是CIFAR-10数据集，如图8-53所示。CIFAR-10数据集是加拿大高级研究所发布的机器学习研究中使用最广泛的数据集之一，它包含10个不同类别的60000张32×32的彩色图像。10个类别分别是飞机、汽车、鸟类、猫、鹿、狗、青蛙、马、轮船和卡车。每个类别有6000张图像。训练集和测试集的样本数量分别为50000张和10000张。

图8-53　CIFAR-10数据集示例

2. 步骤 1：引入必要的库

训练卷积神经网络和训练全连接网络一样，要从 keras.models、keras.layers、keras.optimizers 和 keras.datasets 引入相应的类。由于网络中需要使用到卷积层、池化层和压平层，所以这里引入了 Conv2D、MaxPooling2D 和 Flatten 等类，如图 8-54 所示。同时，我们还需要使用 Keras 自带的读取 CIFAR-10 数据集的类。

3. 步骤 2：选择模型

初始化 Model 模型，得到模型对象 model，如图 8-55 所示。

```
1    import keras
2    from keras.models import Sequential
3    from keras.layers import Dense, Dropout, Flatten
4    from keras.layers import Conv2D, MaxPooling2D
5    from keras.optimizers import SGD
6    from keras.datasets import cifar10
7    import numpy as np
```

图8-54　引入相关库

```
10        model = Model()
```

图8-55　选择Model模型

4. 步骤 3：构建网络

如图 8-56 所示，这里构建了一个 9 层的卷积神经网络，这 9 层分别定义在行 14、15、17、20、21、23、26、27 和 29，注意：不能把 Dropout 视为单独一层！

```
10    model = Model()
11    #输入层，32*32*3的图片
12    inputs = Input(shape=(32,32,3))
13    #两层卷积层，包含了32个卷积核，大小为3*3
14    conv1 = Conv2D(32, (3, 3), activation='relu', padding='same')(inputs)
15    conv2 = Conv2D(32, (3, 3), activation='relu')(conv1)
16    #最大池化层，池化大小为2*2
17    mp1 = MaxPooling2D(pool_size=(2, 2))(conv2)
18    dropout1 = Dropout(0.25)(mp1)
19    #两个卷积层，包含64个卷积和，每个卷积核仍为3*3
20    conv3 = Conv2D(64, (3, 3), activation='relu', padding='same')(conv2)
21    conv4 = Conv2D(64, (3, 3), activation='relu')(conv3)
22    #池化层
23    mp2 = MaxPooling2D(pool_size=(2, 2))(conv4)
24    dropout2 = Dropout(0.25)(mp2)
25    #压平层和全连接层
26    flatten = Flatten()(dropout2)
27    dense1 =Dense(512, activation='relu')(flatten)
28    dropout3 = Dropout(0.5)(dense1)
29    dense2 =Dense(10, activation='softmax')(dropout3)
30    #定义输入和输出层
31    model = Model(inputs=inputs, outputs = dense2)
```

图8-56　构建卷积网络

第一二层都是卷积层。在 Keras 中，卷积层一般使用 Conv2D 类进行构建，其参数如表 8-1 所示，我们重点关注 filters、kernel_size、strides、padding 和 activation 这几个参数，它们分别代表卷积核的个数、卷积核的尺寸、步长、padding 类型和激活函数。我们在隐藏层使用 ReLU 作为激活函数，并且 kernel_size 统一为 3。

表 1　Conv2D 类构造函数参数表及其含义

参 数 名	含 义
filters	整数，卷积中滤波器的输出数量
kernel_size	指明 2D 卷积窗口的宽度和高度
strides	指明卷积沿宽度和高度方向的步长
padding	"valid" 或 "same" （大小写敏感）
data_format	字符串，channels_last（默认）或 channels_first 之一，表示输入中维度的顺序，前文已述及
dilation_rate	指定膨胀卷积的膨胀率
activation	要使用的激活函数。如果不指定，则不使用激活函数（即线性激活：$a(x)=x$）
use_bias	布尔值，该层是否使用偏置向量
kernel_initializer	kernel 权重值矩阵的初始化器
bias_initializer	偏置向量的初始化器
kernel_regularizer	运用到 kernel 权重值矩阵的正则化函数
bias_regularizer	运用到偏置向量的正则化函数
activity_regularizer	运用到层输出（它的激活值）的正则化函数
kernel_constraint	运用到 kernel 权重值矩阵的约束函数
bias_constraint	运用到偏置向量的约束函数

第三层是最大池化层，使用MaxPooling2D类构建，参数pool_size代表池化窗口（滑动块）的大小。

第四到第六层的结构和第一到第三层的基本一致，除了卷积层的卷积核数目变成了64。

第七层是一个压平层，将输入的数据展开为一维。这里不需要传入参数，因为Keras会自动计算输入的元素个数。最后是两个全连接层，最终输出为长度为10的一维向量。

行31指定了模型的输入层和输出层。

5. 步骤 4：网络训练设置和编译

如图8-57所示，这个部分同全连接项目一致，采用SGD作为优化器，采用categorical_crossentropy为损失函数。

```
33    sgd = SGD(lr=0.01, decay=1e-6)
34    model.compile(loss='categorical_crossentropy', optimizer=sgd)
```

图8-57　训练设置和编译

6. 步骤 5：数据准备

数据准备的代码如图8-58所示。

```
36    '''数据准备'''
37    (x_train,y_train),(x_test,y_test) = cifar10.load_data()
38    x_train = x_train/255
39    x_test = x_test/255
40    y_train = keras.utils.to_categorical(y_train,10)
41    y_test = keras.utils.to_categorical(y_test,10)
```

图8-58　数据准备

同MNIST一样，Keras也提供了读取cifar10数据集的方法（cifar10.load_data），返回的训练数据包含50000个样本，所以x_train的维度是（50000，32，32，3）。标签y_train保存了0到9十个数字，分别代表对应的物体分类。在训练卷积神经网络的过程中，我们通常会把输入归一化到0到1或者−1到1范围内，由于样本图片是RGB格式的，像素值范围是0到255，所以我们直接除以255进行归一化即可。在上个项目中，我们手动将一维的标签转换成二维one-hot向量，这次我们使用Keras自带的方法（keras.utils.to_categorical），也可以达到同样的目的，该方法有三个参数，第一个参数y代表需要转换成矩阵的类矢量，第二个参数num_classes代表总类别数，最后一个参数dtype代表所期望的数据类型（float32、float64、int32等），默认值为float32。

7. 步骤6：网络训练

如图8-59所示是网络训练的代码，我们这次没有设置验证集，即所有的训练集中的图片都会参与训练。图8-60为网络训练的输出，可以看到训练集上的损失持续在下降。

```
46    model.fit(x_train, y_train, batch_size=32, epochs=10)
```

图8-59　网络训练的代码

```
Epoch 1/10
50000/50000 [==============================] – 118s 2ms/step – loss: 2.1053
Epoch 2/10
50000/50000 [==============================] – 110s 2ms/step – loss: 1.7504
Epoch 3/10
50000/50000 [==============================] – 110s 2ms/step – loss: 1.5954
```

图8-60　网络训练的输出

8. 步骤7：模型测试

如图8-61所示，我们使用model.predict来预测测试集图片的准确率。

```
48    result = model.predict(x_test,batch_size=128,verbose=1)
49    result_max = np.argmax(result, axis = 1) #获得预测结果的序号
50    test_max = np.argmax(y_test, axis = 1) # 获得真实序号
51    result_bool = np.equal(result_max, test_max) # 找出预测结果和真实结果一致的样本
52    true_num = np.sum(result_bool) #正确结果的数量
53    print("The accuracy of the model is %f" % (true_num/len(result_bool))) # 验证结果的准确率
```

图8-61　模型测试

如图8-62所示，可以看到模型训练结束后，最终分类准确率接近65%。

The accuracy of the model is 0.649600

图8-62　测试结果

图8-63是实现对单张图片进行预测的代码。

如果要对单张图片进行预测，需要对图片进行维度处理。行58定义了类别名称数组，其元素顺序和数据集的类别序号对应。行59~61是在测试集中先选取序号为13的图片并将其reshape为正常三通道图片格式，然后通过cv2.imshow显示出来，可以看到是一匹马，如图8-64所示。行62~63是将图片归一化到0~1范围内，并reshape为（1，32，32，3），以满足网络对输入数据的格式要求。行64将图片数据传入model.predict方法中，得到概率向量test_result，

行66～67获得类别的序号，并进一步取得类别名称数组中对应的类别，最后在终端打印出来，如图8-65所示，显然，对这张图片的预测是正确的。

```
58  labels = ['airplane','car','bird','cat','deer','dog','frog','horse','ship','trunk']
59  test_image = (x_test[13, :, :, :].reshape(32, 32, 3) * 255).astype(np.uint8)
60  cv2.imshow("test_image", cv2.resize(test_image, (128,128)))
61  cv2.waitKey()
62  test_image = test_image/255
63  test_image = test_image.reshape(1, 32,32,3)
64  test_result = model.predict(test_image, batch_size=1)
65  print(test_result)
66  test_max = np.argmax(test_result, axis = 1) # 这是结果的真实序号
67  print(labels[test_max[0]])
```

图8-63　实现对单张图片预测的代码

图8-64　要预测的单张图片

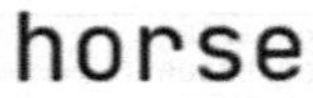

horse

图8-65　单张图片的预测结果

【任务拓展】

1. 本项目中的所有卷积层的卷积核大小都是3×3，同学们可以先尝试修改卷积层的参数（如kernel_size、strides等），然后再完整地执行整个程序，查看不同配置对训练结果的影响。

2. 本项目模型结构中Dropout层是为了防止过拟合而添加的，可尝试去掉部分Dropout层，查看其对拟合情况的影响。

3. 使用MNIST数据集训练CNN模型可达到优于全连接网络模型的结果，训练出好的模型之后，我们要跳出数据集来应用它。请大家尝试编写程序对图8-66左图中的每个数字进行识别，将识别结果标注在原数字旁，如图8-66右图所示。

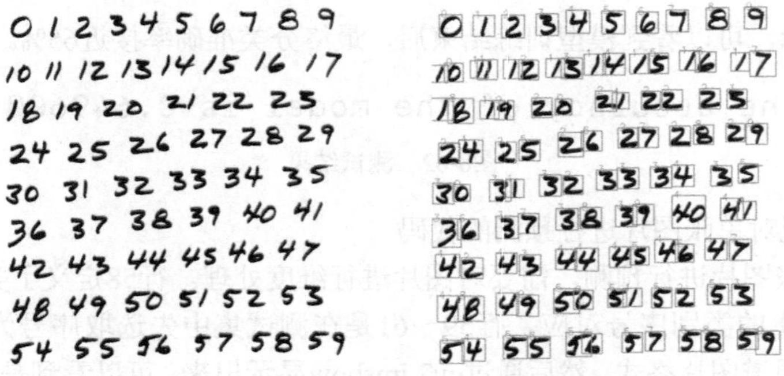

图8-66　任务拓展第3题的输入和输出

彩图

【项目小结】

通过本项目的学习和训练，学生应学会Keras在CIFAR-10图片分类数据集上的使用方法以及搭建和训练卷积神经网络（CNN）的方法。

8.3　课 后 习 题

一、单选题

1．1986年，深度学习之父Geoffrey Hinton提出了什么？（　　）

　　A、机器学习的概念　　　　　　　　　B、深度学习的概念

　　C、正向传播算法　　　　　　　　　　D、反向传播算法

2．ReLU激活函数可以解决什么问题？（　　）

　　A、梯度爆炸　　　　　B、梯度消失

3．图8-67中的神经网络有几个输入节点、输出节点和隐藏层？（　　）

　　A、1、2、2

　　B、2、1、4

　　C、1、1、2

　　D、2、2、2

4．如果多元函数的一阶偏导大于0，代表什么？（　　）

　　A、多元函数沿着这个方向是单调递增的

　　B、多元函数沿着这个方向是单调递减的

　　C、多元函数沿着这个方向可能递增也可能递减

　　D、多元函数沿着这个方向无变化

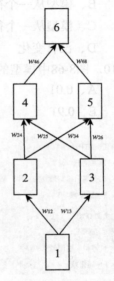

图8-67　一个简单的神经网络

5．从贝叶斯的角度来看，正则化相当于（　　）。

　　A、贝叶斯最大后验估计

　　B、贝叶斯最大先验估计

　　C、贝叶斯最大后验估计中的先验信息

　　D、贝叶斯最大后验估计中的似然函数

6．L0正则化可以解决什么问题？（　　）

　　A、表达一个向量/矩阵的稀疏性

　　B、表达向量/矩阵中大于 0 元素的个数

　　C、表达向量/矩阵中小于 0 元素的个数

　　D、如果我们用 L0 范数来正则化一个参数矩阵 W 的话，就是希望 W 的大部分元素都不是 0

7．在损失函数中添加正则化项可以降低模型复杂度，减小过拟合的风险，请问L1正则

化项是以下的哪个？（ ）

  A、模型中非零元素的个数   B、模型中零元素的个数

  C、模型权重值的绝对值之和   D、模型权重值的平方和

8．深度学习中，过拟合指的是？（ ）

  A、训练集损失不断提高，测试集损失不断下降

  B、训练集损失不断下降，测试集损失不断提高

  C、训练集损失不断提高，测试集损失不断提高

  D、训练集损失不断下降，测试集损失不断下降

9．将给定模型的所有预测结果都乘以 2.0，例如，如果模型预测的结果为 0.4，我们将其乘以 2.0 得到 0.8，会使按 AUC 衡量的模型效果产生何种变化？（ ）

  A、模型从一个很差的模型，变成一个效果一般的模型

  B、模型从一个很差的模型，变成一个效果很好的模型

  C、模型从一个很差的模型，变成一个效果完美的模型

  D、没有变化

10．图8-68中模型的准确率是多少？（ ）

  A、0.01   B、0.08   C、0.09   D、0.90

  E、0.91   F、0.98   G、1.00

真正例 (TP)：	假正例 (FP)：
• 真实情况：恶性	• 真实情况：良性
• 机器学习模型预测的结果：恶性	• 机器学习模型预测的结果：恶性
• TP 结果数：1	• FP 结果数：1
假负例 (FN)：	真负例 (TN)：
• 真实情况：恶性	• 真实情况：良性
• 机器学习模型预测的结果：良性	• 机器学习模型预测的结果：良性
• FN 结果数：8	• TN 结果数：90

图8-68 用于计算准确率

二、多选题

1．关于导数、偏导数和梯度，以下说法中不正确的是（ ）。

  A、一个函数在某一点的导数描述了该函数在这一点附近的变化率

  B、梯度表示了函数在某点处沿着哪一个方向增加的速度最慢

  C、二元函数中，x 方向上的偏导实际上就是把 y 固定在 y_0 即看成常数后，一元函数 $z=f(x,y_0)$ 在 x_0 处的导数

  D、梯度是标量

  E、狭义并且笼统地说，导数可以作为衡量函数图像下降或上升快慢的工具

2．以下关于正则化的说法中不正确的是（ ）。

  A、只有 L0、L1、L2 三种正则化方法

B、L2 正则化的思想是减少模型中的非零参数值的计数

C、A=[0, 2, −3; 0, −6, 6]的 L0 范数是 6

D、L2 正则化关注权重绝对值之和的大小

E、L1 正则化可以产生稀疏模型，为的是特征选择，不能用于防止过拟合

F、L2 正则化关注权重值平方和的大小

G、L1、L2 正则化都可以防止过拟合

3. 以下关于激活函数的说法中，不正确的是（　　）。

A、激活函数是一种线性函数　　　　　　B、激活函数是一种非线性函数

C、激活函数用于解决线性问题　　　　　D、激活函数用于解决非线性问题

4. 以下关于人工神经网络的说法中，正确的是（　　）。

A、人工神经网络由神经元、细胞、触点构成

B、人工神经网络又叫 Biological Neural Networks

C、人工神经网络是一种模仿动物神经网络行为特征（类似于大脑神经突触联接的结构），进行信息处理的算法数学模型

D、人工神经网络的层包括输入层和输出层，可以没有隐藏层

E、人工神经网络同层中的节点通常来说会互相连接

F、人工神经网络中可能包含多个激活函数，但这些激活函数需要是同一类型的

8.4　本　章　小　结

通过本章的学习和训练，学生应理解神经网络的基本构成和相关概念，能够搭建简单的全连接神经网络和卷积神经网络并获取网络数据集对它们进行训练，能够使用训练好的模型去预测新图片的结果。图8-69所示是第8章的思维导图。

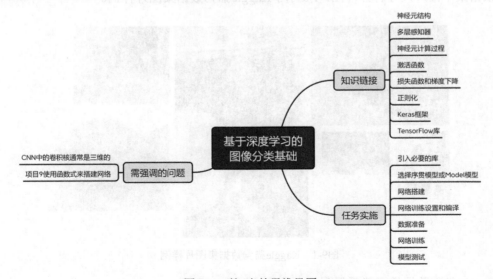

图8-69　第8章的思维导图

第9章 复杂深度学习项目的规范写法

上一章的两个项目，均是基于Keras内置的数据集进行训练和预测的。现实中更多的情况是需要针对自己的任务来准备特定的数据，将数据保存在本地，再由程序读取并用来训练。

神经网络是一种强大的模型，用于模拟人类大脑的计算过程，其内部的推理过程非常复杂。为了更好地理解神经网络的中间结果和推理过程，我们可以使用可视化工具，将神经网络络的中间结果以图形方式呈现给读者。我们在项目10中将进行此类尝试。

9.1 项目10 基于本地数据的猫狗图像分类

【项目导入】

我们在本章就来实现基于本地数据的猫狗图像分类项目，其功能主要包括基于Keras的数据预处理、模型评价、模型保存、模型评价结果可视化和神经网络可视化等。相比上一章的两个项目，本项目要复杂一些，所以我们要对代码进行更加有效的组织，将它们分配到多个Python文件中，并对每个Python文件进行规范注释。

【项目任务】

本章的项目任务是对猫狗图像进行二分类。我们将使用Kaggle猫狗数据集，从零开始搭建一个卷积神经网络模型，然后使用该模型对猫狗图片进行二分类。Kaggle猫狗数据集包含25000张猫和狗的图片。下载该数据集需要注册Kaggle账号，其链接为https://www.kaggle.com/c/dogs-vs-cats/data。

数据集中图片尺寸各异，图9-1展示了Kaggle猫狗数据集图片样例。

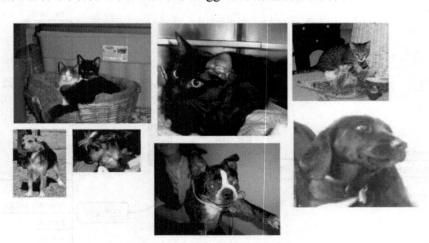

图9-1　Kaggle猫狗数据集图片样例

Kaggle猫狗数据集下载后得到的文件结构如图9-2所示。

名称	修改日期	类型	大小
sampleSubmission	2021/6/29 14:52	XLS 工作表	87 KB
test1	2021/6/29 14:55	WinRAR ZIP 压缩…	277,658 KB
train	2021/6/29 15:01	WinRAR ZIP 压缩…	556,198 KB

图9-2　Kaggle猫狗数据集下载后的文件结构

将图9-2中的文件解压，得到train和test1文件夹。本项目在Kaggle原始数据集中选择4000 张猫和狗的图像，其中包括2000 张猫的图像和2000 张狗的图像。将2000 张图像用于训练、1000 张用于验证、1000张用于测试。

【项目目标】

1.　知识目标

（1）了解Keras的数据预处理API及其使用方法。

（2）了解Keras的模型保存、结果可视化的方法。

2.　技能目标

（1）能够基于TensorFlow、Keras完成数据预处理。

（2）能够基于TensorFlow、Keras完成模型构建。

（3）能够基于TensorFlow、Keras完成模型训练、模型评价和模型保存。

（4）能够基于TensorFlow、Keras完成模型评价结果可视化。

（5）能够基于TensorFlow、Keras完成模型使用。

3.　职业素养目标

（1）培养学生严谨、细致、规范的职业素质。

（2）培养学生团队协作和表达沟通能力。

（3）培养学生跟踪新技术和创新设计能力。

（4）培养学生的技术标准意识、操作规范意识和服务质量意识等。

【知识链接】

使用 TensorFlow 和 Keras 开发计算机视觉模型项目介绍

本项目使用的主要类、方法和函数介绍如下。

1.　ImageDataGenerator 类

一般来说图像数据预处理包含以下步骤：

（1）读取图像文件。

（2）将图像文件解码为RGB像素网格。

（3）将RGB像素网格转化为浮点型张量。

（4）将浮点型张量的值从0～255缩放至0～1的区间。

项目使用的主要类、方法和函数

Keras通过keras.preprocessing.image模块的ImageDataGenerator类实现上述步骤。该类以按批次循环的方式生成图像数据，支持实时数据增强。数据增强是从现有的训练样本中通过随机变换（如裁剪、平移、旋转、模糊等）生成新的训练数据，模型在训练时不会两次看到同样的图像（但变换后的图像与原图像仍然高度相关），使得模型可以学习更多数据的内容，以提高泛化能力。使用该类在训练时可以无限生成数据，直到达到训练设定的迭代次数为止。

特别地，本项目使用了该类的flow_from_directory方法。flow_from_directory方法用于生成增强后的批次数据。

2. fit_generator 方法和 evaluate_generator 方法

fit_generator方法用于训练模型，evaluate_generator方法用于评价模型。以fit_generator方法为例，它的第一个参数是一个Python生成器，可以不停地生成输入和目标组成的批量。因为数据是不断生成的，所以Keras模型要知道每一轮需要从生成器中抽取多少个样本。这是steps_per_epoch参数的作用：从生成器中抽取steps_per_epoch个批量后（即运行了steps_per_epoch次梯度下降），拟合过程将进入下一个轮次。例如如果数据集含有2000个样本，每个批量包含20个样本，则读取完所有2000个样本需要100个批量（steps_per_epoch=100）。使用fit_generator时，可以传入一个validation_data参数，其作用和在fit方法中类似。值得注意的是，这个参数可以是一个数据生成器，但也可以是由Numpy数组组成的元组。如果向validation_data传入一个生成器，那么这个生成器应该能够不停地生成验证批量，因此你还需要指定validation_steps参数，说明需要从验证生成器中抽取多少个批量用于评估。fit_generator方法和evaluate_generator方法与上一章使用的fit和evalaute的不同之处在于它们不会一次把所有图片读入内存，而是根据生成器定义好的规则，依次读入，从而降低了对内存容量的要求。

3. EarlyStopping 类、ModelCheckpoint 类和 ReduceLROnPlateau 类

EarlyStopping类用于实现训练的早停法，即在训练过程中，若被监控的指标不再提升，则停止训练。ModelCheckpoint类用于保存模型。如果设置了save_best_only参数的取值为"True"，则只保存最优模型。ReduceLROnPlateau类用于当评价指标不再提升时，减少学习率。如图9-3所示，该设置中，监控指标为验证集损失；因子为0.2，即每次更新的学习率=原学习率×(1-0.2)；等待的迭代数为5，即如果5次迭代中验证集损失未下降，则降低学习率；最小学习率为0.001，即学习率降低至0.001后不再下降。

```
reduce_lr = ReduceLROnPlateau(monitor='val_loss', factor=0.2,
                              patience=5, min_lr=0.001)
```

图9-3　设置动态学习率

4. 本项目使用的其他函数

load_img函数用于读取图片。img_to_array函数用于将图片转换为Numpy数组。ResNet50函数用于构建ResNet50网络结构。load_model函数用于加载已有模型。

关于TensorFlow和Keras的更多知识可以参考以下资料：

- https://www.tensorflow.org/?hl=zh-cn；
- https://keras.io/getting_started/；
- https://github.com/tensorflow/tensorflow；

● https://github.com/keras-team/keras。

【项目准备】

1．硬件条件

（1）一台计算机。

（2）一台GPU服务器（最好有）。

2．软件条件

（1）Windows 10，64位。

（2）PyCharm Windows社区版，Version: 2021.2.1，Build: 212.5080.64。

（3）Anaconda创建的Python 3.6.10环境。

（4）TensorFlow (CPU版) 1.14.0或TensorFlow (GPU版) 1.14.0。

（5）Keras 2.2.5。

（6）OpenCV-Python 4.5.3.56、Numpy 1.19.5、Matplotlib 3.3.4等。

3．其他条件

已预先初步掌握以下知识。

（1）卷积神经网络。包括卷积神经网络的概念、特征图、卷积运算、池化等。

（2）数据预处理。包括图像缩放、图像增强等。

（3）模型训练的常用策略。包括从头开始训练、使用预训练的模型进行特征提取、对预训练的模型进行微调等。

【任务实施】

1．项目任务概述

本项目包含以下9项任务。其中任务1至8顺序完成代码编写，任务9执行main.py以运行项目程序，流程如图9-4所示。

2．步骤1：项目搭建

使用PyCharm搭建项目框架，本项目共包含四个文件，如图9-5所示。

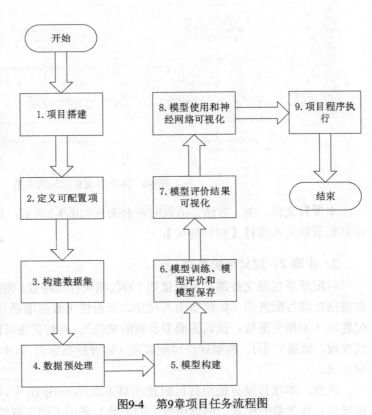

图9-4　第9章项目任务流程图

各文件描述如下：

（1）config.py。config.py文件为项目的配置文件，用于配置数据集路径、模型超参数等配置项。

（2）dataset.py。dataset.py文件封装了对本项目数据（集）的相关操作，包括从下载的Kaggle数据集中构建本项目训练集、验证集和测试集，返回本项目训练集、验证集和测试集路径；构建并返回训练集、验证集、测试集数据生成器；将原始图像转化为张量并返回。

（3）main.py。main.py文件封装了本项目的主函数，通过调用封装在config.py、dataset.py、model.py文件中的类、方法和函数，完成本项目的8项任务（即步骤2～步骤9）。

图9-5　本项目文件目录

（4）model.py。model.py文件封装了对模型的相关操作，包括：模型构建、模型训练、模型保存、模型评价、模型评价结果可视化、神经网络可视化。

本项目文件之间的关系如图9-6所示。

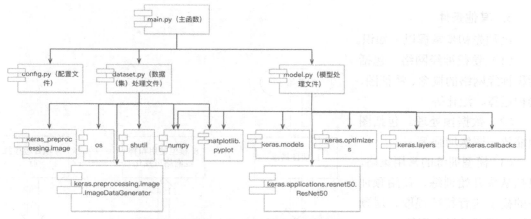

图9-6　本项目文件之间的关系

本项目文件、类、方法、函数的映射关系如图9-7所示，其中类、方法、函数的具体定义和说明请参见本项目【知识链接】。

3. 步骤2：定义可配置项

可配置项包括文件路径可配置项（如数据集存储路径、模型存储路径）、数据预处理可配置项（如模型输入尺寸、是否使用数据增强）、模型构建可配置项（如损失函数、预训练模型参数的来源）、模型训练可配置项（如迭代次数、批量大小）、模型评价可配置项（如评价指标）。本步骤在config.py中完成。

项目搭建及定义可配置项

注意，本项目没有把所有可配置项都提取到config.py中，项目中仍然有一些项（如对数据增强具体参数的配置、回调函数中的参数）采用了固定取值，读者可自行修改，使其也成为可配置项。

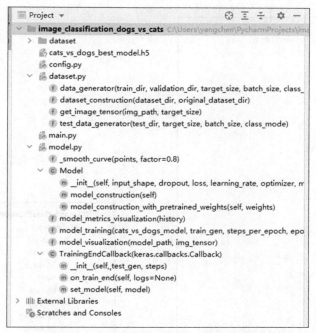

图9-7 本项目文件、类、方法、函数的映射关系

（1）定义本项目使用的文件路径（config.py），如图9-8所示。

（2）定义模型输入（config.py），如图9-9所示。

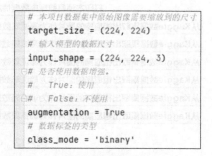

```
# 本项目数据集路径
dataset_dir = 'dataset'
# 下载解压后的Kaggle数据集train文件夹路径
original_dataset_dir = 'D:/dataset/dogs-vs-cats/train'
# 在本项目数据集中任选一张图片，供模型可视化时使用
img_path = 'dataset/test/cats/cat.1500.jpg'
# 已训练完成的模型的路径
model_path = 'cats_vs_dogs_best_model.h5'
```

图9-8 本项目使用的文件路径

```
# 本项目数据集中原始图像需要缩放到的尺寸
target_size = (224, 224)
# 输入模型的数据尺寸
input_shape = (224, 224, 3)
# 是否使用数据增强
#   True: 使用
#   False: 不使用
augmentation = True
# 数据标签的类型
class_mode = 'binary'
```

图9-9 模型输入

（3）定义模型及模型训练时的配置项（config.py），如图9-10所示。

4. 步骤3：构建数据集

构建数据集

为本项目数据集构建如图9-11所示的文件目录结构，然后从原始的 Kaggle猫狗数据集中选择4000 张猫和狗的图像，其中包括2000 张猫的图像、2000 张狗的图像。按照2000 张图像用于训练、1000 张用于验证、1000 张用于测试的比例进行划分，并将划分后的图像存入相应的文件夹（在 config.py中进行路径配置）。

构建数据集主要通过自定义的dataset_construction函数实现。该函数实现的功能如图9-12 所示。

```
# 损失函数
loss = 'binary_crossentropy'
# 在imagenet上预训练的模型权重
weights = "imagenet"
# dropout层丢弃率
dropout = 0.5
# 学习率
learning_rate = 1e-4
# 优化器
optimizer = 'Adam'

# 迭代次数
epochs = 30
# 批大小
batch_size = 50
# 训练集每次迭代步数 = 训练集数据总数量 / 批大小
steps_per_epoch = 40
# 验证集每次迭代步数 = 验证集数据总数量 / 批大小
validation_steps = 20
# 测试集每次迭代步数 = 测试集数据总数量 / 批大小
test_steps = 20

# 评价指标
metrics = ['acc']
```

图9-10　模型及模型训练时的配置项

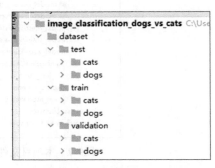

图9-11　本项目数据集的文件目录

图9-12　dataset_construction函数功能列表

具体地，构建数据集的实现可以进一步分解为以下步骤。

（1）导入需要引用的Python模块（dataset.py），如图9-13所示。

（2）构建数据集函数dataset_construction（dataset.py），如图9-14所示。

```python
def dataset_construction(dataset_dir, original_dataset_dir):
    """ 从下载的Kaggle数据集中构建本项目训练集、验证集和测试集

    :param dataset_dir: 本项目数据集路径
    :param original_dataset_dir: 下载解压后的Kaggle数据集train文件夹路径
    :return:
        train_dir: 训练集路径
        validation_dir: 验证集路径
        test_dir: 测试集路径
    """
```

```python
import os
import shutil
```

图9-13　需要引入的Python模块

图9-14　数据集函数dataset_construction

（3）实现创建数据集文件根目录的功能（dataset.py-dataset_construction函数），如图9-15所示。

（4）实现创建训练集相关文件目录的功能（dataset.py-dataset_construction函数），如图9-16所示。

```
# 如果已存在相关目录，则删除
if os.path.exists(dataset_dir):
    shutil.rmtree(dataset_dir)
# 创建数据集的目录
os.mkdir(dataset_dir)
```

图9-15 创建数据集文件根目录

```
# 定义训练集存储路径
train_dir = os.path.join(dataset_dir, 'train')
# 根据训练集路径创建训练集文件夹
os.mkdir(train_dir)
# 定义训练集中猫图片存储路径
train_cats_dir = os.path.join(train_dir, 'cats')
# 根据训练集中猫图片存储路径创建训练集文件夹
os.mkdir(train_cats_dir)
# 定义训练集中狗图片存储路径
train_dogs_dir = os.path.join(train_dir, 'dogs')
# 根据训练集中狗图片存储路径创建训练集文件夹
os.mkdir(train_dogs_dir)
```

图9-16 创建训练集相关文件目录

（5）实现创建验证集相关文件目录的功能（dataset.py-dataset_construction函数），如图9-17所示。

（6）实现创建测试集相关文件目录的功能（dataset.py-dataset_construction函数），如图9-18所示。

```
# 定义验证集存储路径
validation_dir = os.path.join(dataset_dir, 'validation')
# 根据验证集路径创建验证集文件夹
os.mkdir(validation_dir)
# 定义验证集中猫图片存储路径
validation_cats_dir = os.path.join(validation_dir, 'cats')
# 根据验证集中猫图片存储路径创建验证集文件夹
os.mkdir(validation_cats_dir)
# 定义验证集中狗图片存储路径
validation_dogs_dir = os.path.join(validation_dir, 'dogs')
# 根据验证集中狗图片存储路径创建验证集文件夹
os.mkdir(validation_dogs_dir)
```

图9-17 创建验证集相关文件目录

```
# 定义测试集存储路径
test_dir = os.path.join(dataset_dir, 'test')
# 根据测试集路径创建测试集文件夹
os.mkdir(test_dir)
# 定义测试集中猫图片存储路径
test_cats_dir = os.path.join(test_dir, 'cats')
# 根据测试集中猫图片存储路径创建测试集文件夹
os.mkdir(test_cats_dir)
# 定义测试集中狗图片存储路径
test_dogs_dir = os.path.join(test_dir, 'dogs')
# 根据测试集中狗图片存储路径创建测试集文件夹
os.mkdir(test_dogs_dir)
```

图9-18 创建测试集相关文件目录

（7）实现从Kaggle数据集取出相应猫的图片作为训练集数据的功能（dataset.py-dataset_construction函数），如图9-19所示。

```
# 根据Kaggle数据集文件命名的特征，定义一个列表。
# 列表中包含了Kaggle数据集train文件夹下1-1000猫图片的文件名。
# 这1000张猫图片用于构建本项目的训练集。
cat_file_names = ['cat.{}.jpg'.format(i) for i in range(1000)]
# 对这1000张猫图片的文件名进行循环
for cat_file_name in cat_file_names:
    # 定义该猫图片文件的源路径
    src = os.path.join(original_dataset_dir, cat_file_name)
    # 定义该猫图片文件保存的目标路径
    dst = os.path.join(train_cats_dir, cat_file_name)
    # 将该猫图片文件从源路径复制到目标路径
    shutil.copyfile(src, dst)
```

图9-19 从Kaggle数据集取出相应猫的图片作为训练集数据

（8）实现从Kaggle数据集取出相应狗的图片作为训练集数据的功能（dataset.py-dataset_construction函数），如图9-20所示。

（9）实现从Kaggle数据集取出相应猫的图片作为验证集数据的功能（dataset.py-dataset_construction函数），如图9-21所示。

```python
# 根据Kaggle数据集文件命名的特征，定义一个列表。
# 列表中包含了Kaggle数据集train文件夹下1-1000狗图片的文件名。
# 这1000张狗图片用于构建本项目的训练集。
dog_file_names = ['dog.{}.jpg'.format(i) for i in range(1000)]
# 对这1000张图片的文件名进行循环
for dog_file_name in dog_file_names:
    # 定义该图片文件的源路径
    src = os.path.join(original_dataset_dir, dog_file_name)
    # 定义该图片文件保存的目标路径
    dst = os.path.join(train_dogs_dir, dog_file_name)
    # 将该狗图片文件从源路径复制到目标路径
    shutil.copyfile(src, dst)
```

图9-20　从Kaggle数据集取出相应狗的
图片作为训练集数据

```python
# 根据Kaggle数据集文件命名的特征，定义一个列表。
# 列表中包含了Kaggle数据集train文件夹下1001-1500猫图片的文件名。
# 这500张猫图片用于构建本项目的验证集。
cat_file_names = ['cat.{}.jpg'.format(i) for i in range(1000, 1500)]
# 对这500张图片的文件名进行循环
for cat_file_name in cat_file_names:
    # 定义该图片文件的源路径
    src = os.path.join(original_dataset_dir, cat_file_name)
    # 定义该图片文件保存的目标路径
    dst = os.path.join(validation_cats_dir, cat_file_name)
    # 将该猫图片文件从源路径复制到目标路径
    shutil.copyfile(src, dst)
```

图9-21　从Kaggle数据集取出相应猫的
图片作为验证集数据

（10）实现从Kaggle数据集取出相应狗的图片作为验证集数据的功能（dataset.py-dataset_construction函数），如图9-22所示。

（11）实现从Kaggle数据集取出相应猫的图片作为测试集数据的功能（dataset.py-dataset_construction函数），如图9-23所示。

```python
# 根据Kaggle数据集文件命名的特征，定义一个列表。
# 列表中包含了Kaggle数据集train文件夹下1001-1500狗图片的文件名。
# 这500张狗图片用于构建本项目的验证集。
dog_file_names = ['dog.{}.jpg'.format(i) for i in range(1000, 1500)]
# 对这500张图片的文件名进行循环
for dog_file_name in dog_file_names:
    # 定义该图片文件的源路径
    src = os.path.join(original_dataset_dir, dog_file_name)
    # 定义该图片文件保存的目标路径
    dst = os.path.join(validation_dogs_dir, dog_file_name)
    # 将该狗图片文件从源路径复制到目标路径
    shutil.copyfile(src, dst)
```

图9-22　从Kaggle数据集取出相应狗的
图片作为验证集数据

```python
# 根据Kaggle数据集文件命名的特征，定义一个列表。
# 列表中包含了Kaggle数据集train文件夹下1501-2000猫图片的文件名。
# 这500张猫图片用于构建本项目的测试集。
cat_file_names = ['cat.{}.jpg'.format(i) for i in range(1500, 2000)]
# 对这500张猫图片的文件名进行循环
for cat_file_name in cat_file_names:
    # 定义该猫图片文件的源路径
    src = os.path.join(original_dataset_dir, cat_file_name)
    # 定义该猫图片文件保存的目标路径
    dst = os.path.join(test_cats_dir, cat_file_name)
    # 将该猫图片文件从源路径复制到目标路径
    shutil.copyfile(src, dst)
```

图9-23　从Kaggle数据集取出相应猫的
图片作为测试集数据

（12）实现从Kaggle数据集取出相应狗的图片作为测试集数据的功能（dataset.py-dataset_construction函数），如图9-24所示。

（13）实现打印本项目数据集数据情况的功能（dataset.py-dataset_construction函数），如图9-25所示。

```python
# 根据Kaggle数据集文件命名的特征，定义一个列表。
# 列表中包含了Kaggle数据集train文件夹下1501-2000狗图片的文件名。
# 这500张狗图片用于构建本项目的测试集。
dog_file_names = ['dog.{}.jpg'.format(i) for i in range(1500, 2000)]
# 对这500张图片的文件名进行循环
for dog_file_name in dog_file_names:
    # 定义该图片文件的源路径
    src = os.path.join(original_dataset_dir, dog_file_name)
    # 定义该图片文件保存的目标路径
    dst = os.path.join(test_dogs_dir, dog_file_name)
    # 将该狗图片文件从源路径复制到目标路径
    shutil.copyfile(src, dst)
```

图9-24　从Kaggle数据集取出相应狗的
图片作为测试集数据

```python
# 打印本项目训练集中猫图片的数量
print('total training cat images:', len(os.listdir(train_cats_dir)))
# 打印本项目训练集中狗图片的数量
print('total training dog images:', len(os.listdir(train_dogs_dir)))
# 打印本项目验证集中猫图片的数量
print('total validation cat images:', len(os.listdir(validation_cats_dir)))
# 打印本项目验证集中狗图片的数量
print('total validation dog images:', len(os.listdir(validation_dogs_dir)))
# 打印本项目测试集中猫图片的数量
print('total testing cat images:', len(os.listdir(test_cats_dir)))
# 打印本项目测试集中狗图片的数量
print('total testing dog images:', len(os.listdir(test_dogs_dir)))
```

图9-25　打印本项目数据集数据情况

（14）定义dataset_construction函数的返回值：返回本项目训练集路径、验证集路径、测试集路径（dataset.py-dataset_construction函数），如图9-26所示。

```
# 返回本项目训练集路径、验证集路径、测试集路径
return train_dir, validation_dir, test_dir
```

图9-26 dataset_construction函数的返回值

（15）在主函数中调用并打印相关信息（main.py），如图9-27所示。

```
if __name__ == '__main__':
    print("构建训练集、验证集和测试集, 返回训练集路径、验证集路径、测试集路径")
    input("Press Enter to continue...")
    # 构建训练集、验证集和测试集, 返回训练集路径、验证集路径、测试集路径
    train_dir, validation_dir, test_dir = dataset.dataset_construction(
        config.dataset_dir,
        config.original_dataset_dir)
    print("训练集路径: %s; 验证集路径: %s; 测试集路径: %s" % (train_dir, validation_dir, test_dir))
    print()
```

图9-27 调用并打印相关信息

5. 步骤4：数据预处理

数据集构建完毕后，相应的图片已经划分到了各个文件夹。考虑到数据集中图片尺寸不一，并且将所有数据一次性读入内存开销较大，此时需要构建训练集、验证集、测试集的数据生成器。通过在config.py中配置，可以指定每次以什么尺寸（如224×224）、读入多少数据（如100张图片）、解决什么问题（如二分类问题）。数据预处理主要通过自定义的data_generator、test_data_generator两个函数实现。data_generator函数、test_data_generator函数实现的功能如图9-28所示。

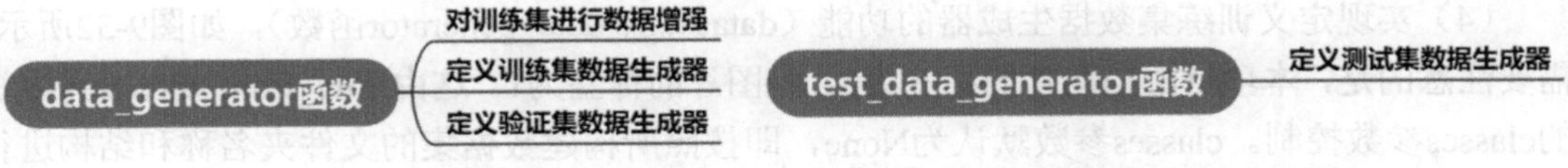

数据预处理

data_generator函数 —— 对训练集进行数据增强 / 定义训练集数据生成器 / 定义验证集数据生成器

test_data_generator函数 —— 定义测试集数据生成器

图9-28 data_generator函数、test_data_generator函数功能列表

具体地，数据预处理的实现可以进一步分解为以下步骤。

（1）导入需要引入的Python模块（dataset.py），如图9-29所示。

```
from keras.preprocessing.image import ImageDataGenerator
```

图9-29 需要引入的Python模块

（2）构建训练集、验证集生成器函数（dataset.py），如图9-30所示。之所以把训练集、验证集生成器的创建放在同一个函数里，是因为训练和验证在学习阶段是同阶段交叉进行的，而测试是在训练和验证结束后才进行的，所以后面为构建测试集生成器单独创建了一个函数。

（3）实现对训练集进行数据增强的功能（dataset.py-data_generator函数），如图9-31所示。

```
def data_generator(train_dir, validation_dir, target_size, batch_size, class_mode, augmentation):
    """ 按config.py中设置的配置读取数据及预处理。然后返回训练集数据生成器和验证集数据生成器

    :param train_dir: 训练集路径
    :param validation_dir: 验证集路径
    :param target_size: 原始图片缩放后的大小
    :param batch_size: 批次大小
    :param class_mode: 数据标签的类型
    :param augmentation: 是否对训练集进行数据增强
    :return:
        train_gen: ImageDataGenerator对象，训练集数据生成器
        validation_gen: ImageDataGenerator对象，验证集数据生成器
    """
```

图9-30　训练集、验证集生成器函数

```
# 如果对训练集进行数据增强
if augmentation:
    # 定义ImageDataGenerator对象，该对象用于获得训练集数据生成器，并设置：
    #    rescale: 对图片的每一个像素进行缩放，将其值乘以1./255，其中1.可以将像素值的数据类型转换为浮点型
    #    rotation_range: 图片旋转角度的范围
    #    width_shift_range: 图片水平偏移的幅度
    #    height_shift_range: 图片竖直偏移的幅度
    #    shear_range: 图片剪切变换的程度
    #    zoom_range: 图片缩放的幅度
    #    horizontal_flip: 是否对图片进行水平翻转
    train_data_gen = ImageDataGenerator(
        rescale=1. / 255,
        rotation_range=40,
        width_shift_range=0.2,
        height_shift_range=0.2,
        shear_range=0.2,
        zoom_range=0.2,
        horizontal_flip=True
    )
# 如果不对训练集进行数据增强
else:
    # 定义ImageDataGenerator对象，该对象用于获得训练集数据生成器，并设置：
    #    rescale: 对图片的每一个像素进行缩放，将其值乘以1./255，其中1.可以将像素值的数据类型转换为浮点型
    train_data_gen = ImageDataGenerator(rescale=1. / 255)
```

图9-31　对训练集进行数据增强

（4）实现定义训练集数据生成器的功能（dataset.py-data_generator函数），如图9-32所示。需要注意的是，本项目中猫图片的标签为0，狗图片的标签为1。这由flow_from_directory方法的classes参数控制。classes参数默认为None，即按照所构建数据集的文件夹名称和结构进行自动推理（按字母数字排序），数据集中每一个文件夹都将被视为一个不同的类别。

```
# 调用flow_from_directory方法，返回一个DirectoryIterator对象，以获得训练集数据生成器
# 该对象生成(x, y)元组。
#    其中x是一个NumPy数组，其形状为(batch_size, *target_size, channels)，包含了一个批次中的图片信息
#    y是一个NumPy数组，包含了一个批次中图片对应的标签
train_gen = train_data_gen.flow_from_directory(
    train_dir,
    target_size=target_size,
    batch_size=batch_size,
    class_mode=class_mode)
```

图9-32　定义训练集数据生成器

（5）实现定义验证集数据生成器的功能（dataset.py-data_generator函数），如图9-33所示。

（6）定义data_generator函数的返回值：返回训练集数据生成器、验证集数据生成器（dataset.py-data_generator函数），如图9-34所示。

```
#  定义ImageDataGenerator对象，该对象用于获得验证集数据生成器，并设置：
#    rescale：对图片的每一个像素进行缩放，将其值乘以1./255，其中1.可以将像素值的数据类型转换为浮点型
#  注意：验证集不应进行数据增强
validation_data_gen = ImageDataGenerator(rescale=1. / 255)
#  调用flow_from_directory方法，返回一个DirectoryIterator对象，以获得验证集数据生成器
#  该对象生成(x, y)元组。
#    其中x是一个NumPy数组，其形状为(batch_size, *target_size, channels)，包含了一个批次中的图片信息
#    y是一组NumPy数组，包含了一个批次中图片对应的标签
validation_gen = validation_data_gen.flow_from_directory(
    validation_dir,
    target_size=target_size,
    batch_size=batch_size,
    class_mode=class_mode)
```

图9-33　定义验证集数据生成器

（7）构建测试集生成器函数（dataset.py），如图9-35所示。

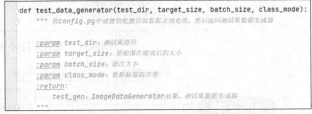

```
# 返回训练集数据生成器、验证集数据生成器
return train_gen, validation_gen
```

图9-34　data_generator函数的返回值　　　　图9-35　测试集生成器函数

（8）实现定义测试集数据生成器的功能（dataset.py-test_data_generator函数），如图9-36所示。

（9）定义test_data_generator函数的返回值：返回测试集数据生成器（dataset.py-test_data_generator函数），如图9-37所示。

```
#  定义ImageDataGenerator对象，该对象用于获得测试集数据生成器，并设置：
#    rescale：对图片的每一个像素进行缩放，将其值乘以1./255，其中1.可以将像素值的数据类型转换为浮点型
#  注意：测试集不应进行数据增强
test_data_gen = ImageDataGenerator(rescale=1. / 255)
#  调用flow_from_directory方法，返回一个DirectoryIterator对象，以获得测试集数据生成器
#  该对象生成(x, y)元组。
#    其中x是一个NumPy数组，其形状为(batch_size, *target_size, channels)，包含了一个批次中的图片信息
#    y是一组NumPy数组，包含了一个批次中图片对应的标签
test_gen = test_data_gen.flow_from_directory(
    test_dir,
    target_size=target_size,
    batch_size=batch_size,
    class_mode=class_mode)
```

```
# 返回测试集数据生成器
return test_gen
```

图9-36　定义测试集数据生成器　　　　图9-37　test_data_generator函数的返回值

（10）在主函数中调用并打印相关信息（main.py），如图9-38所示。

6. 步骤5：模型构建

模型构建

数据预处理之后需要按照config.py中的配置构建相应的深度学习模型，此步骤包含两种类型的模型：不基于预训练模型构建模型的方法和基于预训练模型（ResNet50）构建模型的方法。完成后编译模型，并打印构造模型的结构（可视化）。模型构建主要通过自定义的model类实现。model类包含初始化方法（__init__）、不基于预训练模型构建模型的方法（model_construction）、基于预训练模型构建模型的方法（model_construction_with_ pretrained_weights）。model类及其类方法实现的功能如图9-39所示。

```
print("构建并返回训练集、验证集、测试集数据生成器")
input("Press Enter to continue...")
# 构建并返回训练集、验证集数据生成器
train_gen, validation_gen = dataset.data_generator(
    train_dir,
    validation_dir,
    config.target_size,
    config.batch_size,
    config.class_mode,
    config.augmentation)
print("训练集数据生成器: %s; 验证集数据生成器: %s" % (train_gen, validation_gen))

# 构建并返回测试集数据生成器
test_gen = dataset.test_data_generator(
    test_dir,
    config.target_size,
    config.batch_size,
    config.class_mode)
print("测试集数据生成器: %s" % test_gen)
print()
```

图9-38　调用并打印相关信息

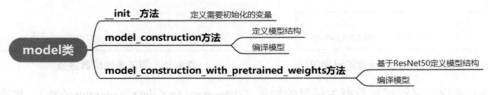

图9-39　model类及其类方法功能列表

具体地，模型构建的实现可以进一步分解为以下步骤。

（1）导入需要引用的Python模块（model.py），如图9-40所示。

（2）定义模型类（model.py），如图9-41所示。

```
from keras import layers
from keras import models
from keras import optimizers
from keras.applications.resnet50 import ResNet50
```

图9-40　需要引入的Python模块

```
class Model:
    """ 模型类, 用于构建模型
    """
```

图9-41　定义模型类

（3）定义模型类的初始化方法（model.py），如图9-42所示。

```
def __init__(self, input_shape, dropout, loss, learning_rate, optimizer, metrics):
    """ 初始化

    :param input_shape: 模型输入尺寸
    :param dropout: dropout取值
    :param loss: 损失函数
    :param optimizer: 优化器
    :param learning_rate: 学习率
    :param metrics: 评价指标
    """
```

图9-42　模型类的初始化方法

（4）实现定义需要初始化变量的功能（model.py-__init__方法），如图9-43所示。

（5）定义不基于预训练模型构建模型的方法（model.py），如图9-44所示。

```
# 模型输入尺寸
self.input_shape = input_shape
# dropout取值
self.dropout = dropout
# 损失函数
self.loss = loss
# 学习率
self.learning_rate = learning_rate
# 优化器
# 本项目只给两种：RMSprop 和 Adam
self.optimizer = optimizers.RMSprop(lr=self.learning_rate) \
    if optimizer == 'RMSprop' \
    else optimizers.Adam(lr=self.learning_rate)
# 评价指标
self.metrics = metrics
```

图9-43　需要初始化的变量

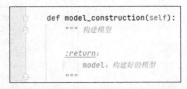

图9-44　不基于预训练模型构建模型的方法

（6）实现定义模型结构的功能（model.py-model_construction方法），如图9-45所示。

（7）实现模型编译的功能（model.py-model_construction方法），如图9-46所示。

（8）定义model_construction方法的返回值：返回模型（model.py-model_construction方法），如图9-47所示。

```
# 定义一个Sequential对象
model = models.Sequential()
# 增加卷积层，其过滤器数量为32，卷积核大小为3*3，激活函数为relu
# 因为是第一层，所以需要定义输入形状
model.add(layers.Conv2D(32, (3, 3), activation='relu', input_shape=self.input_shape))
# 增加最大池化层，卷积核大小为2*2
model.add(layers.MaxPool2D(2, 2))
# 增加卷积层，其过滤器数量为64，卷积核大小为3*3，激活函数为relu
model.add(layers.Conv2D(64, (3, 3), activation='relu'))
# 增加最大池化层，卷积核大小为2*2
model.add(layers.MaxPool2D(2, 2))
# 增加卷积层，其过滤器数量为128，卷积核大小为3*3，激活函数为relu
model.add(layers.Conv2D(128, (3, 3), activation='relu'))
# 增加最大池化层，卷积核大小为2*2
model.add(layers.MaxPool2D(2, 2))
# 增加卷积层，其过滤器数量为128，卷积核大小为3*3，激活函数为relu
model.add(layers.Conv2D(128, (3, 3), activation='relu'))
# 增加最大池化层，卷积核大小为2*2
model.add(layers.MaxPool2D(2, 2))
# 增加Flatten层，用于得上一层的输出拉平为一维
model.add(layers.Flatten())

# 增加全连接层，因拥有256个神经元，激活函数为relu
model.add(layers.Dense(256, activation='relu'))
# 增加Dropout层，用于随机丢弃部分神经元
model.add(layers.Dropout(self.dropout))
# 增加全连接层，因拥有1个神经元，激活函数为sigmoid
model.add(layers.Dense(1, activation='sigmoid'))
```

图9-45　定义模型结构

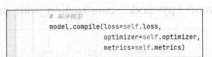

图9-46　模型编译

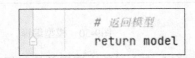

图9-47　model_construction方法的返回值

（9）定义基于预训练模型（ResNet50）构建模型的方法（model.py），如图9-48所示。

```
def model_construction_with_pretrained_weights(self, weights):
    """ 基于预训练模型构建

    :param weights: 预训练模型的权重
    :return:
        model: 构建好的模型
    """
```

图9-48　基于预训练模型（ResNet50）构建模型的方法

（10）实现基于ResNet50定义模型结构的功能（model.py-model_construction_with_pretrained_weights方法），如图9-49所示。

```
# 定义一个Sequential对象
model = models.Sequential()
# 定义ResNet50网络
conv_base = ResNet50(
        include_top=False,
        weights=weights,
        input_shape=self.input_shape)
# 是否对ResNet50网络的参数重新训练
# conv_base.trainable = False
# 将ResNet50网络加入模型
model.add(conv_base)

# 增加Flatten层，用于将上一层的输出压平为一维
model.add(layers.Flatten())

# 增加全连接层，该层有256个神经元，激活函数为relu
model.add(layers.Dense(256, activation='relu'))
# 增加Dropout层，用于随机丢弃部分神经元
model.add(layers.Dropout(self.dropout))
# 增加全连接层，该层有1个神经元，激活函数为sigmoid
model.add(layers.Dense(1, activation='sigmoid'))
```

图9-49　基于ResNet50的模型结构

（11）实现模型编译的功能（model.py-model_construction_with_pretrained_weights方法），如图9-50所示。

（12）定义model_construction_with_pretrained_weights方法的返回值：返回模型（model.py-model_construction_with_pretrained_weights方法），如图9-51所示。

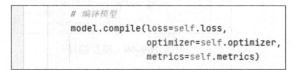

图9-50　模型编译　　　　　　图9-51　model_construction_with_pretrained _weights方法的返回值

（13）在主函数中调用并打印相关信息（main.py），如图9-52所示。

```
print("构建并返回模型")
input("Press Enter to continue...")
# 定义Model类对象
cats_vs_dogs_model = model.Model(
        config.input_shape,
        config.dropout,
        config.loss,
        config.learning_rate,
        config.optimizer,
        config.metrics)
# 不基于预训练模型构建模型
cats_vs_dogs_model = cats_vs_dogs_model.model_construction()
# 基于预训练模型构建模型
# cats_vs_dogs_model = cats_vs_dogs_model.model_construction_with_pretrained_weights(config.weights)
# 打印模型结构
cats_vs_dogs_model.summary()
print()
```

图9-52　调用并打印相关信息

7. 步骤 6：模型训练、模型评价和模型保存

模型训练、模型评价和模型保存

完成模型构建后，按照config.py中的配置，对构建的模型进行训练。训练完成后保存具有最佳性能的模型。模型训练、模型评价和模型保存主要通过自定义的TrainingEndCallback类、model_training函数实现。TrainingEndCallback类、model_training函数实现的功能如图9-53所示。需要注意的是，回调函数就是一个被作为参数传递的函数。在本项目中，我们使用了Keras提供的三个回调函数，即EarlyStopping、ModelCheckpoint、ReduceLROnPlateau，相关解释请参见【知识链接】。此外，我们还自定义了一个回调函数类TrainingEndCallback。该类继承自keras.callbacks.Callback类，其中重写了父类的__init__、set_model方法，用于初始化一些变量，还重写了父类的on_train_end方法，用于在训练结束时打印模型在测试集上的准确率和损失。

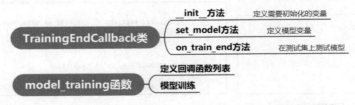

图9-53　TrainingEndCallback类、model_training函数功能列表

具体地，模型训练、模型评价和模型保存的实现可以进一步分解为以下步骤。

（1）导入需要引用的Python模块（model.py），如图9-54所示。

（2）定义训练结束时的回调函数类（model.py），如图9-55所示。

```
import keras.callbacks
```

图9-54　需要引入的Python模块

```
class TrainingEndCallback(keras.callbacks.Callback):
    """ 训练结束时回调函数的类，继承keras.callbacks.Callback
    """
```

图9-55　训练结束时的回调函数类

（3）定义TrainingEndCallback类的初始化方法（model.py），如图9-56所示。

```
def __init__(self, test_gen, steps):
    """ 初始化

    :param test_gen: 测试集数据生成器
    :param steps: 测试集每个迭代的步数
    """
```

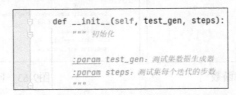

图9-56　TrainingEndCallback类的初始化方法

（4）实现定义需要初始化变量的功能（model.py-__init__方法），如图9-57所示。

```
# 如果没有显式调用父类的__init__()方法，虽然代码不会报错，但会有一个警告
super().__init__()
# 测试集数据生成器
self.test_gen = test_gen
# 测试集一个迭代的步数
self.steps = steps
```

图9-57　需要初始化的变量

（5）定义TrainingEndCallback类的设置模型方法（model.py），如图9-58所示。

（6）实现定义模型变量的功能（model.py-set_model方法），如图9-59所示。

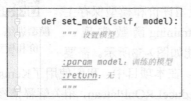

```python
def set_model(self, model):
    """ 设置模型

    :param model: 训练的模型
    :return: 无
    """
```

图9-58　TrainingEndCallback类的设置模型方法

```python
self.cats_vs_dogs_model = model
```

图9-59　定义模型变量

（7）定义训练结束时调用的TrainingEndCallback类方法（model.py），如图9-60所示。

（8）实现在测试集上测试模型的功能（model.py-on_train_end方法），如图9-61所示。

```python
def on_train_end(self, logs=None):
    """ 训练结束时执行

    :param logs: 包含模型评价信息, 如准确率
    :return: 无
    """
```

图9-60　训练结束时调用的TrainingEnd
Callback类方法

```python
# 在测试集上测试模型, 并返回测试结果
test_loss, test_acc = self.cats_vs_dogs_model.evaluate_generator(
    self.test_gen,
    steps=self.steps)
# 打印测试集损失
print('测试集损失: %s' % test_loss)
# 打印测试集准确率
print('测试集准确率: %s' % test_acc)
```

图9-61　在测试集上测试模型

（9）定义模型训练函数（model.py），如图9-62所示。

```python
def model_training(cats_vs_dogs_model,
                   train_gen,
                   steps_per_epoch,
                   epochs,
                   validation_gen,
                   validation_steps,
                   test_gen,
                   test_steps):
    """ 模型训练

    :param cats_vs_dogs_model: 构建好的猫狗分类模型
    :param train_gen: 训练集数据生成器
    :param steps_per_epoch: 训练集一个迭代的步数
    :param epochs: 训练集迭代次数
    :param validation_gen: 验证集数据生成器
    :param validation_steps: 验证集一个迭代的步数, 注意: 验证集只有一个迭代
    :param test_gen: 测试集生成器
    :param test_steps: 测试集一个迭代的步数, 注意: 测试集只有一个迭代
    :return:
        history: History对象, 该对象存储了模型训练过程中的信息
    """
```

图9-62　模型训练函数

```python
# 自定义回调函数
training_end_callback = TrainingEndCallback(test_gen, test_steps)
# 回调函数的集合
callbacks_list = [
    # 早停函数, 监控指标为准确率, 即当准确率在3次迭代中没有提升, 则停止训练.
    keras.callbacks.EarlyStopping(
        monitor='acc',
        min_delta=0.001,
        patience=3),
    # 模型检查点, 监控指标为验证集损失, 即保存性能最佳且验证集损失最小的模型
    keras.callbacks.ModelCheckpoint(
        filepath='cats_vs_dogs_best_model.h5',
        monitor='val_loss',
        save_best_only=True),
    # 动态学习率, 监控指标为验证集损失, 即当验证集损失在10次迭代中没有下降, 则调整学习率为原来的90%
    keras.callbacks.ReduceLROnPlateau(
        monitor='val_loss',
        factor=0.1,
        patience=10),
    training_end_callback
]
```

图9-63　回调函数列表

（10）定义回调函数列表（model.py-model_training函数），如图9-63所示。

（11）实现模型训练的功能（model.py-model_training函数），如图9-64所示。

（12）定义model_training函数的返回值：返回模型训练结果（model.py-model_training函数），如图9-65所示。

（13）在主函数中调用并打印相关信息（main.py），如图9-66所示。

（14）如果需要调参，则可选择调整相应的可配置项取值（config.py）、模型结构（model.py），然后重新执行main.py。注意，对配置项取值或模型结构的调整需注意合理性。

```
# 模型训练，并返回History对象，该对象存储了模型训练过程中的信息
history = cats_vs_dogs_model.fit_generator(
    train_gen,
    steps_per_epoch=steps_per_epoch,
    epochs=epochs,
    validation_data=validation_gen,
    validation_steps=validation_steps,
    callbacks=callbacks_list)
```

图9-64　调用模型训练函数

```
# 返回History对象，该对象存储了模型训练过程中的信息
return history
```

图9-65　model_training函数的返回值

```
print("模型训练、模型评价和模型保存")
input("Press Enter to continue...")
# 模型训练并返回训练结果
history = model.model_training(
    cats_vs_dogs_model,
    train_gen,
    steps_per_epoch=config.steps_per_epoch,
    epochs=config.epochs,
    validation_gen=validation_gen,
    validation_steps=config.validation_steps,
    test_gen=test_gen,
    test_steps=config.test_steps)
```

图9-66　调用并打印相关信息

8. 步骤7：模型评价结果可视化

本项目选择的评价指标是准确率和损失，因此该步骤中对准确率和损失进行可视化实现。模型评价结果可视化主要通过自定义的_smooth_curve、model_metrics_visualization函数实现。_smooth_curve、model_metrics_visualization函数实现的功能如图9-67所示。

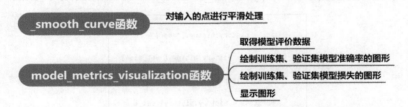

图9-67　_smooth_curve、model_metrics_visualization函数功能列表

具体地，模型评价结果可视化的实现可以进一步分解为以下步骤。

（1）导入需要引用的Python模块（model.py），如图9-68所示。

（2）定义曲线平滑函数（model.py），如图9-69所示。

```
import matplotlib.pyplot as plt
import numpy as np
```

图9-68　需要引入的Python模块

```
def _smooth_curve(points, factor=0.8):
    """ 使曲线平滑

    :param points: 需要平滑曲线的点的集合
    :param factor: 采样因子
    :return:
        smoothed_points: 平滑后点的集合
    """
```

图9-69　曲线平滑函数

（3）对输入的点进行平滑处理（model.py-_smooth_curve函数），如图9-70所示。

```
smoothed_points = []
# 对点集进行循环
for point in points:
    # 如果smoothed_points非空
    if smoothed_points:
        # 取出smoothed_points中的最后一个点
        previous = smoothed_points[-1]
        # 使用指数平滑法处理，即当前点的平滑值 = 上一个点的平滑值 * factor  + 当前点的实际值 * (1 - factor)
        smoothed_points.append(previous * factor + point * (1 - factor))
    # 如果不在平滑后点的集合中
    else:
        # 将该点加入平滑后点的集合
        smoothed_points.append(point)
```

图9-70　对输入的点进行平滑处理

（4）定义_smooth_curve的返回值：返回平滑后点的集合（model.py-_smooth_curve函数），如图9-71所示。

（5）定义模型评价结果可视化函数（model.py），如图9-72所示。

```
# 返回平滑后点的集合
return smoothed_points
```

图9-71　_smooth_curve的返回值

```
def model_metrics_visualization(history):
    """ 模型评价结果可视化

    :param history: History对象，存储了模型训练过程中的信息
    :return: 无
    """
```

图9-72　模型评价结果可视化函数

（6）取得模型评价数据（model.py-model_metrics_visualization函数），如图9-73所示。

```
# 训练集准确率
acc = history.history['acc']
# 验证集准确率
val_acc = history.history['val_acc']
# 训练集损失
loss = history.history['loss']
# 验证集损失
val_loss = history.history['val_loss']
# 迭代次数
epochs = range(1, len(acc) + 1)
```

图9-73　取得模型评价数据

（7）绘制训练集、验证集模型准确率的图形（model.py-model_metrics_visualization函数），如图9-74所示。

```
# 将训练集准确率、验证集准确率绘制成图形
# 'bo'、'b'表示圆圈的颜色
# 标签分别为Training Accuracy、Validation Accuracy
plt.plot(epochs, _smooth_curve(acc), 'bo', label='Training Accuracy')
plt.plot(epochs, _smooth_curve(val_acc), 'b', label='Validation Accuracy')
# 图的标题
plt.title('Training Accuracy and Validation Accuracy')
plt.legend()
plt.figure()
```

图9-74　绘制训练集、验证集模型准确率的图形

（8）绘制训练集、验证集模型损失的图形（model.py-model_metrics_visualization函数），如图9-75所示。

```
# 将训练集损失、验证集损失绘制成图形
# 'bo'、'b'表示圆圈的颜色
# 标签分别为Training Accuracy、Validation Accuracy
plt.plot(epochs, _smooth_curve(loss), 'bo', label='Training Loss')
plt.plot(epochs, _smooth_curve(val_loss), 'b', label='Validation Loss')
# 图的标题
plt.title('Training Loss and Validation Loss')
plt.legend()
```

图9-75　绘制训练集、验证集模型损失的图形

（9）显示图形（model.py-model_metrics_visualization函数），如图9-76所示。

（10）在主函数中调用相关函数（main.py），如图9-77所示。

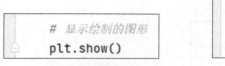

```
# 显示绘制的图形
plt.show()
```

图9-76　显示图形

```
print("模型评价结果可视化")
input("Press Enter to continue...")
# 模型评价结果可视化
model.model_metrics_visualization(history)
print()
```

图9-77　调用相关函数

9. 步骤8：模型使用和神经网络可视化

模型使用和神经
网络可视化

该步骤首先读取一张图片，对其进行数据预处理，然后使用训练得到的模型对该图片进行分类，最后将该图片经过模型前8层的输出显示出来。

神经网络可视化包括多种方法，如可视化卷积神经网络的中间输出、可视化卷积神经网络的过滤器、可视化图像中类激活的热力图（Class Activation Map, CAM）。本任务实现可视化卷积神经网络的中间输出，即对于给定输入，展示神经网络中各个卷积层和池化层输出的特征图，这有助于理解卷积神经网络连续的层如何对输入进行变换。本任务在三个维度（宽度、高度和通道）对特征图进行可视化，每个通道都对应相对独立的特征，因此我们将每个通道的内容分别绘制成二维图像，主要通过自定义的get_image_tensor、model_visualization函数实现，如图9-78所示。注意，get_image_tensor函数在dataset.py中定义，而model_visualization函数在model.py中定义。

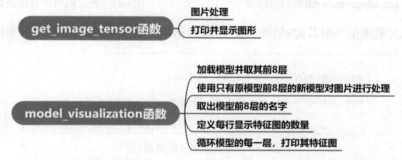

图9-78　get_image_tensor、model_visualization函数功能列表

具体地，神经网络可视化的实现可以进一步分解为以下步骤。

（1）导入需要引用的Python模块（model.py），如图9-79所示。

（2）定义图片处理函数（model.py），如图9-80所示。

```
def get_image_tensor(img_path, target_size):
    """

    :param img_path: 图片路径
    :param target_size: 原始图片缩放后的大小
    :return:
        img_tensor: 原始图片处理后得到的NumPy数组
    """
```

```
from keras_preprocessing import image
import numpy as np
import matplotlib.pyplot as plt
```

图9-79　需要引入的Python模块　　　　　图9-80　图片处理函数

（3）实现图片处理的功能（dataset.py-get_image_tensor函数），如图9-81所示。

（4）实现打印图片的形状并显示该图片的功能（dataset.py-get_image_tensor函数），如图9-82所示。

```
# 从图片路径加载图片
img = image.load_img(img_path, target_size=target_size)
# 将图片转化为一个NumPy数组
img_tensor = image.img_to_array(img)
# 改变该数组的形状，增加一个维度，则第0维即为原始的图片数组
img_tensor = np.expand_dims(img_tensor, axis=0)
# 对数组中的每个元素，将其除以255.
img_tensor /= 255.
```

```
# 打印数组的形状
print(img_tensor.shape)
# 显示原始图片
plt.imshow(img_tensor[0])
plt.show()
```

图9-81　图片处理的实现　　　　　图9-82　打印图片的形状并显示该图片

（5）定义get_image_tensor函数的返回值：返回处理后的张量（dataset.py-get_image_tensor函数），如图9-83所示。

（6）定义神经网络可视化函数（model.py），如图9-84所示。

```
def model_visualization(model_path, img_tensor):
    """ 神经网络可视化

    :param model_path: 模型文件存储路径
    :param img_tensor: 图片NumPy数组
    :return: 无
    """
```

```
# 返回处理后的数组
return img_tensor
```

图9-83　get_image_tensor函数的返回值　　　　图9-84　神经网络可视化函数

（7）实现加载模型并取其前8层的功能（model.py-model_visualization函数），如图9-85所示。

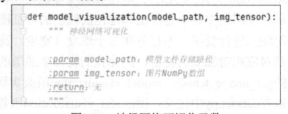

```
# 加载模型文件
model = models.load_model(model_path)
# 取出模型的前8层
layer_outputs = [layer.output for layer in model.layers[:8]]
# 定义Model对象，即构建只包含原始模型前8层的模型
activation_model = models.Model(inputs=model.input, outputs=layer_outputs)
```

图9-85　加载模型并取其前8层

（8）实现使用只有原模型前8层的新模型对图片进行处理的功能（model.py-model_visualization函数），如图9-86所示。

```
# 使用模型对选择的图片进行处理，返回NumPy数组形式的值
activations = activation_model.predict(img_tensor)
```

图9-86　使用只有原模型前8层的新模型对图片进行处理

（9）实现取出模型前8层名字的功能（model.py-model_visualization函数），如图9-87所示。

（10）实现定义每行显示特征图数量的功能（model.py-model_visualization函数），如图9-88所示。

```
layer_names = []
for layer in model.layers[:8]:
    # 每一层的名字存入layer_names
    layer_names.append(layer.name)
```

图9-87　取出模型前8层名字

```
# 定义每行显示特征图的数量
images_per_row = 16
```

图9-88　每行显示特征图数量

（11）实现遍历模型的每一层，打印其特征图的功能（model.py-model_visualization函数），如图9-89所示。

```
for layer_name, layer_activation in zip(layer_names, activations):
    # 特征图中的特征个数
    n_features = layer_activation.shape[-1]
    # 特征图的形状
    size = layer_activation.shape[1]
    # 将激活通道平铺
    n_rows = n_features // images_per_row
    display_grid = np.zeros((size * n_rows, images_per_row * size))
    # 将每个过滤器平铺到一个大的水平网格中
    for row in range(n_rows):
        for col in range(images_per_row):
            # 对特征进行处理，使其更美观
            # 首先将其标准化，使其取从正态分布
            # 然后将其范围扩展到64倍，均值移至128
            # 注意64和128均可调整
            channel_image = layer_activation[0, :, :, row * images_per_row + col]
            channel_image -= channel_image.mean()
            # 并不是每一个滤波器都会起作用
            # 由于训练过程中的随机性，训练过程中可能存在若干个不同位置的滤波器无效
            # 即函数里的每个位置的值均为0.0
            # 因此针对标准差的除法可能地观察c10.0的情况
            # 使用np的除法函数，该函数已针对等于于除以0.0的处理
            # 或者使用if条件语句进行判断
            channel_image_std = channel_image.std()
            channel_image = np.divide(channel_image,
                                      channel_image_std,
                                      out=np.zeros_like(channel_image, dtype=np.float64),
                                      where=channel_image_std != 0)
            channel_image *= 64
            channel_image += 128
            channel_image = np.clip(channel_image, 0, 255).astype('uint8')
            # 显示网格
            display_grid[row * size: (row + 1) * size, col * size: (col + 1) * size] = channel_image
    # 绘图
    scale = 1. / size
    plt.figure(figsize=(scale * display_grid.shape[1], scale * display_grid.shape[0]))
    # 图标题为模型层的名字
    plt.title(layer_name)
    plt.grid(False)
    # viridis为黄绿色
    plt.imshow(display_grid, aspect='auto', cmap='viridis')
    plt.show()
```

图9-89　遍历模型的每一层，打印其特征图

（12）在主函数中调用并打印相关信息（main.py），如图9-90所示。

```
print("选取一张图片，进行分类和神经网络可视化")
input("Press Enter to continue...")
cats_vs_dogs_model = keras.models.load_model('cats_vs_dogs_best_model.h5')
# 将原始图片转化为NumPy数组并返回
img_tensor = dataset.get_image_tensor(config.img_path, config.target_size)
# predict函数返回样本属于每一个类别的概率
# 本项目中，因为最后一层只有一个神经元，因此只会返回一个概率值
# 在dataset.py的data_generator函数中设置断点调试程序，可以查看数据的标签
# 本项目中，猫图片的标签为0，狗图片的标签为1
# 因为本项目选择的是二元交叉熵作为损失函数
# 根据其公式可知，返回的概率值为标签为1的类别的概率
# 换句话说，如果返回值大于0.5，则为狗（狗的标签为1），否则为猫
result = cats_vs_dogs_model.predict(img_tensor)
# 也可以使用predict_classes直接返回类别
# 同上，类别0为猫，类别1为狗
# 注意，predict_classes只适合使用Sequential类构造的模型
result_class = cats_vs_dogs_model.predict_classes(img_tensor)

print()
# 模型可视化
# 注意，本章节只为自定义的模型（8层）设计了模型可视化
# 如果需要对ResNet50可视化，或者自定义其他模型并进行可视化
# 则需要改写model.model_visualization，否则程序会报错
model.model_visualization(config.model_path, img_tensor)

input("Press Enter to continue...")
```

图9-90　调用并打印相关信息

10.　步骤9：项目程序执行

项目程序执行
及结果

main.py中包含了本项目程序的主函数，是本项目程序执行的唯一入口。本项目无须单独执行config.py、dataset.py和model.py。此外，步骤1～步骤2只需按要求完成编码，无须手动执行。

具体地，执行main.py可以进一步分解为以下步骤。

（1）执行main.py。按Enter键，开始执行步骤3——构建数据集，然后获得执行结果，如图9-91所示。本项目构建了三个数据集，分别为训练集、验证集和测试集。其中训练集中包含1000张猫的图片和1000张狗的图片；验证集中包含500张猫的图片和500张狗的图片；测试集中包含500张猫的图片和500张狗的图片。

```
构建训练集、验证集和测试集，返回训练集路径、验证集路径、测试集路径
Press Enter to continue...
total training cat images: 1000
total training dog images: 1000
total validation cat images: 500
total validation dog images: 500
total testing cat images: 500
total testing dog images: 500
训练集路径: dataset\train；验证集路径: dataset\validation；测试集路径: dataset\test
```

图9-91　构建数据集的执行结果

（2）按Enter键，开始执行步骤4——数据预处理，然后获得执行结果，如图9-92所示。数

据预处理构建了训练集、验证集、测试集的数据生成器。

```
构建并返回训练集、验证集、测试集数据生成器
Press Enter to continue...
Found 2000 images belonging to 2 classes.
Found 1000 images belonging to 2 classes.
训练集数据生成器: <keras_preprocessing.image.directory_iterator.DirectoryIterator object at 0x0000017A5AEF9EF0>
验证集数据生成器: <keras_preprocessing.image.directory_iterator.DirectoryIterator object at 0x0000017A81503EB8>
Found 1000 images belonging to 2 classes.
测试集数据生成器: <keras_preprocessing.image.directory_iterator.DirectoryIterator object at 0x0000017A815FE4A8>
```

图9-92 数据预处理的执行结果

（3）按Enter键，开始执行步骤5——模型构建，然后获得执行结果。可以看出，本项目构建的模型有4个卷积层（ReLU激活）和4个最大池化层，然后使用flatten层将输出压平，随后通过一个具有256个神经元的密集连接层（ReLU激活），使用Dropout丢弃一定比例的输出，最后经过一个具有1个神经元的密集连接层（Sigmoid激活）得到最终的输出，如图9-93所示。

```
Model: "sequential_1"
_____
Layer (type)                 Output Shape              Param #
=================================================================
conv2d_1 (Conv2D)            (None, 222, 222, 32)      896
_____
max_pooling2d_1 (MaxPooling2 (None, 111, 111, 32)      0
_____
conv2d_2 (Conv2D)            (None, 109, 109, 64)      18496
_____
max_pooling2d_2 (MaxPooling2 (None, 54, 54, 64)        0
_____
conv2d_3 (Conv2D)            (None, 52, 52, 128)       73856
_____
max_pooling2d_3 (MaxPooling2 (None, 26, 26, 128)       0
_____
conv2d_4 (Conv2D)            (None, 24, 24, 128)       147584
_____
max_pooling2d_4 (MaxPooling2 (None, 12, 12, 128)       0
_____
flatten_1 (Flatten)          (None, 18432)             0
_____
dense_1 (Dense)              (None, 256)               4718848
_____
dropout_1 (Dropout)          (None, 256)               0
_____
dense_2 (Dense)              (None, 1)                 257
=================================================================
Total params: 4,959,937
Trainable params: 4,959,937
Non-trainable params: 0
_____
```

图9-93 本项目构建模型的结构

（4）按Enter键，开始执行步骤6——模型训练、模型评价和模型保存，然后获得执行结果，如图9-94所示。

```
39/40 [===========================>.] - ETA: 1s - loss: 0.5455 - acc: 0.7200
40/40 [============================] - 66s 2s/step - loss: 0.5452 - acc: 0.7190 - val_loss: 0.5087 - val_acc: 0.7420
测试集损失: 0.541742630302906
测试集准确率: 0.7379999995231629
模型评价结果可视化
Press Enter to continue...
```

图9-94　模型训练、模型评价和模型保存的执行结果

（5）按Enter键，开始执行步骤7——模型评价结果可视化，然后获得执行结果，如图9-95所示。可以看出，训练集和验证集准确率逐渐提高，而损失逐渐下降。需要注意的是，这里使用了指数平滑法绘制图形，因此其图形可能与真实图形存在一定差异。关于指数平滑法的更多讨论见【任务思考】中的第7部分。

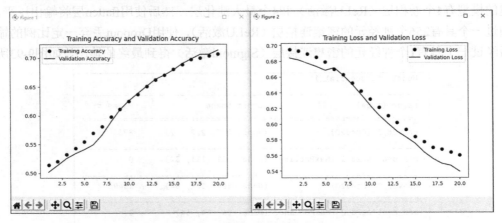

图9-95　模型评价结果可视化

（6）关闭训练集准确率和验证集准确率图、训练集损失和验证集损失图，按Enter键，开始执行步骤8——模型使用和神经网络可视化，然后获得选择一张图片可视化的执行结果，如图9-96所示。需要注意的是，本章节只为自定义的模型（8层）设计了模型可视化，如果需要对ResNet50进行可视化，或者自定义其他模型并进行可视化，则需要改写model.model_visualization，否则程序会报错。

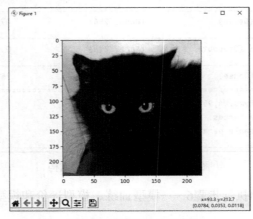

图9-96　选择的一张图片

（7）关闭选择的图片（图9-96），然后获得conv2d_1层可视化的执行结果，如图9-97所示。

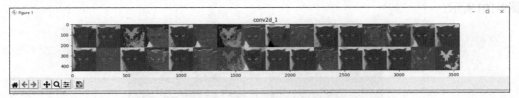

图9-97 conv2d_1层可视化

（8）关闭conv2d_1层的图片（图9-97），然后获得max_pooling_1层可视化的执行结果，如图9-98所示。

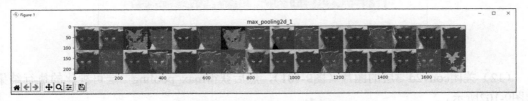

图9-98 max_pooling_1层可视化

（9）关闭max_pooling_1层的图片（图9-98），然后获得conv2d_2层可视化的执行结果，如图9-99所示。

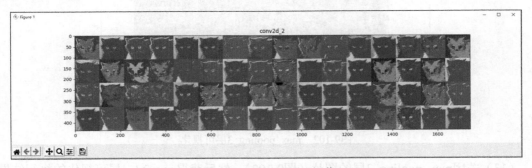

图9-99 conv2d_2层可视化

（10）关闭conv2d_2层的图片（图9-99），然后获得max_pooling_2层可视化的执行结果，如图9-100所示。

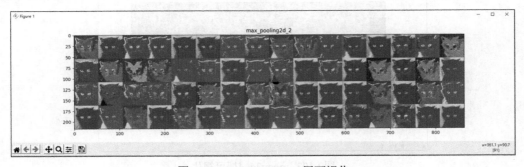

图9-100 max_pooling_2层可视化

（11）关闭max_pooling_2层的图片（图9-100），然后获得conv2d_3层可视化的执行结果，如图9-101所示。

图9-101　conv2d_3层可视化

（12）关闭conv2d_3层的图片（图9-101），然后获得max_pooling_3层可视化的执行结果，如图9-102所示。

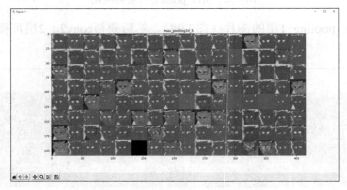

图9-102　max_pooling_3层可视化

（13）关闭max_pooling_3层的图片（图9-102），然后获得conv2d_4层可视化的执行结果，如图9-103所示。

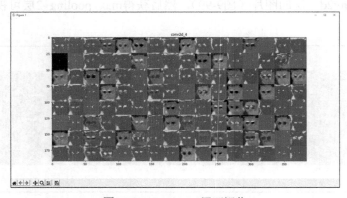

图9-103　conv2d_4层可视化

（14）关闭conv2d_4层的图片（图9-103），然后获得max_pooling_4层可视化的执行结果，如图9-104所示。

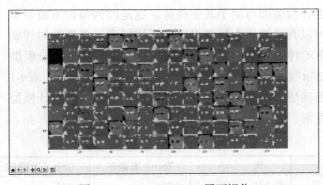

图9-104　max_pooling_4层可视化

（15）按Enter键，退出程序。

【任务思考】

使用 TensorFlow 和
Keras 开发计算机视
觉模型任务思考（一）

1. 在小数据集上训练模型

深度学习模型的一个基本特点是无须人为的特征工程，这对于使用者而言是一个完全的黑盒，而这种自动在数据中寻找特征的行为往往需要大量的训练样本，特别是样本维度较高的时候。应注意的是，"大量"是一个相对的词，受到多种因素的影响（如模型大小和深度），需要对应到具体的模型。例如对于一个简单的任务，设计的模型较小，并且做了较好的正则化，则可能只需要数百个样本即可。

如图9-105所示，如果不使用Dropout和数据增强，模型过拟合的特征较为明显，即训练精度随时间线性增加，而验证精度则停留在72%左右，验证损失先达到最小值，然后逐渐升高，而训练损失一直下降。该现象的根本原因在于数据集过小，导致模型无法学习到能够泛化到新数据的特征。如果我们拥有无限数据，可以想象，模型将能够学习到数据的所有特征。为了解决过拟合的问题，需要采用一些特定的方法，如上述的Dropout、数据增强，其他方法还有L1正则化、L2正则化、批规范化（Batch Normalization）等。大家可以分别尝试一下，并对执行结果进行对比。

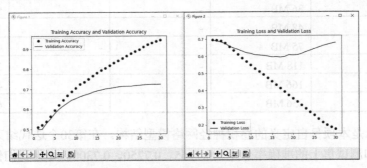

图9-105　不使用Dropout和数据增强的结果

2. 使用预训练模型

深度学习模型一般具有可迁移性。在其他大型数据集上训练得到的模型，往往只需要进行微调即可用于其他任务。这是因为预训练模型学到的空间层次结构可以有效地作为视觉世界的通用模型。深度学习领域已经产生了大量经典的神经网络模型，表9-1列出了Keras封装的部分模型列表，及其在ImageNet数据集上的性能测试结果。需要注意的是，表9-1中的模型包含了全连接层，在实际使用中，参数数量会因为所设计模型的结构不同而有所差别。

使用 TensorFlow 和 Keras 开发计算机视觉模型任务思考（二）

表 9-1　Keras 封装的模型列表

模型名称	大　　小	Top-1 准确率	Top-5 准确率	参数数量
Xception	88 MB	0.790	0.945	22,910,480
VGG16	528 MB	0.713	0.901	138,357,544
VGG19	549 MB	0.713	0.900	143,667,240
ResNet50	98 MB	0.749	0.921	25,636,712
ResNet101	171 MB	0.764	0.928	44,707,176
ResNet152	232 MB	0.766	0.931	60,419,944
ResNet50V2	98 MB	0.760	0.930	25,613,800
ResNet101V2	171 MB	0.772	0.938	44,675,560
ResNet152V2	232 MB	0.780	0.942	60,380,648
InceptionV3	92 MB	0.779	0.937	23,851,784
InceptionResNetV2	215 MB	0.803	0.953	55,873,736
MobileNet	16 MB	0.704	0.895	4,253,864
MobileNetV2	14 MB	0.713	0.901	3,538,984
DenseNet121	33 MB	0.750	0.923	8,062,504
DenseNet169	57 MB	0.762	0.932	14,307,880
DenseNet201	80 MB	0.773	0.936	20,242,984
NASNetMobile	23 MB	0.744	0.919	5,326,716
NASNetLarge	343 MB	0.825	0.960	88,949,818
EfficientNetB0	29 MB	-	-	5,330,571
EfficientNetB1	31 MB	-	-	7,856,239
EfficientNetB2	36 MB	-	-	9,177,569
EfficientNetB3	48 MB	-	-	12,320,535
EfficientNetB4	75 MB	-	-	19,466,823
EfficientNetB5	118 MB	-	-	30,562,527
EfficientNetB6	166 MB	-	-	43,265,143
EfficientNetB7	256 MB	-	-	66,658,687

图9-93所示是本项目自定义的卷积神经网络模型结构。在第30个迭代结束时，模型在训练集、验证集和测试集上的准确率分别为0.7165、0.7250、0.7300。如果我们使用ResNet50来进行特征提取，相应的模型结构如图9-106所示，其初始权重为在ImageNet数据集上训练

ResNet50得到的权重。ImageNet数据集包含1000个类别，总计超过100万张标记图像，其中就有大量的动物类别（包括猫狗）。在ImageNet上训练出来的模型，我们可以认为其在本项目中也能具有良好的表现。注意，ResNet50的网络结构一共包含5个卷积块，共计50层，如图9-107所示。可以看出，模型总参数从4959937增加至49278337，增长近10倍。

```
Model: "sequential_1"

_____
Layer (type)              Output Shape            Param #
===============================================================
resnet50 (Model)          (None, 7, 7, 2048)      23587712
_____
flatten_1 (Flatten)       (None, 100352)          0
_____
dense_1 (Dense)           (None, 256)             25690368
_____
dropout_1 (Dropout)       (None, 256)             0
_____
dense_2 (Dense)           (None, 1)               257
===============================================================
Total params: 49,278,337
Trainable params: 49,225,217
Non-trainable params: 53,120
```

图9-106　基于ResNet50的模型结构

layer name	output size	50-layer	
conv1	112×112	7×7, 64, stride 2	
conv2_x	56×56	3×3 max pool, stride 2	
		1×1, 64 3×3, 64 1×1, 256	×3
conv3_x	28×28	1×1, 128 3×3, 128 1×1, 512	×4
conv4_x	14×14	1×1, 256 3×3, 256 1×1, 1024	×6
conv5_x	7×7	1×1, 512 3×3, 512 1×1, 2048	×3

图9-107　ResNet50结构

在第11次迭代结束时，模型在训练集、验证集和测试集上的准确率分别为0.9775、0.9790、0.9670。之所以只执行了11次迭代，是因为程序设置了早停策略，即当监控指标在指定数量次迭代内未提升时，训练自动停止。

准确率受多种因素的影响。在上例中，如果我们仅使用ResNet50的网络结构，不使用预训练权重（对权重进行随机初始化），而其他配置完全一致，该模型在本项目训练集、验证集、测试集上的准确率只有0.5000。需要注意的是，随机初始化并非一定不可行，对模型进行微调（如调整其结构、数据集大小、数据预处理方法等），也可以达到使用预训练模型的效果，虽然收敛比使用预训练模型更慢。

大家可以在教师的指导下进行尝试和体验。

3. 为什么只使用预训练模型的卷积基

预训练模型一般包括两个部分：卷积基和密集连接分类器。卷积基负责提取特征，而密集连接分类器负责分类。在本项目中，在model_construction_with_pretrained_weights方法的ResNet50函数调用中，注意我们设置了include_top=False。这表示我们仅使用了预训练模型的卷积基，而重新构建了一个全新的密集连接分类器。这是因为预训练模型的卷积基学到的特征表示往往更加通用，因此适合复用。密集连接分类器学到的特征表示仅针对于预训练模型被设定的任务（如ImageNet的1000分类任务），而本项目仅仅是猫狗的二分类任务。此外，密集连接层由于被压平到一维（通过Flatten类），其不再包含图像的空间信息（由卷积基表示）。

4. 训练结果的不一致性

在深度学习模型训练中，即使使用完全一样的模型结构和配置，在同样的数据集上进行训练，其得到的结果也可能有一些区别。图9-108和图9-109是使用相同模型结构和配置，在相同数据集上训练最后一次迭代得到的结果。

对于特征图而言，上述结论依然适用。因为卷积层学到的过滤器并不确定，每次训练得到模型的特征图可能也并不相同。

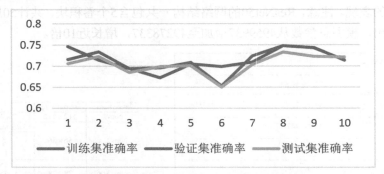

图9-108　10次相同模型结构、配置、数据集训练后在训练集、验证集、测试集上最后一次迭代的准确率

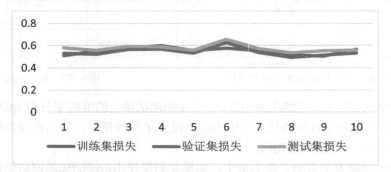

图9-109　10次相同模型结构、配置、数据集训练后在训练集、验证集、测试集上最后一次迭代的损失

5. 配置项的取值如何确定

本项目总结五类配置项的取值。

（1）一些配置项的取值是显而易见的。例如本项目解决了一个二分类问题，所以数据标签的类型（class_mode）是"binary"，而损失函数（loss）是"binary_crossentropy"。

（2）一些配置项根据项目管理的要求设置。例如数据集路径，本项目设置的值较为随意，但如果是在一个真实的深度学习项目中，数据存储的位置应更规范化。

（3）一些配置项的取值受限于硬件配置。例如批量大小（batch_size），虽然本项目不存在此问题，但在一些项目（特别是以视频作为数据集的项目）中，批量大小受限于内存大小或者显存大小。

（4）一些配置项根据经验取得。例如我们设置了输入模型图片的尺寸（input_shape），这是因为根据以往经验（如文献、其他项目），较适合ResNet50的输入为"224×224×3"。

（5）一些配置项的取值需要反复实验。例如学习率（learning_rate），我们根据经验设置了"1e-4"，包括学习率衰减策略，是否有更好的值，需要设计一些实验进行测试。

6. 每一层特征图的变化趋势

前面步骤9我们已经看到了八层特征图的变化趋势。一般而言，模型中更靠近底部的层提取的是局部的、高度通用的特征（如视觉边缘、颜色和纹理），而更靠近顶部的层提取的是更加抽象的概念（如猫耳朵和狗眼睛）。例如步骤9中得到的第一层特征图就是各种边缘检测器的集合，该特征图几乎保留了原始图像中的所有信息，而随着层数的加深，激活变得抽象，关于图像视觉内容的信息变得越来越少，而关于类别的信息变得越来越多。激活的稀疏度也随着层数的加深而增大，也就是顶部的层中有更多的过滤器是纯黑色的。这是因为输入图像中找不到这些过滤器所编码的模式。这里揭示了深度神经网络的一个重要特征：输入原始图像，反复对其进行变换，将无关信息（如具体外观）过滤掉，并放大和细化有用的信息（如图像的类别），从而达到信息蒸馏的目的。在我们进行模型微调的时候，因为需要在新问题上改变用途，往往也会优先调整更靠近顶部的层（有更专业化的特征表示）。一个较好的策略是仅微调卷积基最后的基层。

需要注意的是，"底部"指的是靠近输入的那一端（即先添加到模型中的层），而"顶部"指的是靠近输出的那一端（即后添加到模型中的层）。如图9-93所示，conv2d_1是模型的底部，而dense_2是模型的顶部。

7. 指数平滑法的问题

使用指数平滑法平滑图像后点的取值和真实值可能存在一定的差异，如图9-110所示。

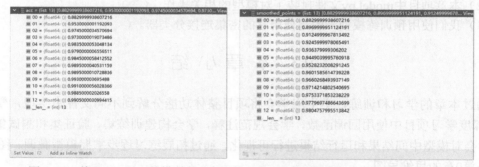

图9-110　基于ResNet50的模型在13个迭代中准确率的真实值（左）和平滑值（右）

【任务拓展】

1. 使用Sequntial类是构建模型的一种手段，但Keras也支持函数式API，即直接操作张量，将层作为函数来使用，接受张量并返回张量。我们在第8章做过类似的训练。请使用函数式API来构建本项目自定义的模型。

2. 如果一个模型仅保存了权重，而没有保存网络结构，则不能使用load_model函数加载模型，而应使用load_weights函数。请使用load_weights函数读取模型权重。

3. 本项目虽然使用了ResNet50在ImageNet数据集上训练得到的预训练模型，但设置了模型的每一层均可训练。也就是说，经过本项目数据集训练后的模型，其每一层的权重和预训练模型都可能出现区别。请读者使用下述方式对基于ResNet50的模型进行训练，观察结果。

（1）冻结ResNet50卷积基，仅训练添加的密集连接分类器。冻结指的是在训练过程中保持其权重不变，在Keras中可以使用trainable属性来设置。

（2）在上一步的基础上，仅冻结ResNet50的前4个卷积块（即解冻第5个卷积块），将ResNet50的第5个卷积块和密集连接分类器进行联合训练，这也叫模型微调。之所以不直接解冻第5个卷积块并从头开始训练，而是在第1步的基础上进行解冻，是因为这样做可以先单独训练密集连接分类器（即第1步所完成的内容）。该分类器如果未经训练便直接和解冻的层联合训练，网络传播的误差信号可能会比较大，从而破坏解冻层之前学习到的特征表示。

【项目小结】

通过本章项目的学习和训练，学生应学会基于TensorFlow和Keras进行深度学习项目开发，包括项目搭建、定义可配置项（超参数）、构建数据集、数据预处理、模型构建、模型训练、模型评价、模型保存、模型评价结果可视化、模型使用、神经网络可视化和项目程序执行，等等。

9.2 课后习题

一、判断题

（1）有了数据增强技术后，我们可以轻易实现用小数据集训练出好的模型。（ ）
（2）本章项目中model.py文件封装了对模型的相关操作。（ ）
（3）我们使用预训练模型一般是使用它的密集连接分类器。（ ）

9.3 本章小结

通过本章的学习和训练，学生应学会将项目整体功能分解到不同文件去实现，学会在Keras深度学习项目中使用回调函数，学会规范注释，学会构建训练集、验证集和测试集生成器，学会对模型中间结果和运行结果进行可视化，通过拓展练习逐步掌握模型微调。图9-111所示是第9章的思维导图。

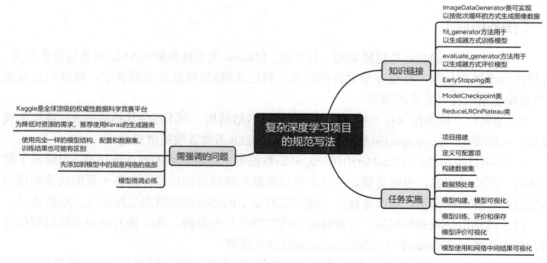

图9-111 第9章的思维导图

第 10 章　基于深度学习的物体追踪

深度学习在计算机视觉中最受欢迎的应用之一是物体检测和分类。

研究人员已经提出了多种用于物体检测和分类的深度学习模型，如YOLO（You Only Look Once）、ResNet（Residual Network）、Faster R-CNN（Region-based Convolutional Neural Network）和SSD（Single Shot Detector），等等。这些模型在物体检测、识别和分割方面表现出显著的性能。它们已经被广泛用于许多现实世界的应用，包括自动驾驶、监控和机器人。这些模型已经证明了它们的有效性和效率，并为计算机视觉领域的进一步研究铺平了道路。

本章我们将基于YOLOv3和卡尔曼滤波算法实现行人追踪项目，为深入钻研YOLO等先进深度学习模型建立感性认识。

10.1　项目 11　基于 YOLOv3 的行人追踪

【项目导入】

物体追踪是计算机视觉的一个重要分支，其利用视频或图像序列的上下文信息，对物体的外观和运动信息进行建模，从而对物体运动状态进行预测并标定目标的位置。物体追踪融合了图像处理、机器学习、最优化等多个领域的理论和算法，是完成更高层级的图像理解任务（如目标行为识别）的前提和基础。随着计算机处理能力的飞速提升，各种基于物体追踪的民用和军用系统纷纷落地，广泛应用于智能视频监控、智能人机交互、智能交通、视觉导航、无人驾驶、无人自主飞行等领域。多物体追踪的任务往往由目标检测和物体关联两个部分构成，在本项目中，我们将会先应用一个深度学习算法进行目标检测，并基于它实现行人追踪，如图10-1所示，其中弯曲的线条代表行人的运动路径。

图10-1　行人追踪示例

【项目任务】

本项目需要在计算机上完成，目标是使得计算机具有识别并追踪视频中的人体的能力，通过本项目的训练，我们可以掌握基于YOLO的目标检测方法，以及如何基于目标检测的结果进行目标追踪。

【项目目标】

1. 知识目标

（1）了解目标检测相关算法的基本情况。

（2）了解卡尔曼滤波的简单原理。

（3）了解物体追踪的流程。

2. 技能目标

（1）掌握基于YOLO的目标检测方法。

（2）掌握基于卡尔曼滤波和目标检测结果的物体追踪方法。

（3）掌握物体追踪的可视化方法。

3. 职业素养目标

（1）培养学生严谨、细致、规范的职业素质。

（2）培养学生团队协作和表达沟通能力。

（3）培养学生追踪新技术和创新设计能力。

（4）培养学生的技术标准意识、操作规范意识和服务质量意识等。

【知识链接】

目标检测和物
体追踪

10.1.1 目标检测

目标检测的含义是使用边界框定位物体的存在以及预测图像中所定位物体的类别。它的输入是包含一个或多个物体的图像，输出是一个或多个边界框（由左上角点坐标及宽度和高度确定），以及每个边界框的类别标签，如图10-2所示。可见目标检测分为两个子任务，即目标定位和目标分类。

目标检测模型有三类具有代表性，它们分别是R-CNN、YOLO和SSD。

1. R-CNN

R-CNN系列方法是Region-Based Convolutional Neural Networks的简写，包括2014年提出的R-CNN，以及2015年提出的Fast R-CNN和Faster R-CNN。

图10-2　目标检测示例

R-CNN首次由Ross Girshick等人在2014年发表的题为《*Rich feature hierarchies for accurate object detection and semantic segmentation*》的论文中提出。R-CNN是卷积神经网络在对象定位、检测和分割问题上的首次大规模成功应用之一。它在 VOC-2012和 200 类 ILSVRC-2013 目标检测数据集上取得了当时准确率最高的结果。R-CNN对物体的检测过程分为三个步骤：

（1）通过一些传统算法（如基于纹理、颜色等信息的selective search）得到图片中可能存在目标物体的候选框。

（2）把每个候选框输入不同的卷积神经网络，输出图像特征向量。

（3）将特征向量分别经过传统机器学习中的分类器（比如SVM）和回归器，分类器负责预测这个框的物体类别，回归器负责修正原始的候选框，得到最终的包围框坐标。

该方法的问题是训练时间和预测时间都很长，训练这样的网络大概需要84小时，而预测一张图片的时间则超过47秒。

Fast R-CNN对R-CNN的第二和第三步进行了改进。首先所有的候选框经过一个名称为ROI Pooling的缩放器，缩放到统一的大小，然后共同输入一个卷积神经网络。类别和位置的预测也直接通过卷积神经网络得到，相比SVM等方法效率大幅提升，一张图片的分类时间缩短到了2~3秒。在候选框的生成部分，仍然使用传统算法。

到了Faster R-CNN，候选框生成也直接由神经网络完成。为了提升候选框坐标预测的准确性，Faster R-CNN提出了锚框的概念。锚框是预定义好的一系列矩形框，大小和宽高比不一。网络在预测候选框坐标时，并非直接预测最终的坐标值，而是预测目标候选框与锚框位置和大小的偏移量。Faster R-CNN检测一张图片的平均时间是0.2秒。

2．YOLO

另一个流行的目标检测系列模型统称为 YOLO 或"you only look once"，由 Joseph Redmon 等人提出。

R-CNN 模型通常准确率更高，但 YOLO 系列模型速度比 R-CNN 快得多，可以实现实时对象检测。YOLO系列家族目前已经有从YOLOv1到YOLOv8等多个模型。

YOLO方法需要训练一个端到端（即所有的计算均在一个神经网络内实现）的单个神经网络，它直接预测每个包围框的位置和类别标签。速度优化版的YOLO模型可以实现以每秒45帧和高达每秒155帧的速度进行目标检测。

3. YOLOv1

YOLO第一版的模型首先将输入图像划分为一个$S \times S$的网格，每个网格单元预测B个包含(x, y)坐标、宽度、高度、置信度等5个数值的包围框。这里的置信度代表该包围框包含物体的可能性，注意这类置信度和具体类别无关，所以可称为包围框置信度。对每个包围框来说，只有置信度超过一定阈值（一般设置为0.5），才会认为这个包围框里面包含物体。

举个例子，一张图像可能被划分为7×7的网格，网格中的每个单元格需要预测2个包围框，从而产生7×7×2=98个初步的包围框。由于每个包围框用5个数值表示，故输出的数据维度是7×7×2×5。

此外，网络还会针对每个单元格输出该单元格包含各个类别物体的类别置信度。假设一共有C个类别的物体，则类别置信度向量维度是7×7×C。对类别置信度做非极大值抑制，每个单元格只保留概率最大类别的置信度（参考图10-3中间第二行）。每个包含了物体的包围框中物体的所属类别，由以它为中心的单元格类别决定。

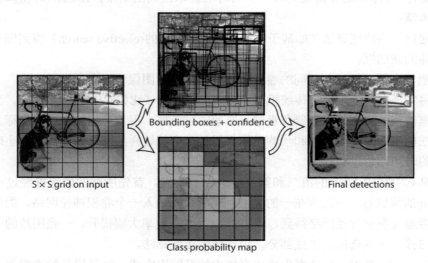

图10-3　YOLOv1模型的输入输出示意图

YOLOv1的网络结构由24个卷积层和2个全连接层组成，如图10-4所示。

YOLOv2，也称为YOLO9000，它是由Joseph Redmon和Ali Farhadi于2016年在其题为《YOLO9000：更好、更快、更强》的论文中提出的对YOLOv1的改进版本，它进一步提高了YOLOv1的模型性能。YOLOv2能够预测9000个对象类别，因此被命名为"YOLO9000"。

YOLOv2对YOLOv1的改进有几个方面，首先是借鉴了Faster R-CNN使用的锚框概念，在预测包围框信息时，网络并不直接预测包围框的坐标和宽高，而是预测它们相对于锚框的偏移量。而锚框的尺寸和宽高比是通过对训练集中所有已知边界框进行聚类分析而得到的。其次为了让网络在高分辨率的输入下也有较好的表现，训练的开始阶段先用较高分辨率（448×448）的图片训练了10个epoch。

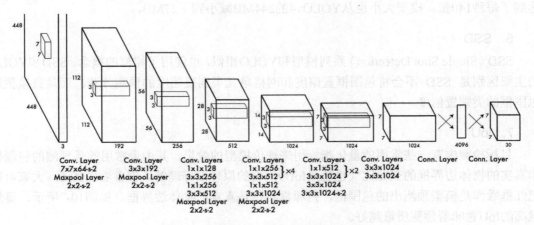

图10-4　YOLOv1网络结构

在网络结构上，YOLOv2使用了19个卷积层和6个池化层，去掉了全连接层。

4. YOLOv3

YOLOv3是由Joseph Redmon 和 Ali Farhadi后续提出对YOLOv2的进一步改进而得到的，它较大程度地提升了YOLOv2的准确率。YOLOv3使用了更深的神经网络，且使用了Residual Block，网络的卷积层数量达到了53，如图10-5所示。

Layer	Filters size	Repeat	Output size
Image			416 × 416
Conv	32 3 × 3/1	1	416 × 416
Conv	64 3 × 3/2	1	208 × 208
Conv	32 1 × 1/1	Conv	208 × 208
Conv	64 3 × 3/1	Conv × 1	208 × 208
Residual		Residual	208 × 208
Conv	128 3 × 3/2	1	104 × 104
Conv	64 1 × 1/1	Conv	104 × 104
Conv	128 3 × 3/1	Conv × 2	104 × 104
Residual		Residual	104 × 104
Conv	256 3 × 3/2	1	52 × 52
Conv	128 1 × 1/1	Conv	52 × 52
Conv	256 3 × 3/1	Conv × 8	52 × 52
Residual		Residual	52 × 52
Conv	512 3 × 3/2	1	26 × 26
Conv	256 1 × 1/1	Conv	26 × 26
Conv	512 3 × 3/1	Conv × 8	26 × 26
Residual		Residual	26 × 26
Conv	1024 3 × 3/2	1	13 × 13
Conv	512 1 × 1/1	Conv	13 × 13
Conv	1024 3 × 3/1	Conv × 4	13 × 13
Residual		Residual	13 × 13

图10-5　YOLOv3 网络结构

5. YOLOv4 和 YOLOv5

YOLOv4并没有对网络结构进行改进，而是在训练过程中尝试了多种工程化的技巧，通过选择比较好的训练参数、正则化方法和模型压缩方式等，使检测准确率得到进一步提升。

相比YOLOv4，YOLOv5主要实现了检测性能上的优化，使检测速度在Tesla P100显卡上达到了每秒140张。模型大小也从YOLOv4的244MB减小到了27MB。

6. SSD

SSD（Single Shot Detection）系列模型和YOLO相似，也使用了锚框的概念。SSD和YOLO的主要区别是 SSD 不会将包围框置信度和网格单元类别置信度的预测分开，而是直接预测包围框的类别置信度。

7. IoU

目标检测中有一些常用的量化指标用来评价模型的效果，其中最常用的是预测的包围框和真实的物体边界框的交并比（也就是IoU），它的原理很好理解，请参看图10-6，大家可以把红框看作是模型预测出的包围框，把绿框看作是真实的物体边界框。如图10-7所示，显然越高的IoU意味着预测质量越好。

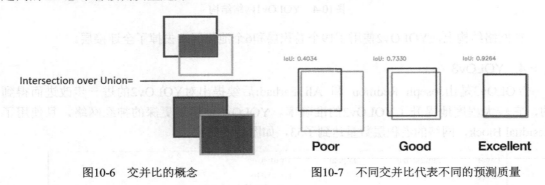

图10-6　交并比的概念　　　　　　　图10-7　不同交并比代表不同的预测质量

10.1.2　物体追踪

依据追踪物体数目的不同，物体追踪可分为单物体追踪和多物体追踪。本节我们重点介绍多物体追踪（Multi-Object Tracking, MOT）。MOT算法采用的标准方法是通过检测进行追踪：通常从视频帧中提取出一组检测结果（即，图像中目标的包围框），并用于引导追踪过程，即将相同ID分配给包含相同目标的包围框。因此，许多MOT算法任务实际上是分配问题。

如前所述，现代的检测框架，如SSD、YOLO和R-CNN系列，已经广泛用于常用的物体检测方法。这些检测框架不仅能够快速准确地检测出物体的位置和类别，而且能够实现实时处理，因此大多数MOT方法一直致力于改善关联性。在MOT中，物体的关联性指的是如何将在不同帧中检测到的同一物体进行匹配，从而形成物体的轨迹。物体的关联性是MOT中至关重要的一个问题。

在MOT中，每个物体都被表示为一个运动目标，其位置、速度和外观等特征都可以用来描述该目标。通过对运动目标进行关联，可以得到目标的轨迹，从而实现对目标的跟踪。

具体而言，物体的关联性可以通过以下两个方面来描述。

空间关系：物体之间的空间关系可以用它们的位置和大小等特征来描述。在MOT中，常用的空间关联方法包括基于距离的方法、基于重叠率的方法和基于外观的方法等。

时序关系：物体之间的时序关系可以用它们在不同帧中的出现顺序和时间间隔等特征来描述。在MOT中，常用的时序关联方法包括基于卡尔曼滤波的方法、基于图模型的方法和基于深度学习的方法等。

我们在本项目中会使用基于卡尔曼滤波的方法作为关联算法。

10.1.3　卡尔曼滤波

卡尔曼滤波是一种动态系统的状态估计算法，可以用来确定当前帧中物体和上一帧中物体的对应关系，并且在物体遇到遮挡的时候补全轨迹。

最简单的物体关联方法是在前后两帧中找出IoU最高的识别框。在图10-8中，图（a）是视频中某一帧，其中已检测出的行人用包围框标注了出来。假设红色包围框标注的是我们需要跟踪的对象，在下一帧（见图10-8中的图（b））中，行人向前移动，这时就可以根据红框和当前位置（绿框）的IoU，判断是否是同一个行人。如果IoU高，则将他们关联起来。

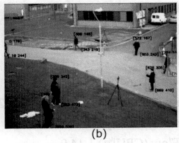

图10-8　基于IoU的物体跟踪方式

彩图

但是如果物体因遮挡等原因，在某一帧中没有被成功识别到，则无法计算出高的IoU，导致跟踪失败，如图10-9所示。

图10-9　基于IoU的物体跟踪方式的问题

这个时候就可以使用卡尔曼滤波，根据该物体上一帧的检测结果预测它在当前帧的位置。

在卡尔曼滤波中，系统状态用一组数值表示，并通过不断更新来逼近真实状态。该算法同时考虑了系统模型和观测数据，以最小化预测误差和观测误差之和，从而提高状态估计的准确性。

卡尔曼滤波通过两个步骤进行状态估计：预测和更新。预测步骤通过系统模型预测下一个状态，并计算预测误差的协方差矩阵。更新步骤将预测结果和实际观测数据结合起来，计算状态的最优估计值和更新后的协方差矩阵。

卡尔曼滤波是一种递归算法，每次更新步骤都可以提供一个新的状态估计值，因此它可以随着时间的推移不断更新系统状态。这种算法在实际应用中具有广泛的应用价值，因为它可以在不确定和噪声存在的情况下提供精确的状态估计，从而实现更好的控制和决策。

具体来说，卡尔曼滤波中用到的主要数学工具是协方差矩阵、状态向量和观测矩阵。协方差矩阵用于度量状态估计的不确定性；状态向量包含了系统的状态信息；观测矩阵则描述了观测数据和状态之间的关系。手动进行这些计算较为复杂，在本项目的任务实施中提供了卡尔曼滤波的代码文件，我们直接调用其中的方法即可。

【项目准备】

1. 硬件条件

一台计算机。

2. 软件条件

（1）Windows 10，64位。

（2）PyCharm Windows社区版，Version: 2021.2.1，Build: 212.5080.64。

（3）Anaconda创建的Python 3.6.10环境。

（4）TensorFlow (CPU版) 1.14.0。

（5）Keras 2.2.5。

（6）OpenCV-Python 4.5.3.56、Numpy 1.19.5等。

3. 代码准备

在本书提供的资源包中将初始工程代码复制到本地。在本地解压后可以看到如图10-10所示的项目结构。一级目录下包含3个Python文件、一个测试视频文件test.mp4和一个配置文件yolov3.cfg，Python文件demo.py是程序入口，yolo_matt.py定义了YOLO的测试代码，convert.py可用于将官方的预训练Darknet模型转换为Keras模型，yolov3.cfg记录了我们即将使用到的YOLOv3模型的网络结构和训练参数。除此之外，项目还包括5个文件夹，它们分别是yolo3、objecttracker、model_data、font和out，分别包含使用YOLO过程中需要调用的函数、轨迹追踪算法（卡尔曼滤波）、YOLO预训练模型相关配置、用于显示目标检测和追踪结果的字体以及追踪结果。本项目代码目录中，font、model_data、yolo3文件夹以及convert.py、yolov3.cfg都来源于官方Keras YOLOv3实现，网址为https://github.com/qqwweee/keras-yolo3，卡尔曼滤波代码则来源于开源实现https://github.com/rlabbe/Kalman-and-Bayesian-Filters-in-Python。如果读者想从头构建工程，可以从这两个网址中下载相应的代码，放入对应的位置。

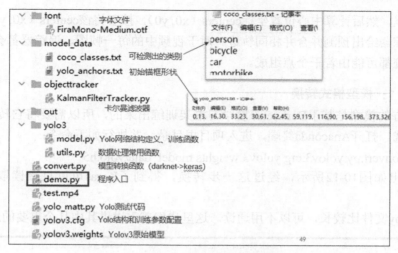

图10-10　初始工程代码

为了实现物体追踪的效果，首先需要得到目标检测的结果。本项目中我们使用的是YOLOv3模型。模型文件可以在YOLO官方网站https://pjreddie.com/media/files/yolov3.weights下载。下载后将文件放入项目根目录。

【任务实施】

1. 处理流程

在本项目中，我们基于目标检测的结果进行人体追踪，流程如图10-11所示。

目标检测和物体
追踪的实施

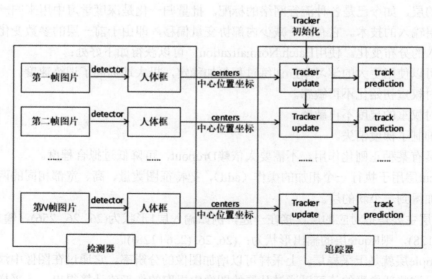

图10-11　项目总体处理流程

由图10-11可见，算法框架由两个部分组成：检测器和追踪器。图片经过检测器，得到人体坐标包围框，然后计算中心位置坐标centers（x0, y0），接着将该centers（x0, y0）输入给追踪器，由追踪器给出预测并合并相同轨迹。对于视频中的每一帧图，追踪器都会给出多条轨迹，每条轨迹都可能由若干个点组成。

2. 步骤1：模型格式转换

由于官方的模型是基于Darknet深度学习框架训练出来的，所以需要将它转换为Keras可以读取的格式。打开Anaconda终端，进入项目根目录，并执行如下命令：

python convert.py yolov3.cfg yolov3.weights model_data/yolo.h5

终端输出如图10-12所示，经过这一步转换，得到了Keras可以直接读取的模型文件yolo.h5。

convert.py文件比较长，可以不用通读。这里我们着重讲讲其中几个重要的层概念。

```
conv2d_59 (Conv2D)          (None, None, None, 2 201375      leaky_re_lu_58[0][0]
----------------------------------------------------------------------------------
conv2d_67 (Conv2D)          (None, None, None, 2 130815      leaky_re_lu_65[0][0]
----------------------------------------------------------------------------------
conv2d_75 (Conv2D)          (None, None, None, 2 65535       leaky_re_lu_72[0][0]
==================================================================================
Total params: 62,001,757
Trainable params: 61,949,149
Non-trainable params: 52,608
----------------------------------------------------------------------------------
None
Saved Keras model to .\model_data\yolo.h5
Read 62001757 of 62001757.0 from Darknet weights.
```

图10-12 模型格式转换执行截图

Batch Normalization，它简称BatchNorm或BN，翻译为"批量归一化"，它是神经网络中一种特殊的层，如今已是各种流行网络的标配。批量归一化是深度学习中用来归一化神经网络中每一层输入的技术。它有助于减少内部协变量偏移，即由于前一层的参数变化而导致的某一层输入的分布变化。使用Batch Normalization，可以获得如下好处：

（1）可以使用更大的学习率，训练过程更加稳定，极大地提高了训练速度。

（2）对权重初始化不再敏感。

（3）对权重的尺度不再敏感。

（4）抑制了梯度消失。

（5）具有某种正则化作用，不需要太依赖Dropout，可降低过拟合程度。

Shortcut层用于执行一个相加的操作（add），把特征图数量、高、宽都相同的两个层的对应像素相加得到一个新的层。

Route层主要是把对应的层连接在一起，例如输入层1形状为(26, 26, 256)，输入层2形状为(26, 26, 128)，则Route层的输出形状为：(26, 26, (256+128))。

Upsample层就是上采样层。上采样可以增加图像的分辨率。它通过在图像中添加新的像素来实现，这些新像素的值可以通过从原始图像中提取的像素值计算得出。上采样可以提高图像的质量，并且可以帮助神经网络更好地识别图像中的特征。

完成模型转换后，我们接下来就进行代码的编写。所有的代码都在demo.py中完成。

3.　步骤 2：引入必要的库

如图 10-13 所示，为程序 demo.py 引入使用到的库，我们将重点使用其中的 YOLO 类和 Tracker 类，它们分别用于人体检测和追踪。

4.　步骤 3：程序初始化

在 demo.py 中，行 99～115 是程序初始化部分，如图 10-14 所示。行 99 指定要读取的视频的路径。行 100 用于初始化轨迹追踪类。行 103～111 使用字典的形式指定 YOLO 初始化时需要使用的一系列参数，包括 YOLO 模型路径、锚框文件说明、检测的类别说明、置信度阈值、IoU 阈值、网络输入的图片大小和使用的硬件。行 112 将这些参数传入 YOLO 对象的构造函数中，生成 YOLO 对象 yolo_test。行 115 用于初始化视频读取器。

```
1   # 引入色彩操作库
2   import colorsys
3   import random
4   import cv2
5   import numpy as np
6   from PIL import Image
7   # 引入YOLO类
8   from yolo_matt import YOLO
9   # 加载卡尔曼滤波函数
10  from objecttracker.KalmanFilterTracker import Tracker
```

图 10-13　在 demo.py 中引入相关库

```
94
95  '''
96       读取视频流，结果保存在out文件夹之中
97  '''
98  # 视频路径
99  path = "test.mov"
100 # 初始化轨迹追踪类
101 tracker = Tracker(100, 8, 15, 100)
102 # 加载keras yolov3 预训练模型
103 yolo_test_args = {
104     "model_path": 'model_data/yolo.h5',
105     "anchors_path": 'model_data/yolo_anchors.txt',
106     "classes_path": 'model_data/coco_classes.txt',
107     "score" : 0.3,
108     "iou" : 0.45,
109     "model_image_size" : (416, 416),
110     "gpu_num" : 1,
111 }
112 yolo_test = YOLO(**yolo_test_args)
113
114
115 cap = cv2.VideoCapture(path)
```

图 10-14　程序初始化

5.　步骤 4：对每一帧执行行人检测和追踪

在图 10-15 中，行 116～132 使用循环对整个视频进行处理。行 119 用于读取当前视频帧，行 123 将视频帧数据从 Numpy 数组格式转换为 YOLO 模型适用的 PIL.Image 格式。行 125 调用 YOLO 对象 yolo_test 的 detect_image 方法将视频帧中的所有物体检测出来，得到绘制好包围框的结果帧 r_image、包围框坐标 out_boxes、包围框置信度 out_scores 和包围框对应的类别 out_classes。行 127 调用 calc_center 得到属于行人的包围框的中心点和数目。行 129 调用 trackerDetection 函数将卡尔曼滤波器、绘制好包围框的结果帧、包围框的中心点、包围框的数目和最大可接受的追踪间断距离传递到物体追踪函数中，最后得到更新了状态的卡尔曼滤波器和物体追踪结果。行 131 将物体追踪结果存盘。

```
116 n = 0
117 while(True):
118     # 读取视频帧
119     ret, frame = cap.read()
120     if frame is None:
121         break
122     # 将视频帧转换为numpy array
123     image = Image.fromarray(frame)
124     # 获得视频帧的目标检测结果
125     r_image,out_boxes, out_scores, out_classes = yolo_test.detect_image(image)
126     # 计算人体检测框中心点和数目
127     centers,number = calc_center(out_boxes,out_classes,out_scores,score_limit = 0.6)
128     # 得到目标追踪结果
129     tracker,result = trackerDetection(tracker,r_image,centers,number,max_point_distance = 20)
130     # 保存结果
131     cv2.imwrite('out/%s.jpg'%n,result, [int(cv2.IMWRITE_JPEG_QUALITY), 100] )
132     n += 1
133 print('Down!')
```

图 10-15　行人检测和追踪

6. 步骤5：计算行人包围框中心点和数量

图10-15中行127所调用的函数calc_center的代码实现如图10-16所示。

```
11      def calc_center(out_boxes,out_classes,out_scores,score_limit = 0.5):
12          """返回人体识别框的中心点"""
13
14          outboxes_filter = []
15          for x,y,z in zip(out_boxes,out_classes,out_scores):
16              # 如果当前检测框含有物体可能性大于某个阈值
17              if z > score_limit:
18                  # 如果包含物体的类别是person
19                  if y == 0:
20                      # 将检测框加入需要计算轨迹的集合
21                      outboxes_filter.append(x)
22
23          centers= []
24          number = len(outboxes_filter)
25          for box in outboxes_filter:
26              top, left, bottom, right = box
27              # 计算人体检测框的中心点
28              center=np.array([[(left+right)//2],[(top+bottom)//2]])
29              centers.append(center)
30          return centers,number
```

图10-16　计算包围框中心点和数量

图10-16中行14初始化了一个保存行人包围框坐标的数组。行15~21通过遍历所有包围框的类别和置信度，判断一个包围框是否包含行人。行17表示如果当前包围框置信度大于阈值score_limit，则进入下一个判断，否则将该包围框抛弃。YOLOv3模型是在包含了80个类别的COCO数据集上训练得到的，由于我们需要追踪的仅仅是人体，所以这里只保留检测出人体（类别序号为0）的边界框。

行23初始化行人包围框中心点数组。行25~29遍历每个行人包围框，通过行28计算水平和垂直的中点坐标并记录下来。行30返回中心点数组和行人包围框数量。

7. 步骤6：获取追踪结果并绘制

图10-15中行129调用的函数trackerDetection其代码如图10-17所示。

行59得到可用于绘制轨迹的不同颜色的值的列表。行61将PIL.Image格式的图片转换为Numpy数组格式。行62定义字体，行63在当前帧的左上角绘制代表画面中行人数量的文字。

行67使用卡尔曼滤波法判断每个在上一帧当中出现的行人在当前帧当中的位置，并记录每个属于同一个行人的轨迹，调用tracker.Update函数后，同一物体的最新轨迹会被记录下来。行70遍历所有的追踪轨迹，行73得到轨迹在当前帧的点坐标，行74在行人当前坐标位置绘制其编号。行75~86首先计算出轨迹在当前帧和前一帧的位置坐标，然后在这两个位置之间绘制线段，即追踪的轨迹。

图10-17中行59调用了get_colors_for_classes函数，针对不同的轨迹生成不同的轨迹颜色。该函数定义如图10-18所示。

图10-19所示是追踪结果的示意图，方形框是程序检测出的边界框，不同颜色的线条是追踪行人得到的轨迹。

```
51   def trackerDetection(tracker,image,centers,number,max_point_distance = 30,max_colors = 20,track_id_size = 0.8):
52       '''
53           - max_point_distance为两个点之间的欧式距离不能超过30
54           - 有多条轨迹,tracker.tracks;
55           - 每条轨迹有多个点,tracker.tracks[i].trace
56           - max_colors,最大颜色数量
57           - track_id_size,显示的标记字体大小
58       '''
59       track_colors = get_colors_for_classes(max_colors)
60
61       result = np.asarray(image)
62       font = cv2.FONT_HERSHEY_SIMPLEX
63       cv2.putText(result, str(number), (20, 40), font, 1, (0, 0, 255), 5)  # 在上角,人数计数
64
65       if (len(centers) > 0):
66           # 使用卡尔曼滤波跟踪轨迹
67           tracker.Update(centers)
68           # For identified object tracks draw tracking line
69           # 使用不同的颜色区别不同的跟踪id
70           for i in range(len(tracker.tracks)):
71               # 多条轨迹
72               if (len(tracker.tracks[i].trace) > 1):
73                   x0,y0 = tracker.tracks[i].trace[-1][0][0],tracker.tracks[i].trace[-1][1][0]
74                   cv2.putText(result,str(tracker.tracks[i].track_id),(int(x0),int(y0)),font,track_id_size,(255, 255, 255),4)
75                   for j in range(len(tracker.tracks[i].trace) - 1):
76                       # 每条轨迹的每个点
77                       # 画出轨迹
78                       x1 = tracker.tracks[i].trace[j][0][0]
79                       y1 = tracker.tracks[i].trace[j][1][0]
80                       x2 = tracker.tracks[i].trace[j + 1][0][0]
81                       y2 = tracker.tracks[i].trace[j + 1][1][0]
82                       clr = tracker.tracks[i].track_id % 9
83                       distance = ((x2 - x1) ** 2 + (y2 - y1)**2)**0.5
84                       if distance < max_point_distance:
85                           cv2.line(result, (int(x1), int(y1)), (int(x2), int(y2)),
86                                    track_colors[clr], 4)
87       return tracker,result
```

图10-17　trackerDetection函数的定义

```
33   def get_colors_for_classes(num_classes):
34       """根据给定的类别数量返回同样数量的轨迹颜色"""
35       #如果类别数量不变,则返回原来的颜色
36       if (hasattr(get_colors_for_classes, "colors") and
37               len(get_colors_for_classes.colors) == num_classes):
38           return get_colors_for_classes.colors
39
40       # 在hsv色彩空间的h方向上均匀采样与类别数量相同的点,s和v固定为1
41       hsv_tuples = [(x / num_classes, 1., 1.) for x in range(num_classes)]
42       # 将hsv空间上的采样点的值转换为rgb值
43       colors = list(map(lambda x: colorsys.hsv_to_rgb(*x), hsv_tuples))
44       colors = list(
45           map(lambda x: (int(x[0] * 255), int(x[1] * 255), int(x[2] * 255)),
46               colors))
47
48       get_colors_for_classes.colors = colors  # 将颜色保存
49       return colors
50
```

图10-18　get_colors_for_classes函数的定义

图10-19　追踪结果示意图

彩图

【任务拓展】

1．本项目追踪的是人体，同学们可以尝试修改calc_center函数并更换输入视频，验证追踪其他类别物体的效果。

2．本项目模型结构使用的是YOLOv3原版模型，同学们可以尝试将该模型替换为轻量版的 YOLOv3_tiny， 其官方预训练模型位于网址： https://pjreddie.com/media/files/yolov3-tiny.weights。

3．在PyCharm中打印所使用的YOLOv3模型（yolo.h5文件）的体系结构，打印每一层的权重。

【项目小结】

通过本章项目的学习和训练，学生应掌握如何使用YOLO进行目标检测，以及如何基于目标检测结果进行目标追踪。

10.2 课后习题

一、单选题

1．在YOLOv2的训练过程中，为了提升模型效果，使用了一些预定义好大小的矩形框，它们被称为（ ）。

    A、边界框   B、识别框   C、锚框   D、参考框

2．对于目标检测网络，模型会输出什么信息代表物体的位置？（ ）

    A、物体外轮廓的像素点坐标

    B、边界框的左上角点坐标和右下角点坐标

    C、边界框的左上角点坐标、宽度、高度

    D、边界框的中心点坐标、宽度、高度

3．卡尔曼滤波可以用来（ ）。

    A、对单张图片进行目标检测

    B、根据物体的历史状态预测其未来的位置信息

    C、计算交并比

    D、统计图中不同物体的类别和个数

4．交并比的取值范围是（ ）。

    A、0 到正无穷   B、负无穷到正无穷   C、−1 到 1   D、0 到 1

5．如果要将目标检测模型部署到算力有限的小型设备上，我们应优先选择哪一类网络？（ ）

    A、R-CNN   B、YOLO   C、SSD

二、多选题

1. 目标检测的结果应包含哪些信息？（　　）

    A、物体的包围框的位置和大小　　　　　　B、物体的类别

    C、物体的外轮廓　　　　　　　　　　　　D、物体的个数

2. 常见的基于深度学习进行目标检测的模型有哪些？（　　）

    A、R-CNN　　　　　B、YOLO　　　　　　C、SSD　　　　　　　D、SVM

三、判断题

YOLO是端到端的目标检测方法。（　　）

10.3　本 章 小 结

    本章的项目只是引导大家去应用YOLO等深度学习模型，如果想做到灵活应用或者深度应用，我们还需付出更多的努力，正如习近平总书记所言，"读原著、学原文、悟原理"是最有效的学习方法。

    为了充分了解YOLO算法，阅读原始研究论文很重要，该系列论文详细解释了算法中使用的基本原理和技术。此外，了解YOLO的代码实现可以帮助你加深对该系列算法内部工作的理解。为了灵活地应用YOLO算法，必须了解该算法的各个组成部分是如何协同工作的，包括主干网络、特征提取器、锚框和非极大抑制。此外，了解如何针对具体应用微调预训练模型，有助于提高算法的准确性和效率。

    图10-20所示是第10章的思维导图。

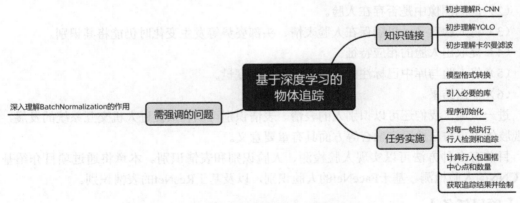

图10-20　第10章的思维导图

第 11 章　基于深度学习的人脸相关应用

深度学习在计算机视觉中最常见的应用之一是人脸检测、识别和表情识别。

人脸检测涉及定位图像或视频中的人脸。它被广泛用于安全系统、监控摄像机和数码相机。深度学习技术使人脸检测算法能够在各种条件下稳健地工作，如光线变化、面部表情变化和遮挡等。

人脸识别涉及到通过比较一个人的面部特征和数据库中的特征来识别一个特定的人。这项技术被用于安全系统和认证系统。

面部表情识别是计算机视觉的一个子领域，涉及检测和识别不同的面部表情，如快乐、悲伤或愤怒等。这项技术被用于包括心理学、人机交互和市场研究在内的各个方面。

11.1　项目 12　人脸检测、人脸识别和表情识别

【项目导入】

正如前文所言，人脸检测、识别和表情识别是计算机视觉应用的典型代表。人脸是人体最重要的特征之一，其图像可以方便地通过数码相机、摄像机等设备取得。现今，人脸识别已经成为了鉴别身份的重要手段。

一般来说，人脸识别包括以下步骤：

（1）输入图像。

（2）检测图像中是否存在人脸。

（3）将人脸对齐，以确保在人脸表情、头部姿势等发生变化时仍能将其识别。

（4）提取出人脸的相应特征。

（5）将人脸与库中已标注的人脸进行相似度度量。

（6）输出结果。

进一步地，我们还可以识别人的表情。表情识别可以有效促进人机交互系统的发展，在实现肢体语言与自然语言融合等方面具有重要意义。

目前有多种方法可以实现人脸检测、人脸识别和表情识别。本章将通过项目介绍基于MTCNN的人脸检测、基于FaceNet的人脸识别，以及基于ResNet的表情识别。

【项目任务】

本章节的项目任务包括：

（1）基于MTCNN进行人脸检测。

（2）基于FaceNet进行人脸识别。

（3）基于ResNet进行表情识别。

其中任务（1）和任务（2）不含模型训练的部分，而是采用已经训练好的模型，因此没有相应的训练集和验证集，仅需自行构造人脸数据库和测试集。其中任务（3）使用Kaggle

ICML表情数据集，该数据集包含35887张48×48大小的表情灰度图片，共计7种表情类别：愤怒、厌恶、恐惧、高兴、悲伤、惊讶和中性，并被保存在csv文件中（保存的是像素值）。本项目使用与该数据集对应的icml_face_data.csv文件中的数据，数据包括三类标签：Training、PrivateTest和PublicTest，分别对应本章表情识别项目的训练集、验证集和测试集，共计28709张图片用于训练，3589张图片用于验证，3589张图片用于测试。

【项目目标】

1. 知识目标

（1）了解基于MTCNN的人脸检测原理。

（2）了解基于FaceNet的人脸识别原理。

（3）了解基于ResNet的表情识别原理。

2. 技能目标

（1）能够基于MTCNN进行人脸检测。

（2）能够基于FaceNet进行人脸识别。

（3）能够基于ResNet进行表情识别。

3. 职业素养目标

（1）培养学生严谨、细致、规范的职业素质。

（2）培养学生团队协作和表达沟通能力。

（3）培养学生跟踪新技术和创新设计能力。

（4）培养学生的技术标准意识、操作规范意识和服务质量意识等。

【知识链接】

人脸检测、人脸识别
和表情识别项目描
述与知识链接

11.1.1　基于 MTCNN 的人脸检测原理

多任务卷积神经网络（Multi-task Convolutional Neural Network，MTCNN）将人脸区域检测与人脸关键点检测放在一起，主要采用了三个级联的网络。这三个级联的网络分别是快速生成候选框的P-Net、进行高精度候选框过滤选择的R-Net和生成最终候选框与人脸关键点的O-Net，如图11-1所示。和很多处理图像问题的卷积神经网络模型类似，该模型也用到了图像金字塔、非极大抑制等方法。

P-Net、R-Net和O-Net的体系结构如图11-2所示，其中"MP"表示最大池化，"Conv"表示卷积。卷积和池化中的步长分别为1和2。

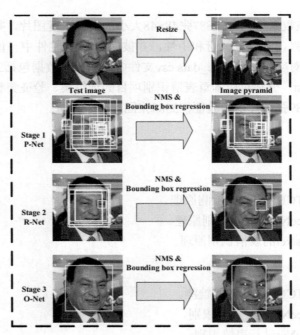

图11-1　MTCNN处理流程

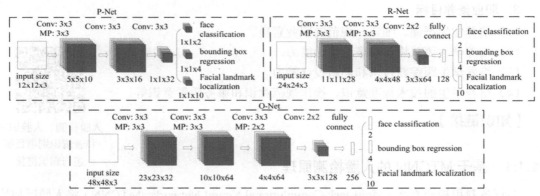

图11-2　P-Net、R-Net和O-Net的体系结构

11.1.2　基于 FaceNet 的人脸识别原理

　　FaceNet模型将人脸图像映射到一个紧凑的欧氏空间。在这个空间中，距离直接对应人脸相似度的度量。当这个空间建立后，就可以通过使用FaceNet输出的编码作为特征向量来进一步实现人脸识别、验证、聚类等任务。FaceNet使用深度神经网络直接优化输出的编码，其体系结构如图11-3所示。FaceNet各层详情如图11-4所示。

图11-3　FaceNet的体系结构

layer	size-in	size-out	kernel	param	FLPS
conv1	220×220×3	110×110×64	7×7×3, 2	9K	115M
pool1	110×110×64	55×55×64	3×3×64, 2	0	
rnorm1	55×55×64	55×55×64		0	
conv2a	55×55×64	55×55×64	1×1×64, 1	4K	13M
conv2	55×55×64	55×55×192	3×3×64, 1	111K	335M
rnorm2	55×55×192	55×55×192		0	
pool2	55×55×192	28×28×192	3×3×192, 2	0	
conv3a	28×28×192	28×28×192	1×1×192, 1	37K	29M
conv3	28×28×192	28×28×384	3×3×192, 1	664K	521M
pool3	28×28×384	14×14×384	3×3×384, 2	0	
conv4a	14×14×384	14×14×384	1×1×384, 1	148K	29M
conv4	14×14×384	14×14×256	3×3×384, 1	885K	173M
conv5a	14×14×256	14×14×256	1×1×256, 1	66K	13M
conv5	14×14×256	14×14×256	3×3×256, 1	590K	116M
conv6a	14×14×256	14×14×256	1×1×256, 1	66K	13M
conv6	14×14×256	14×14×256	3×3×256, 1	590K	116M
pool4	14×14×256	7×7×256	3×3×256, 2	0	
concat	7×7×256	7×7×256		0	
fc1	7×7×256	1×32×128	maxout p=2	103M	103M
fc2	1×32×128	1×32×128	maxout p=2	34M	34M
fc7128	1×32×128	1×1×128		524K	0.5M
L2	1×1×128	1×1×128		0	
total				140M	1.6B

图11-4　FaceNet各层详情

11.1.3　基于 ResNet 的表情识别原理

与第9章的猫狗二分类项目类似，本章实现的是端到端的表情多分类目标。在项目搭建、定义可配置项、构建数据集、数据预处理、模型构建、模型训练、模型评价、模型保存、项目程序执行等方面与第9章一致。需要注意的是，在表情识别项目中，我们使用的是ResNet50预训练模型，ResNet系列模型的主要体系结构如图11-5所示。

layer name	output size	18-layer	34-layer	50-layer	101-layer	152-layer
conv1	112×112	7×7, 64, stride 2				
		3×3 max pool, stride 2				
conv2_x	56×56	$\begin{bmatrix} 3×3, 64 \\ 3×3, 64 \end{bmatrix}×2$	$\begin{bmatrix} 3×3, 64 \\ 3×3, 64 \end{bmatrix}×3$	$\begin{bmatrix} 1×1, 64 \\ 3×3, 64 \\ 1×1, 256 \end{bmatrix}×3$	$\begin{bmatrix} 1×1, 64 \\ 3×3, 64 \\ 1×1, 256 \end{bmatrix}×3$	$\begin{bmatrix} 1×1, 64 \\ 3×3, 64 \\ 1×1, 256 \end{bmatrix}×3$
conv3_x	28×28	$\begin{bmatrix} 3×3, 128 \\ 3×3, 128 \end{bmatrix}×2$	$\begin{bmatrix} 3×3, 128 \\ 3×3, 128 \end{bmatrix}×4$	$\begin{bmatrix} 1×1, 128 \\ 3×3, 128 \\ 1×1, 512 \end{bmatrix}×4$	$\begin{bmatrix} 1×1, 128 \\ 3×3, 128 \\ 1×1, 512 \end{bmatrix}×4$	$\begin{bmatrix} 1×1, 128 \\ 3×3, 128 \\ 1×1, 512 \end{bmatrix}×8$
conv4_x	14×14	$\begin{bmatrix} 3×3, 256 \\ 3×3, 256 \end{bmatrix}×2$	$\begin{bmatrix} 3×3, 256 \\ 3×3, 256 \end{bmatrix}×6$	$\begin{bmatrix} 1×1, 256 \\ 3×3, 256 \\ 1×1, 1024 \end{bmatrix}×6$	$\begin{bmatrix} 1×1, 256 \\ 3×3, 256 \\ 1×1, 1024 \end{bmatrix}×23$	$\begin{bmatrix} 1×1, 256 \\ 3×3, 256 \\ 1×1, 1024 \end{bmatrix}×36$
conv5_x	7×7	$\begin{bmatrix} 3×3, 512 \\ 3×3, 512 \end{bmatrix}×2$	$\begin{bmatrix} 3×3, 512 \\ 3×3, 512 \end{bmatrix}×3$	$\begin{bmatrix} 1×1, 512 \\ 3×3, 512 \\ 1×1, 2048 \end{bmatrix}×3$	$\begin{bmatrix} 1×1, 512 \\ 3×3, 512 \\ 1×1, 2048 \end{bmatrix}×3$	$\begin{bmatrix} 1×1, 512 \\ 3×3, 512 \\ 1×1, 2048 \end{bmatrix}×3$
	1×1	average pool, 1000-d fc, softmax				
FLOPs		$1.8×10^9$	$3.6×10^9$	$3.8×10^9$	$7.6×10^9$	$11.3×10^9$

图11-5　ResNet系列模型的主要体系结构

【项目准备】

1. 硬件条件

一台计算机（带GPU）。

2. 软件条件

项目所需软件如下：

（1）Windows 10，64位。

（2）PyCharm Windows社区版，Version: 2021.2.1，Build: 212.5080.64。

（3）Anaconda创建的Python 3.6.10环境。

（4）CUDA 10.0.130。

（5）cuDNN 7.6.5。

（6）TensorFlow (GPU版) 1.14.0。

（7）Keras 2.2.5。

（8）OpenCV-Python 4.5.3.56、Numpy 1.19.5、Matplotlib 3.3.4、pandas 1.1.5、keras-vggface 0.6、h5py 2.10等。

3. 其他条件

已初步掌握以下知识。

（1）卷积神经网络。包括卷积神经网络的概念、特征图、卷积运算、池化等。

（2）数据预处理。包括图像缩放、图像增强等。

（3）模型训练的常用策略。包括从头开始训练、使用预训练模型进行特征提取、对预训练模型进行微调等。

（4）TensorFlow和Keras的使用方法。包括项目搭建、定义可配置项、构建数据集、数据预处理、模型构建、模型训练、模型评价、模型使用等方面的常用类和函数。

【任务实施】

1. 项目任务概述

本项目包括两个子项目：①人脸检测和人脸识别子项目；②表情识别子项目，共计包含10项任务，如图11-6所示。

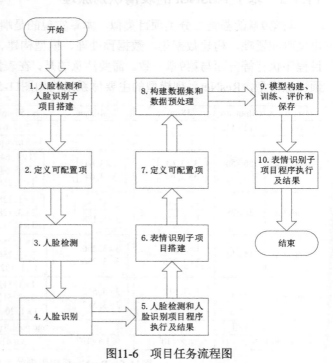

图11-6 项目任务流程图

2. 步骤 1：人脸检测和人脸识别子项目搭建

使用PyCharm搭建人脸检测和人脸识别子项目框架，如图11-7所示。需要注意的是，人脸检测和人脸识别子项目中的文件（夹）均需自行构建。

database文件夹为人脸数据库，存放已知的人脸图片，文件名为人的身份标识，如编号或人名，如图11-8所示。

人脸检测、人脸识别和表情识别项目任务实施

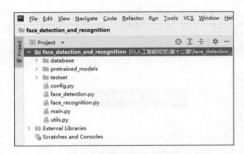

图11-7　人脸检测和人脸识别项目文件目录

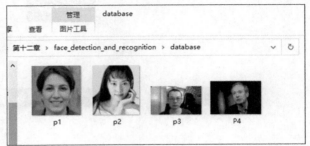

图11-8　database文件夹示例

pretrained_models文件夹存放了预训练模型（权重）文件，如图11-9所示。

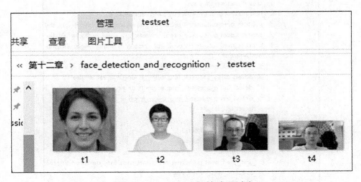

图11-9　pretrained_models文件夹示例

testset文件夹存放待测试图片，用于展示人脸检测和人脸识别子项目程序执行的效果，如图11-10所示。

图11-10　testset文件夹示例

本子项目中的Python文件描述如下：

（1）config.py。config.py文件为人脸检测和人脸识别项目的配置文件，用于配置文件路径、算法相关的阈值等。

（2）face_detection.py。face_detection.py文件封装了人脸检测的相关类、方法和函数。

（3）face_recognition.py。face_recognition.py文件封装了人脸识别的相关类、方法和函数。

（4）main.py。main.py文件封装了人脸检测和人脸识别项目的主函数。

（5）utils.py。utils.py文件封装了常用辅助函数，如将矩形调整为正方形的函数等。

人脸检测和人脸识别子项目中Python文件之间的关系如图11-11所示。

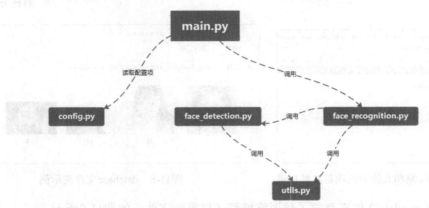

图11-11　人脸检测和人脸识别子项目Python文件之间的关系

人脸检测和人脸识别子项目中Python文件、类、方法、函数的映射关系如图11-12所示。

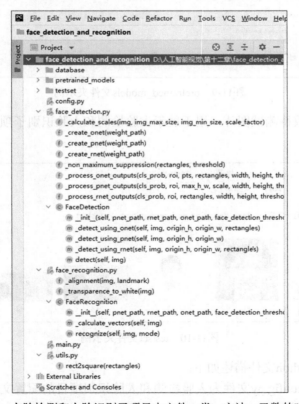

图11-12　人脸检测和人脸识别子项目中文件、类、方法、函数的映射关系

　　人脸检测和人脸识别子项目的UML顺序图如图11-13所示。需要注意的是，本章节的程序并非完全面向对象，因此图11-13未严格遵守UML中关于绘制顺序图的所有规定，例如图11-13中顶端的元素并非对象和类，而是以Python文件作为分析的最小粒度。此外，在本子项目中，设计了两个模式："image"模式和"video"模式，分别实现了从图片中识别人脸和从摄像头的视频帧中识别人脸。受限于篇幅，图11-13仅包含"image"模式，以及核心的三个Python文件：main.py、face_recognition.py和face_detection.py。

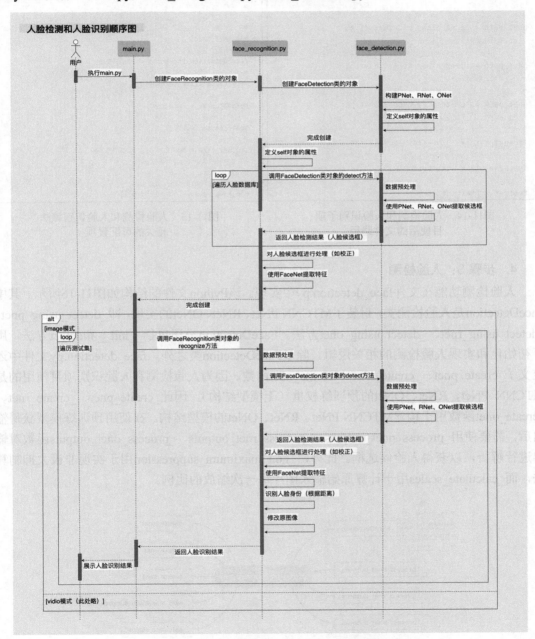

图11-13　人脸检测和人脸识别子项目顺序图

3. 步骤2：定义可配置项

可配置项包括文件路径、输入的模式（图片或视频）、人脸检测算法相关阈值、人脸识别算法相关阈值等。本步骤在config.py中完成。

（1）定义人脸检测和人脸识别子项目使用的文件路径（config.py），如图11-14所示。

（2）定义人脸检测和人脸识别算法相关的可配置项，如图11-15所示。

图11-14 人脸检测和人脸识别子项目使用的文件路径

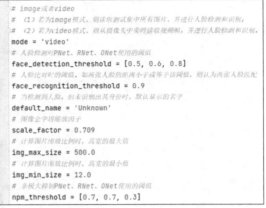

图11-15 人脸检测和人脸识别算法相关的可配置项

4. 步骤3：人脸检测

人脸检测功能在文件face_detection.py中实现。该Python文件的结构如图11-16所示。其中FaceDetection是人脸检测类，封装了MTCNN PNet、RNet、ONet的实现，即_detect_using_pnet、_detect_using_rnet、_detect_using_onet方法。FaceDetection类还包括__init__和detect方法，用于初始化和实现人脸检测的相关逻辑。除了FaceDetection类之外，face_detection.py文件中还定义了_create_pnet、_create_rnet、_create_onet函数。因为人脸检测和人脸识别项目使用的是MTCNN PNet、RNet、ONet的预训练权重（无模型结构），因此_create_pnet、_create_rnet、_create_onet函数用于构建MTCNN PNet、RNet、ONet的模型结构。在使用预训练模型获得输出后，需要使用_process_pnet_outputs、_process_rnet_outputs、_process_onet_outputs函数对输出进行解析，以获得人脸候选框。此外，_non_maximum_suppression用于实现非极大抑制算法，而_calculate_scales用于计算原始输入图片每一次缩放的比例。

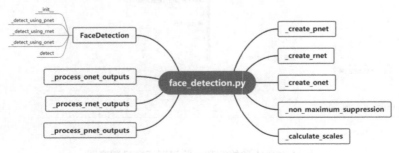

图11-16 face_detection.py结构

FaceDetection类中＿＿init＿＿方法的代码如图11-17所示。

```python
def __init__(self,
             pnet_path,
             rnet_path,
             onet_path,
             face_detection_threshold,
             img_max_size,
             img_min_size,
             scale_factor,
             npm_threshold):
    """ FaceDetection初始化方法

    :param pnet_path: PNet预训练权重的文件路径
    :param rnet_path: RNet预训练权重的文件路径
    :param onet_path: ONet预训练权重的文件路径
    :param face_detection_threshold: 人脸检测时PNet、RNet、ONet使用的阈值
    :param img_max_size: 计算图片缩放比例时，高宽的最大值
    :param img_min_size: 计算图片缩放比例时，高宽的最小值
    :param scale_factor: 图像金字塔缩放因子
    :param npm_threshold: 非极大抑制PNet、RNet、ONet使用的阈值
    """

    # 构建PNet模型
    self.pnet = _create_pnet(pnet_path)
    # 构建RNet模型
    self.rnet = _create_rnet(rnet_path)
    # 构建ONet模型
    self.onet = _create_onet(onet_path)
    # 人脸检测时PNet、RNet、ONet使用的阈值
    self.face_detection_threshold = face_detection_threshold
    # 计算图片缩放比例时，高宽的最大值
    self.img_max_size = img_max_size
    # 计算图片缩放比例时，高宽的最小值
    self.img_min_size = img_min_size
    # 图像金字塔缩放因子
    self.scale_factor = scale_factor
    # 非极大抑制PNet、RNet、ONet使用的阈值
    self.npm_threshold = npm_threshold
```

图11-17　FaceDetection类中＿＿init＿＿方法的代码

FaceDetection类中_detect_using_pnet方法的代码如图11-18和图11-19所示。

```python
def _detect_using_pnet(self, img, origin_h, origin_w):
    """ 使用PNet获得人脸候选框

    :param img: 原始图片
    :param origin_h: 原始图片的高
    :param origin_w: 原始图片的宽
    :return:
        rectangles: 人脸候选框
    """

    # 计算原始输入图片每一次缩放的比例
    scales = _calculate_scales(img,
                               self.img_max_size,
                               self.img_min_size,
                               self.scale_factor)

    # 用于保存一张图片按不同比例缩放后经过PNet的输出结果
    pnet_results = []
    # 遍历每一个缩放比例
    for scale in scales:
        # 取得缩放后的高和宽
        hs = int(origin_h * scale)
        ws = int(origin_w * scale)
        # 将copy_img缩放
        scale_img = cv2.resize(img, (ws, hs))
        # 扩展数组形状（0轴）
        inputs = np.expand_dims(scale_img, 0)
        # 使用PNet网络获得人脸候选框
        pnet_outputs = self.pnet.predict(inputs)
        # output第一维是批次大小
        # 因为每次只取一张图片，因此批次大小总是等于1，可以将其去掉
        pnet_outputs = [pnet_outputs[0][0], pnet_outputs[1][0]]
        # 将该图片经过PNet的输出放入pnet_results
        pnet_results.append(pnet_outputs)
```

图11-18　FaceDetection类中_detect_using_pnet方法的代码（第一部分）

```
    # 用于保存所有候选框
    rectangles = []
    # 遍历每一个缩放比例
    for i in range(len(scales)):
        # 取得该缩放比例下人脸分类结果（二分类；[:, :, 1]为是人脸的概率）
        cls_prob = pnet_results[i][0][:, :, 1]
        # 取得该缩放比例下候选框的回归结果
        roi = pnet_results[i][1]
        # 取出每个缩放后图片的高和宽，并取其最大值
        img_height, img_width = cls_prob.shape
        max_hw = max(img_height, img_width)
        # 对PNet的结果进行解析，获得候选框
        rectangle = _process_pnet_outputs(cls_prob,
                                          roi,
                                          max_hw,
                                          1 / scales[i],
                                          origin_w,
                                          origin_h,
                                          self.face_detection_threshold[0])
        # 将结果加入rectangles
        rectangles.extend(rectangle)

    # 进行非极大抑制
    rectangles = np.array(_non_maximum_suppression(rectangles, self.npm_threshold[0]))

    # 返回结果
    return rectangles
```

图11-19　FaceDetection类中_detect_using_pnet方法的代码（第二部分）

FaceDetection类中_detect_using_rnet方法的代码如图11-20所示。

```python
def _detect_using_rnet(self, img, origin_h, origin_w, rectangles):
    """ 使用RNet获得人脸候选框

    :param img: 原始图片
    :param origin_h: 原始图片的高
    :param origin_w: 原始图片的宽
    :param rectangles: 经过PNet获得的人脸候选框
    :return:
        rectangles: 人脸候选框
    """

    # 存储RNet的输入
    rnet_inputs = []
    # 遍历所有候选框
    for rectangle in rectangles:
        # 利用上面获取到的候选框坐标，在原图上进行截取
        crop_img = img[int(rectangle[1]):int(rectangle[3]), int(rectangle[0]):int(rectangle[2])]
        # 将截取到的图片调整成24x24
        scale_img = cv2.resize(crop_img, (24, 24))
        # 将调整大小后的图片放入rnet_inputs
        rnet_inputs.append(scale_img)

    # 获得RNet的输出
    cls_prob, roi_prob = self.rnet.predict(np.array(rnet_inputs))
    # 对RNet的结果进行解析，获得候选框
    rectangles = _process_rnet_outputs(cls_prob,
                                       roi_prob,
                                       rectangles,
                                       origin_w,
                                       origin_h,
                                       self.face_detection_threshold[1],
                                       self.npm_threshold[1])

    # 返回结果
    return rectangles
```

图11-20 FaceDetection类中_detect_using_rnet方法的代码

FaceDetection类中_detect_using_onet方法的代码如图11-21所示。

```python
def _detect_using_onet(self, img, origin_h, origin_w, rectangles):
    """ 使用ONet获得人脸候选框

    :param img: 原始图片
    :param origin_h: 原始图片的高
    :param origin_w: 原始图片的宽
    :param rectangles: 经过RNet获得的人脸候选框
    :return:
        rectangles: 人脸候选框
    """

    # 存储ONet的输入
    onet_inputs = []
    # 遍历所有候选框
    for rectangle in rectangles:
        # 利用上面获取到的候选框坐标, 在原图上进行截取
        crop_img = img[int(rectangle[1]):int(rectangle[3]), int(rectangle[0]):int(rectangle[2])]
        # 将截取到的图片调整成48x48
        scale_img = cv2.resize(crop_img, (48, 48))
        # 将调整大小后的图片放入onet_inputs
        onet_inputs.append(scale_img)

    # 获得ONet的输出
    cls_prob, roi_prob, pts_prob = self.onet.predict(np.array(onet_inputs))

    # 对ONet的结果进行解析, 获得候选框
    rectangles = _process_onet_outputs(cls_prob,
                                       roi_prob,
                                       pts_prob,
                                       rectangles,
                                       origin_w,
                                       origin_h,
                                       self.face_detection_threshold[2],
                                       self.npm_threshold[2])

    # 返回结果
    return rectangles
```

图11-21　FaceDetection类中_detect_using_onet方法的代码

FaceDetection类中detect方法的代码如图11-22所示。

```python
def detect(self, img):
    """ 人脸检测

    :param img: 原始图片
    :return:
        rectangles: 人脸检测结果（人脸候选框）
    """

    # 归一化
    img = (img - 127.5) / 127.5
    # 取得copy_img的高和宽
    origin_h, origin_w, _ = img.shape

    # 使用PNet提取候选框
    rectangles = self._detect_using_pnet(img, origin_h, origin_w)
    # 如果没有候选框，则返回，不再进行后续步骤
    if len(rectangles) == 0:
        return rectangles

    # 使用RNet提取候选框
    rectangles = self._detect_using_rnet(img, origin_h, origin_w, rectangles)
    # 如果没有候选框，则返回，不再进行后续步骤
    if len(rectangles) == 0:
        return rectangles

    # 使用ONet提取候选框
    rectangles = self._detect_using_onet(img, origin_h, origin_w, rectangles)

    # 返回人脸检测结果（人脸候选框）
    return rectangles
```

图11-22　FaceDetection类中detect方法的代码

_create_pnet函数的代码如图11-23所示。

```
def _create_pnet(weight_path):
    """ 构建PNet模型

    :param weight_path: PNet预训练权重的文件路径
    :return:
        model: PNet模型
    """

    # 定义输入的形状
    # 注意，以下采用Keras函数式构建模型的方法
    inputs = Input(shape=[None, None, 3])

    # 增加卷积层，其过滤器数量为10，卷积核大小为3*3
    x = Conv2D(10, (3, 3), name='conv1')(inputs)
    # 增加PReLU层，且轴1、2共享参数
    x = PReLU(shared_axes=[1, 2], name='PReLU1')(x)
    # 增加最大池化层，其池化窗口为2*2
    x = MaxPool2D(pool_size=2)(x)
    # 增加卷积层，其过滤器数量为16，卷积核大小为3*3
    x = Conv2D(16, (3, 3), name='conv2')(x)
    # 增加PReLU层，且轴1、2共享参数
    x = PReLU(shared_axes=[1, 2], name='PReLU2')(x)
    # 增加卷积层，其过滤器数量为32，卷积核大小为3*3
    x = Conv2D(32, (3, 3), name='conv3')(x)
    # 增加PReLU层，且轴1、2共享参数
    x = PReLU(shared_axes=[1, 2], name='PReLU3')(x)
    # 增加卷积层，其过滤器数量为2，卷积核大小为1*1，激活函数为softmax
    classifier = Conv2D(2, (1, 1), activation='softmax', name='conv4-1')(x)
    # 增加卷积层，其过滤器数量为4，卷积核大小为1*1，激活函数为softmax
    bbox_regress = Conv2D(4, (1, 1), name='conv4-2')(x)

    # 定义Model类的对象
    model = Model([inputs], [classifier, bbox_regress])
    # 加载预训练权重
    # 注意这里设置了by_name为True，上述各层的名字不可修改
    model.load_weights(weight_path, by_name=True)

    # 返回模型
    return model
```

图11-23　_create_pnet函数的代码

_create_rnet函数的代码如图11-24所示。

```python
def _create_rnet(weight_path):
    """ 构建RNet模型

    :param weight_path: RNet预训练权重的文件路径
    :return:
        model: RNet模型
    """

    # 定义输入的形状
    # 注意：以下采用Keras函数式构建模型的方法
    inputs = Input(shape=[24, 24, 3])
    # 增加卷积层，其过滤器数量为28，卷积核大小为3*3
    x = Conv2D(28, (3, 3), name='conv1')(inputs)
    # 增加PReLU层，且轴1、2共享参数
    x = PReLU(shared_axes=[1, 2], name='prelu1')(x)
    # 增加最大池化层，其池化窗口为3*3，步长为2，补全的方式为same
    x = MaxPool2D(pool_size=3, strides=2, padding='same')(x)
    # 增加卷积层，其过滤器数量为48，卷积核大小为3*3
    x = Conv2D(48, (3, 3), name='conv2')(x)
    # 增加PReLU层，且轴1、2共享参数
    x = PReLU(shared_axes=[1, 2], name='prelu2')(x)
    # 增加最大池化层，其池化窗口为3*3，步长为2
    x = MaxPool2D(pool_size=3, strides=2)(x)
    # 增加卷积层，其过滤器数量为64，卷积核大小为2*2
    x = Conv2D(64, (2, 2), name='conv3')(x)
    # 增加PReLU层，且轴1、2共享参数
    x = PReLU(shared_axes=[1, 2], name='prelu3')(x)
    # 增加Permute层，将输入的轴按3、2、1置换
    x = Permute((3, 2, 1))(x)
    # 增加Flatten层，用于将上一层的输出压平为一维
    x = Flatten()(x)
    # 增加全连接层，该层有128个神经元
    x = Dense(128, name='conv4')(x)
    # 增加PReLU层
    x = PReLU(name='prelu4')(x)
    # 增加全连接层，该层有2个神经元，激活函数为softmax
    classifier = Dense(2, activation='softmax', name='conv5-1')(x)
    # 增加全连接层，该层有4个神经元
    bbox_regress = Dense(4, name='conv5-2')(x)

    # 定义Model类的对象
    model = Model([inputs], [classifier, bbox_regress])
    # 加载预训练权重
    # 注意这里设置了by_name为True，上述各层的名字不可修改
    model.load_weights(weight_path, by_name=True)

    # 返回模型
    return model
```

图11-24　_create_rnet函数的代码

_create_onet函数的代码如图11-25所示。

```python
def _create_onet(weight_path):
    """ 构造ONet模型

    :param weight_path: ONet预训练权重的文件路径
    :return:
        model: ONet模型
    """

    # 定义输入的形状
    # 注意, 以下采用Keras函数式构造模型的方法
    inputs = Input(shape=[48, 48, 3])
    # 增加卷积层, 其过滤器数量为32, 卷积核大小为3*3
    x = Conv2D(32, (3, 3), name='conv1')(inputs)
    # 增加PReLU层, 且轴1、2共享参数
    x = PReLU(shared_axes=[1, 2], name='prelu1')(x)
    # 增加最大池化层, 其池化窗口为3*3, 步长为2, 补全的方式为same
    x = MaxPool2D(pool_size=3, strides=2, padding='same')(x)
    # 增加卷积层, 其过滤器数量为64, 卷积核大小为3*3
    x = Conv2D(64, (3, 3), name='conv2')(x)
    # 增加PReLU层, 且轴1、2共享参数
    x = PReLU(shared_axes=[1, 2], name='prelu2')(x)
    # 增加最大池化层, 其池化窗口为3*3, 步长为2
    x = MaxPool2D(pool_size=3, strides=2)(x)
    # 增加卷积层, 其过滤器数量为64, 卷积核大小为3*3
    x = Conv2D(64, (3, 3), name='conv3')(x)
    # 增加PReLU层, 且轴1、2共享参数
    x = PReLU(shared_axes=[1, 2], name='prelu3')(x)
    # 增加最大池化层, 其池化窗口为2*2
    x = MaxPool2D(pool_size=2)(x)
    # 增加卷积层, 其过滤器数量为128, 卷积核大小为2*2
    x = Conv2D(128, (2, 2), name='conv4')(x)
    # 增加PReLU层, 且轴1、2共享参数
    x = PReLU(shared_axes=[1, 2], name='prelu4')(x)
    # 增加Permute层, 将输入的维度3, 2, 1置换
    x = Permute((3, 2, 1))(x)
    # 增加Flatten层, 用于将上一层的输出压平为一维
    x = Flatten()(x)
    # 增加全连接层, 该层有256个神经元
    x = Dense(256, name='conv5')(x)
    # 增加PReLU层
    x = PReLU(name='prelu5')(x)
    # 增加全连接层, 该层有2个神经元, 激活函数为softmax
    classifier = Dense(2, activation='softmax', name='conv6-1')(x)
    # 增加全连接层, 该层有4个神经元
    bbox_regress = Dense(4, name='conv6-2')(x)
    # 增加全连接层, 该层有10个神经元
    landmark_regress = Dense(10, name='conv6-3')(x)

    # 定义Model类的对象
    model = Model([inputs], [classifier, bbox_regress, landmark_regress])
    # 加载预训练权重
    # 注意这里设置了by_name为True, 上述各层的名字不可修改
    model.load_weights(weight_path, by_name=True)

    # 返回模型
    return model
```

图11-25　_create_onet函数的代码

_process_pnet_outputs函数的代码如图11-26所示。

```python
def _process_pnet_outputs(cls_prob, roi, max_h_w, scale, width, height, threshold)
    """ 对PNet的结果进行解析，获得候选矩形框

    :param cls_prob: 人脸分类结果
    :param roi: 候选框回归结果
    :param max_h_w: PNet输出高和宽中较大者
    :param scale: 缩放比例
    :param width: 原始图片宽度
    :param height: 原始图片高度
    :param threshold: 阈值，用于提取有效候选框
    :return:
        rectangles: 处理后的候选框
    """

    # 计算特征点之间的步长
    stride = 0
    if max_h_w != 1:
        stride = float(2 * max_h_w - 1) / (max_h_w - 1)

    # 获得大于阈值的特征点坐标
    (y, x) = np.where(cls_prob >= threshold)

    # 获得大于阈值的特征点得分
    # 最终获得的score的形状为：[num_box, 1]
    score = np.expand_dims(cls_prob[y, x], -1)

    # 将对应的特征点的坐标转换成位于原图上候选框的坐标
    bounding_box = np.concatenate([np.expand_dims(x, -1), np.expand_dims(y, -1)],
                                  axis=-1)
    # 利用回归网络的预测结果对候选框的左上角与右下角进行调整
    top_left = np.fix(stride * bounding_box + 0)
    bottom_right = np.fix(stride * bounding_box + 11)
    # 最终获得的候选的形状为：[num_box, 4]
    bounding_box = np.concatenate((top_left, bottom_right), axis=-1)
    bounding_box = (bounding_box + roi[y, x] * 12.0) * scale

    # 将候选框和得分进行拼接，并转换成正方形
    # 最终获得的rectangles的shape为：[num_box, 5]
    rectangles = np.concatenate((bounding_box, score), axis=-1)
    rectangles = utils.rect2square(rectangles)

    # 调整候选框，使其不超过原图的高和宽
    rectangles[:, [1, 3]] = np.clip(rectangles[:, [1, 3]], 0, height)
    rectangles[:, [0, 2]] = np.clip(rectangles[:, [0, 2]], 0, width)

    # 返回结果
    return rectangles
```

图11-26　_process_pnet_outputs函数的代码

_process_rnet_outputs函数的代码如图11-27所示。

```python
def _process_rnet_outputs(cls_prob, roi, rectangles, width, height, threshold, npm_rnet_threshold):
    """ 对RNet的结果进行解析，获得候选矩形框

    :param cls_prob: 人脸分类结果
    :param roi: 候选框回归结果
    :param rectangles: 经过_process_pnet_outputs提取的候选框
    :param width: 原始图片宽度
    :param height: 原始图片高度
    :param threshold: 阈值，用于提取有效候选框
    :param npm_rnet_threshold: 非极大抑制阈值
    :return:
        rectangles: 处理后的候选框
    """
    # 获得得分大于阈值的特征点
    pick = cls_prob[:, 1] >= threshold
    # 获得大于阈值的特征点得分
    score = cls_prob[pick, 1:2]
    # 获得得分大于阈值的候选框
    rectangles = rectangles[pick, :4]
    # 获得得分大于阈值的候选框回归结果
    roi = roi[pick, :]

    # 利用RNet网络的预测结果对候选框进行调整
    # 最终获得的rectangles的形状为：[num_box, 4]
    w = np.expand_dims(rectangles[:, 2] - rectangles[:, 0], -1)
    h = np.expand_dims(rectangles[:, 3] - rectangles[:, 1], -1)
    rectangles[:, [0, 2]] = rectangles[:, [0, 2]] + roi[:, [0, 2]] * w
    rectangles[:, [1, 3]] = rectangles[:, [1, 3]] + roi[:, [1, 3]] * h

    # 将候选框和得分进行拼接，并转换成正方形
    # 最终获得的rectangles的形状为：[num_box, 5]
    rectangles = np.concatenate((rectangles, score), axis=-1)
    rectangles = utils.rect2square(rectangles)

    # 调整候选框，使其不超过原图的高和宽
    rectangles[:, [1, 3]] = np.clip(rectangles[:, [1, 3]], 0, height)
    rectangles[:, [0, 2]] = np.clip(rectangles[:, [0, 2]], 0, width)

    # 进行非极大抑制
    rectangles = np.array(_non_maximum_suppression(rectangles, npm_rnet_threshold))

    # 返回结果
    return rectangles
```

图11-27　_process_rnet_outputs函数的代码

_process_onet_outputs函数的代码如图11-28所示。

```
def _process_onet_outputs(cls_prob, roi, pts, rectangles, width, height, threshold, npm_onet_threshold):
    """ 对ONet的结果进行解析,获得候选矩形框

    :param cls_prob: 人脸分类结果
    :param roi: 候选框回归结果
    :param pts: 人脸轮廓位置
    :param rectangles: 经过_process_rnet_outputs提取的候选框
    :param width: 原始图片宽度
    :param height: 原始图片高度
    :param threshold: 阈值,用于提取有效候选框
    :param npm_rnet_threshold: 非极大抑制阈值
    :return:
        rectangles: 处理后的候选框
    """

    # 获得得分大于阈值的特征点
    pick = cls_prob[:, 1] >= threshold
    # 获得大于阈值的特征点得分
    score = cls_prob[pick, 1:2]
    # 获得得分大于阈值的候选框
    rectangles = rectangles[pick, :4]
    # 获得得分大于阈值的候选框回归结果
    pts = pts[pick, :]
    # 获得得分大于阈值的人脸轮廓位置
    roi = roi[pick, :]

    # 利用ONet网络的预测结果对预测框进行调整
    # 通过解码获得人脸关键点与预测框的坐标
    # 最终获得的face_marks的形状为: [num_box, 10]
    # 最终获得的rectangles的形状为: [num_box, 4]
    w = np.expand_dims(rectangles[:, 2] - rectangles[:, 0], -1)
    h = np.expand_dims(rectangles[:, 3] - rectangles[:, 1], -1)
    face_marks = np.zeros_like(pts)
    face_marks[:, [0, 2, 4, 6, 8]] = w * pts[:, [0, 1, 2, 3, 4]] + rectangles[:, 0:1]
    face_marks[:, [1, 3, 5, 7, 9]] = h * pts[:, [5, 6, 7, 8, 9]] + rectangles[:, 1:2]
    rectangles[:, [0, 2]] = rectangles[:, [0, 2]] + roi[:, [0, 2]] * w
    rectangles[:, [1, 3]] = rectangles[:, [1, 3]] + roi[:, [1, 3]] * w

    # 将候选框和得分进行拼接,并转换成正方形
    # 最终获得的rectangles的形状为: [num_box, 15]
    rectangles = np.concatenate((rectangles, score, face_marks), axis=-1)

    # 调整候选框,使其不超过原图的高和宽
    rectangles[:, [1, 3]] = np.clip(rectangles[:, [1, 3]], 0, height)
    rectangles[:, [0, 2]] = np.clip(rectangles[:, [0, 2]], 0, width)

    # 进行非极大抑制
    return np.array(_non_maximum_suppression(rectangles, npm_onet_threshold))
```

图11-28 _process_onet_outputs函数的代码

_calculate_scales函数的代码如图11-29所示。

```
def _calculate_scales(img, img_max_size, img_min_size, scale_factor):
    """ 计算原始输入图片每一次缩放的比例

    :param img: 原始图片
    :param img_max_size: 计算图片缩放比例时，高宽的最大值
    :param img_min_size: 计算图片缩放比例时，高宽的最小值
    :param scale_factor: # 图像金字塔缩放因子
    :return:
        scales: 缩放比例的集合
    """

    # 取得图片的高和宽
    height, width, _ = img.shape
    # 图片高和宽的缩放因子
    pr_scale = 1.0
    # 如果图片高宽的较小者大于设定的最大值，则将较小者固定为设定的最大值
    if min(height, width) > img_max_size:
        pr_scale = img_max_size / min(height, width)
        height = int(height * pr_scale)
        width = int(width * pr_scale)
    # 如果图片高宽的较大者小于设定的最大值，则将较大者固定为设定的最大值
    elif max(height, width) < img_max_size:
        pr_scale = img_max_size / max(height, width)
        height = int(height * pr_scale)
        width = int(width * pr_scale)

    # 存储图像金字塔的各个缩放比例
    scales = []
    # 计数
    factor_count = 0
    # 取得图片高和宽较小者
    min_h_w = min(height, width)
    # 如果图片高宽的较小者小于设定的最小值，则结束循环
    while min_h_w >= img_min_size:
        # 将缩放比例放入scales
        scales.append(pr_scale * pow(scale_factor, factor_count))
        # 缩小片高宽的较小者
        min_h_w *= scale_factor
        # 计数加1
        factor_count += 1

    # 返回结果
    return scales
```

图11-29　_calculate_scales函数的代码

_non_maximum_suppression函数的代码如图11-30所示。

```
def _non_maximum_suppression(rectangles, threshold):
    """ 非极大抑制算法实现
            (1) 将所有框的得分排序, 选最高分及其对应的框;
            (2) 遍历其余的框, 如果和当前最高分框的重叠面积(IOU)大于一定阈值, 将框剔除;
            (3) 从未处理的框中继续选一个得分最高的;
            (4) 重复上述过程.
    :param rectangles: 候选框
    :param threshold: 非极大抑制阈值
    :return:
        rectangles: 处理后的候选框
    """

    # 如果没有候选框, 则返回
    if len(rectangles) == 0:
        return rectangles

    # 获得候选框的四个顶点和分数
    boxes = np.array(rectangles)
    x1 = boxes[:, 0]
    y1 = boxes[:, 1]
    x2 = boxes[:, 2]
    y2 = boxes[:, 3]
    score = boxes[:, 4]
    # 计算面积
    area = np.multiply(x2 - x1 + 1, y2 - y1 + 1)
    # 按得分排序, 取得其索引
    rectangles_index = np.array(score.argsort())
    # 存储筛选后的候选框
    pick = []
    # 遍历候选框索引
    while len(rectangles_index) > 0:
        # rectangles_index[-1]即为具有最高分数的候选框, I[0:-1]即为其他候选框
        # 取得新的四个顶点
        xx1 = np.maximum(x1[rectangles_index[-1]], x1[rectangles_index[0:-1]])
        yy1 = np.maximum(y1[rectangles_index[-1]], y1[rectangles_index[0:-1]])
        xx2 = np.minimum(x2[rectangles_index[-1]], x2[rectangles_index[0:-1]])
        yy2 = np.minimum(y2[rectangles_index[-1]], y2[rectangles_index[0:-1]])
        # 计算宽
        width = np.maximum(0.0, xx2 - xx1 + 1)
        # 计算高
        height = np.maximum(0.0, yy2 - yy1 + 1)
        # 计算重叠面积
        inter = width * height
        o = inter / (area[rectangles_index[-1]] + area[rectangles_index[0:-1]] - inter)
        # 将得分最高的候选框放入pick
        pick.append(rectangles_index[-1])
        # 剔除和当前最高分框的重叠面积(IOU)大于一定阈值的候选框
        rectangles_index = rectangles_index[np.where(o <= threshold)[0]]

    # 转化为列表
    rectangles = boxes[pick].tolist()

    # 返回结果
    return rectangles
```

图11-30　_non_maximum_suppression函数的代码

5. 步骤4: 人脸识别

人脸识别功能在face_recognition.py中实现。该Python文件包括如图11-31所示的结构。其中FaceRecognition是基于FaceNet的人脸识别类, 包括__init__、_calculate_vectors、recognize方法, 用于初始化、使用FaceNet预训练模型和实现人脸识别的相关逻辑。需要注意的是, 人脸检测和人脸识别子项目使用的FaceNet预训练模型包括预训练权重和模型结构, 因此可以使

用load_model直接加载。此外，_alignment用于实现人脸对齐，而_transparency_to_white用于修改透明背景为白色。

图11-31　face_recognition.py结构

FaceRecognition类中__init__方法的代码如图11-32和图11-33所示。

```
def __init__(self,
             pnet_path,
             rnet_path,
             onet_path,
             face_detection_threshold,
             facenet_path,
             database_dir,
             face_recognition_threshold,
             default_name,
             img_max_size,
             img_min_size,
             scale_factor,
             npm_threshold):
    """ FaceRecognition类初始化方法

    :param pnet_path: PNet预训练权重的文件路径
    :param rnet_path: RNet预训练练权重的文件路径
    :param onet_path: ONet预训练权重的文件路径
    :param face_detection_threshold: 人脸检测时PNet、RNet、ONet使用的阈值
    :param facenet_path: FaceNet模型文件路径
    :param database_dir: 人脸数据库文件路径
    :param face_recognition_threshold: 人脸识别时使用的阈值
    :param default_name: 人脸的默认名称
    :param img_max_size: 计算图片缩放比例时，高宽的最大值
    :param img_min_size: 计算图片缩放比例时，高宽的最小值
    :param scale_factor: 图像金字塔缩放因子
    :param npm_threshold: 非极大抑制PNet、RNet、ONet使用的阈值

    """

    # 定义FaceDetection类的对象
    self.face_detection_model = FaceDetection(pnet_path,
                                              rnet_path,
                                              onet_path,
                                              face_detection_threshold,
                                              img_max_size,
                                              img_min_size,
                                              scale_factor,
                                              npm_threshold)
    # 载入FaceNet模型
    # 注意，本项目中FaceNet包括权重及其结构，因此使用load_model而不是load_weights
    self.facenet_model = load_model(facenet_path)
    # 读取人脸数据库中的数据
    face_list = os.listdir(database_dir)
```

图11-32　FaceRecognition类中__init__方法的代码（第一部分）

```
                # 取得人脸识别时使用的阈值
                self.face_recognition_threshold = face_recognition_threshold
                # 初始化待识别图片的人脸名称
                self.default_name = default_name
                # 存储编码后的人脸
                self.known_face_encodings = []
                # 存储人脸的名称
                self.known_face_names = []
                # 遍历人脸数据库
                for face in face_list:
                    # 本项目中人脸数据库中每个文件的文件名即为人脸名称
                    name = face.split(".")[0]
                    # 读取图片
                    img = cv2.imread(os.path.join(database_dir, face))
                    img_rgb = cv2.cvtColor(img, cv2.COLOR_BGR2RGB)
                    # 检测人脸
                    rectangles = self.face_detection_model.detect(img_rgb)
                    # 原则上人脸数据库中每一张图片都应该具备人脸
                    # 但如果人脸数据库中存在一张图片没有人脸，则舍去，否则程序会报错
                    if len(rectangles) == 0 or len(rectangles[0]) == 0:
                        continue
                    # 转化成正方形
                    rectangles = utils.rect2square(np.array(rectangles))
                    # 对人脸进行矫正，并转为FaceNet输入要求的大小（160*160）
                    rectangle = rectangles[0]
                    landmark = np.reshape(rectangle[5:15], (5, 2)) - np.array([int(rectangle[0]), int(rectangle[1])])
                    crop_img = img_rgb[int(rectangle[1]):int(rectangle[3]), int(rectangle[0]):int(rectangle[2])]
                    crop_img, _ = _alignment(crop_img, landmark)
                    crop_img = np.expand_dims(cv2.resize(crop_img, (160, 160)), 0)
                    # 将检测到的人脸传入到FaceNet模型中，提取特征向量
                    face_encoding = self._calculate_vectors(crop_img)
                    # 将人脸编码和人脸名称分别加入known_face_encodings和known_face_names
                    self.known_face_encodings.append(face_encoding)
                    self.known_face_names.append(name)
```

图11-33　FaceRecognition类中__init__方法的代码（第二部分）

FaceRecognition类中_calculate_vectors方法的代码如图11-34所示。

```python
def _calculate_vectors(self, img):
    """ 将检测到的人脸传入到FaceNet模型中，提取特征向量

    :param img: 输入的图片
    :return:
    """

    # 区分RGBA和RGB的情况
    # 如果是其他格式则报错
    if img.ndim == 4:
        axis = (1, 2, 3)
        size = img[0].size
    elif img.ndim == 3:
        axis = (0, 1, 2)
        size = img.size
    else:
        raise ValueError('Dimension should be 3 or 4')

    # 计算均值
    mean = np.mean(img, axis=axis, keepdims=True)
    # 计算标准差
    std = np.std(img, axis=axis, keepdims=True)
    std_adj = np.maximum(std, 1.0 / np.sqrt(size))
    # 标准化，使其均值为0，标准差为1
    face_img = (img - mean) / std_adj
    # 使用FaceNet模型
    facenet_outputs = self.facenet_model.predict(face_img)
    # 将其压平为一维
    facenet_outputs_concat = np.concatenate(facenet_outputs)
    # 求平方
    facenet_outputs = np.square(facenet_outputs_concat)
    # 求和
    facenet_outputs = np.sum(facenet_outputs, axis=-1, keepdims=True)
    # 取facenet_outputs和1e-10较大者
    facenet_outputs = np.maximum(facenet_outputs, 1e-10)
    # 开根号
    facenet_outputs = np.sqrt(facenet_outputs)
    # 计算最终结果
    facenet_outputs = facenet_outputs_concat / facenet_outputs

    # 返回结果
    return facenet_outputs
```

图11-34　FaceRecognition类中_calculate_vectors方法的代码

FaceRecognition类中recognize方法的代码如图11-35和图11-36所示。

```python
def recognize(self, img, mode):
    """ 人脸识别方法

    :param img: 待识别图片
    :param mode: 识别模式，包括image模式和video模式
                (1) 若为image模式，则读取测试集中所有图片，并进行人脸检测和识别；
                (2) 若为video模式，则从摄像头中实时读取视频帧，并进行人脸检测和识别。
    :return:
        img: 识别后的图片
    """

    # 若为image模式
    if mode == 'image':
        # 对于有四通道的图片，将其透明度转为白色
        if img is not None and len(img[0][0]) == 4:
            img = _transparency_to_white(img)

    # 取得待识别图片的高和宽
    height, width, _ = np.shape(img)
    # 将待识别图片转换为RGB模式
    img_rgb = cv2.cvtColor(img, cv2.COLOR_BGR2RGB)
    # 检测待识别图片中的人脸
    rectangles = self.face_detection_model.detect(img_rgb)
    # 如果未检测到人脸，则返回
    if len(rectangles) == 0:
        return
    # 将人脸框转化成正方形
    rectangles = utils.rect2square(np.array(rectangles, dtype=np.int32))
    rectangles[:, [0, 2]] = np.clip(rectangles[:, [0, 2]], 0, width)
    rectangles[:, [1, 3]] = np.clip(rectangles[:, [1, 3]], 0, height)

    # 存储编码后的人脸
    face_encodings = []
    # 遍历所有检测到的人脸
    for rectangle in rectangles:
        # 截取图片
        landmark = np.reshape(rectangle[5:15], (5, 2)) - np.array([int(rectangle[0]), int(rectangle[1])])
        crop_img = img_rgb[int(rectangle[1]):int(rectangle[3]), int(rectangle[0]):int(rectangle[2])]
        # 利用人脸关键点进行人脸对齐
        crop_img, _ = _alignment(crop_img, landmark)
        crop_img = np.expand_dims(cv2.resize(crop_img, (160, 160)), 0)
        # 将检测到的人脸传入到FaceNet模型中，提取特征向量
        face_encoding = self._calculate_vectors(crop_img)
        # 将人脸编码加入face_encodings
        face_encodings.append(face_encoding)
```

图11-35　FaceRecognition类中recognize方法的代码（第一部分）

```python
    # 存储人脸名称
    face_names = []
    # 遍历所有的人脸编码
    for face_encoding in face_encodings:
        # 初始化人脸名称
        name = self.default_name
        # 找出距离最近的人脸
        if len(self.known_face_encodings) == 0:
            face_distances = np.empty(0)
        else:
            face_distances = np.linalg.norm(self.known_face_encodings - face_encoding, axis=1)
        best_match_index = np.argmin(face_distances)
        # 如果人脸距离小于设定的阈值，则认为识别成功
        if face_distances[best_match_index] <= self.face_recognition_threshold:
            # 取得相应的人脸名称
            name = self.known_face_names[best_match_index]
        # 将人脸名称加入face_names
        face_names.append(name)

    rectangles = rectangles[:, 0:4]
    for (left, top, right, bottom), name in zip(rectangles, face_names):
        # 在原始图片上为所有检测到的人脸画框
        cv2.rectangle(img, (left, top), (right, bottom), (0, 0, 255), 2)
        # 在原始图片上为所有检测到的人脸填写人脸名称
        cv2.putText(img,
                    name,
                    (left, bottom - 15),
                    cv2.FONT_HERSHEY_SIMPLEX,
                    0.75,
                    (255, 255, 255),
                    2)

    # 返回结果
    return img
```

图11-36　FaceRecognition类中recognize方法的代码（第二部分）

_alignment函数的代码如图11-37所示。

```python
def _alignment(img, landmark):
    """ 人脸对齐

    :param img: 原始图片
    :param landmark: 人脸关键点
    :return:
    """

    # 68个关键点的情况
    if landmark.shape[0] == 68:
        x = landmark[36, 0] - landmark[45, 0]
        y = landmark[36, 1] - landmark[45, 1]
    # 5个关键点的情况
    elif landmark.shape[0] == 5:
        x = landmark[0, 0] - landmark[1, 0]
        y = landmark[0, 1] - landmark[1, 1]
    # 其他情况
    else:
        print("关键点数量不正确，未进行人脸对齐！")
        return img, landmark
    # 定义角度
    if x == 0:
        angle = 0
    else:
        angle = math.atan(y / x) * 180 / math.pi
    # 取得中心点
    center = (img.shape[1] // 2, img.shape[0] // 2)
    # 取得旋转矩阵
    rotation_matrix = cv2.getRotationMatrix2D(center, angle, 1)
    # 进行仿射变换
    new_img = cv2.warpAffine(img, rotation_matrix, (img.shape[1], img.shape[0]))
    # 转换为NumPy数组
    rotation_matrix = np.array(rotation_matrix)
    # 存储对齐后的人脸关键点
    new_landmark = []
    # 遍历人脸关键点
    for i in range(landmark.shape[0]):
        # 计算对齐后的人脸关键点坐标
        coordinates = [rotation_matrix[0, 0] * landmark[i, 0] +
                       rotation_matrix[0, 1] * landmark[i, 1] + rotation_matrix[0, 2],
                       rotation_matrix[1, 0] * landmark[i, 0] +
                       rotation_matrix[1, 1] * landmark[i, 1] + rotation_matrix[1, 2]]
        # 将对齐后的人脸关键点坐标放入new_landmark
        new_landmark.append(coordinates)
    # 转换为NumPy数组
    new_landmark = np.array(new_landmark)

    # 返回结果
    return new_img, new_landmark
```

图11-37　_alignment函数的代码

_transparency_to_white函数的代码如图11-38所示。

```
def _transparency_to_white(img):
    """ 修改透明背景为白色

    :param img: 被修改的图片
    :return:
        img: 修改后的图片
    """

    # 取得图片的高和宽
    height, width, _ = img.shape
    # 遍历图像每一个点
    for x in range(height):
        for y in range(width):
            # 取得每个点4通道的颜色数据
            color_d = img[x, y]
            # 最后一个通道为透明度，如果其值为0，即图像是透明
            if color_d[3] == 0:
                # 将当前点的颜色设置为白色，且图像设置为不透明
                img[x, y] = [255, 255, 255, 255]

    # 返回结果
    return img
```

图11-38　_transparency_to_white函数的代码

6. 步骤5：人脸检测和人脸识别子项目程序执行及结果

main.py中包含了人脸检测和人脸识别子项目程序的主函数，是人脸检测和人脸识别子项目程序执行的唯一入口，如图11-39和图11-40所示。人脸检测和人脸识别子项目无须单独执行其他Python文件。

```
if __name__ == "__main__":
    # 定义FaceRecognition类对象
    # 注意，该类包括了人脸检测和人脸识别的部分，详见FaceRecognition类定义
    face_rec = FaceRecognition(config.pnet_path,
                               config.rnet_path,
                               config.onet_path,
                               config.face_detection_threshold,
                               config.facenet_path,
                               config.database_dir,
                               config.face_recognition_threshold,
                               config.default_name,
                               config.img_max_size,
                               config.img_min_size,
                               config.scale_factor,
                               config.npm_threshold)
```

图11-39　main函数的代码（第一部分）

```python
# 分成三种情况：
# (1) 若为image模式，则读取测试集中所有图片，并进行人脸检测和识别；
# (2) 若为video模式，则从摄像头中实时读取视频帧，并进行人脸检测和识别；
# (3) 如果不是上述模式，则提示错误。
if config.mode == 'image':
    # 获取测试集中所有图片的名字
    img_list = os.listdir(config.testset)
    # 循环测试集中所有图片
    for img_name in img_list:
        # 取得图片的完整路径
        img_path = os.path.join(config.testset, img_name)
        # 有些图片有四通道，即RGBA（Red（红色）Green（绿色）Blue（蓝色）和Alpha的色彩空间）
        # Alpha通道一般用作不透明度参数
        # cv2.imread的第二个参数默认为IMREAD_COLOR，即读取RGB三通道
        # 这里使用IMREAD_UNCHANGED，可以读取所有通道
        # 注意，如果图片路径含中文需要使用imdecode读取
        img = cv2.imread(img_path, cv2.IMREAD_UNCHANGED)
        # 调用人脸识别方法
        img = face_rec.recognize(img, config.mode)
        # 显示人脸识别后的结果
        # 注意，如果图片大小超过屏幕则可能显示不全
        # 可以改变图片大小（resize）
        # 或调用cv2.namedWindow函数（如设置WINDOW_NORMAL可手动调整窗口大小）
        cv2.imshow('Image', img)
        # 等待按键输入
        cv2.waitKey(0)
elif config.mode == 'video':
    # 定义VideoCapture类对象
    video_capture = cv2.VideoCapture(0)
    # 无限循环读取摄像头的视频帧
    while True:
        # ret为布尔型，正确读取则为True，读取失败或读取视频结尾则会返回False
        # frame为视频帧
        ret, frame = video_capture.read()
        # 调用人脸识别方法
        face_rec.recognize(frame, config.mode)
        # 显示人脸识别后的结果
        cv2.imshow('Video', frame)
        # 若输入q则退出循环
        if cv2.waitKey(1) & 0xFF == ord('q'):
            break
    # 释放相关资源
    video_capture.release()
else:
    print("请检查config.py中的mode参数")
```

图11-40　main函数的代码（第二部分）

　　若将config.py中的mode设置为"video"（需要有摄像头），执行人脸检测和人脸识别子项目程序后的结果如图11-41所示。可以看出程序正确检测了人脸，并识别出其身份为人脸数据库中的p3。

　　按Q键可以退出该程序。

　　若将config.py中的mode设置为"image"，执行人脸检测和人脸识别子项目程序后的结果如图11-42所示。需要注意的是，此模式下，程序会读取"testset"文件夹下的所有图片文件并进行人脸检测和人脸识别，按任意键即可切换到下一张图片，当没有下一张图片时，该程序自动退出。可以看出该程序正确检测了人脸，并识别出其身份为人脸数据库中的p1。

图11-41　video模式下执行人脸检测和人脸识别　　　图11-42　image模式下执行人脸检测和
　　　　　子项目程序后的结果　　　　　　　　　　　人脸识别子项目程序后的结果

7. 步骤6：表情识别子项目搭建

使用PyCharm搭建表情识别子项目框架，如图11-43所示。

人脸检测、人脸识别和表情识别项目任务实施

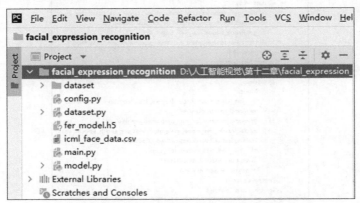

图11-43　表情识别子项目文件目录

dataset文件夹用于存放程序自动构建的数据集。fer_model.h5文件为预训练模型，icml_face_data.csv是从Kaggle上下载的原始数据文件。

图11-43中Python文件描述如下：

（1）config.py。config.py文件为表情识别子项目的配置文件，用于配置数据集路径、模型超参数等配置项。

（2）dataset.py。dataset.py文件封装了对表情识别子项目数据（集）的相关操作，包括从下载的Kaggle数据集中构建表情识别子项目训练集、验证集和测试集，返回表情识别子项目训练集、验证集和测试集路径；构建并返回训练集、验证集、测试集数据生成器；将原始图像转化为张量并返回。

（3）main.py。main.py文件封装了表情识别子项目的主函数。

（4）model.py。model.py文件封装了对模型的相关操作，包括模型构建、模型训练、模型保存、模型评价。

表情识别子项目Python文件之间的关系如图11-44所示。

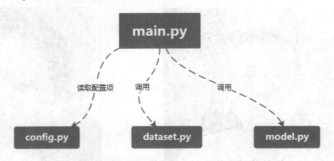

图11-44　表情识别项目Python文件之间的关系

表情识别子项目中Python文件、类、方法、函数的映射关系如图11-45所示。

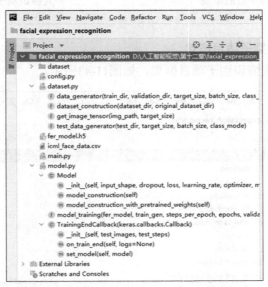

图11-45　表情识别子项目中Python文件、类、方法、函数的映射关系

8. 步骤 7：定义可配置项

可配置项包括文件路径可配置项（如数据集存储路径、模型存储路径）、数据预处理可配置项（如模型输入尺寸、是否使用数据增强）、模型构建可配置项（如损失函数、预训练模型参数的来源）、模型训练可配置项（如迭代次数、批大小）、模型评价可配置项（如评价指标）。本步骤在config.py中完成。

（1）定义表情识别子项目使用的文件路径（config.py），如图11-46所示。

（2）定义模型输入（config.py），如图11-47所示。

```python
# 本项目数据集路径
dataset_dir = 'dataset'
# 下载解压后的Kaggle表情数据集路径
original_data_path = 'icml_face_data.csv'
# 在本项目数据集中任选一张图片，供模型预测使用
img_path = 'dataset/test/0/0.jpg'
# 已训练完成的模型的路径
model_path = 'fer_model.h5'
```

图11-46　表情识别子项目使用的文件路径

```python
# 本项目数据集中原始图像要缩放到的尺寸
target_size = (224, 224)
# 输入模型的数据尺寸
input_shape = (224, 224, 3)
# 是否使用数据增强.
#    True: 使用
#    False: 不使用
augmentation = False
# 数据标签的类型
class_mode = 'categorical'
```

图11-47　模型输入

（3）定义模型及模型训练时的配置项（config.py），如图11-48所示。

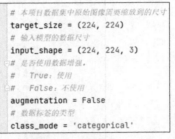

```python
# 损失函数
loss = 'categorical_crossentropy'
# 在imagenet上预训练的模型权重
weights = 'imagenet'
# dropout层丢弃率
dropout = 0.25
# 学习率
learning_rate = 1e-3
# 优化器
optimizer = 'Adam'

# 迭代次数
epochs = 100
# 批大小
batch_size = 32
# 训练集每次迭代步数 = 训练集数据总数量 / 批大小
# 训练集图片总数: 28709
steps_per_epoch = int(28709 / batch_size)
# 验证集每次迭代步数 = 验证集数据总数量 / 批大小
# 验证集图片总数: 3589
validation_steps = int(3589 / batch_size)
# 测试集每次迭代步数 = 测试集数据总数量 / 批大小
# 测试集图片总数: 3589
test_steps = int(3589 / batch_size)

# 评价指标
metrics = ['acc']
```

图11-48　模型及模型训练时的配置项

9. 步骤 8：构建数据集和数据预处理

构建出的数据集结构如图11-49所示。

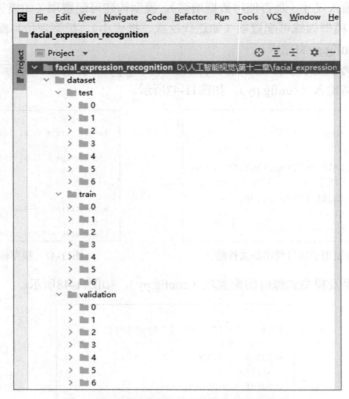

图11-49　表情识别子项目数据集的文件目录

构建数据集和数据预处理的方式与第9章相同，包括dataset_construction函数、data_generator函数、test_data_generator函数和get_image_tensor函数，如图11-50所示。

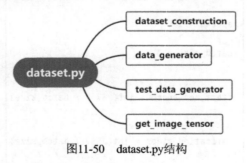

图11-50　dataset.py结构

dataset_construction函数的代码如图11-51和图11-52所示。

```
def dataset_construction(dataset_dir, original_dataset_dir):
    """ 从下载的Kaggle表情数据集中构建本项目训练集、验证集和测试集

    :param dataset_dir: 本项目数据集路径
    :param original_dataset_dir: 下载解压后的Kaggle表情数据集路径
    :return:
        train_dir: 训练集路径
        validation_dir: 验证集路径
        test_dir: 测试集路径
    """

    # 读取Kaggle表情数据集
    # 注意, 该数据集是csv格式的文件
    # 注意, 该数据集已经通过'Training'、'PrivateTest'、'PublicTest'标签将数据划分成了训练数据、验证数据和测试数据
    data = pd.read_csv(original_dataset_dir)

    # 如果已存在相关目录, 则删除
    if os.path.exists(dataset_dir):
        shutil.rmtree(dataset_dir)
    # 创建数据集的目录
    os.mkdir(dataset_dir)

    # 定义训练集存储路径
    train_dir = os.path.join(dataset_dir, 'train')
    # 根据训练集路径创建训练集文件夹
    os.mkdir(train_dir)
    # 共计七类, 为每一类创建相应的文件夹
    for i in range(7):
        os.mkdir(train_dir + '/' + str(i))
    # 定义验证集存储路径
    validation_dir = os.path.join(dataset_dir, 'validation')
    # 根据验证集路径创建验证集文件夹
    os.mkdir(validation_dir)
    # 共计七类, 为每一类创建相应的文件夹
    for i in range(7):
        os.mkdir(validation_dir + '/' + str(i))
    # 定义测试集存储路径
    test_dir = os.path.join(dataset_dir, 'test')
    # 根据测试集路径创建测试集文件夹
    os.mkdir(test_dir)
    # 共计七类, 为每一类创建相应的文件夹
    for i in range(7):
        os.mkdir(test_dir + '/' + str(i))
```

图11-51　dataset_construction函数的代码（第一部分）

```python
# 从Kaggle表情数据集已有的划分读取训练集数据及其标签
train_raw_data = data[data[' Usage'] == 'Training']
train_image_label = np.array(list(map(int, train_raw_data['emotion'])))
# Kaggle表情数据集中的一张图片由每个像素的取值表示（灰度图），共计2304（48*48）个值（灰度图是单通道）
# 因此，需要将其转换成48*48的数组
# 此外，由于本项目采用了ResNet50网络，其输入要求为3通道，因此我们还需要将灰度图转换为3通道的图片
# 需要注意的是，如果采用其他网络结构，且其接受1通道的输入，则可以直接使用灰度图
# 最后保存图片为jpg格式（也可以选择其他格式）
for i, row in enumerate(train_raw_data.index):
    image = np.fromstring(train_raw_data.loc[row, ' pixels'], dtype=int, sep=' ')
    image = np.reshape(image, (48, 48))
    image = Image.fromarray(np.uint8(image)).convert('RGB')
    image.save(train_dir + '/' + str(train_image_label[i]) + '/' + str(i) + '.jpg')


# 从Kaggle表情数据集已有的划分读取验证集数据及其标签
validation_raw_data = data[data[' Usage'] == 'PrivateTest']
validation_image_label = np.array(list(map(int, validation_raw_data['emotion'])))
# Kaggle表情数据集中的一张图片由每个像素的取值表示（灰度图），共计2304（48*48）个值（灰度图是单通道）
# 因此，需要将其转换成48*48的数组
# 此外，由于本项目采用了ResNet50网络，其输入要求为3通道，因此我们还需要将灰度图转换为3通道的图片
# 需要注意的是，如果采用其他网络结构，且其接受1通道的输入，则可以直接使用灰度图
# 最后保存图片为jpg格式（也可以选择其他格式）
for i, row in enumerate(validation_raw_data.index):
    image = np.fromstring(validation_raw_data.loc[row, ' pixels'], dtype=int, sep=' ')
    image = np.reshape(image, (48, 48))
    image = Image.fromarray(np.uint8(image)).convert('RGB')
    image.save(validation_dir + '/' + str(validation_image_label[i]) + '/' + str(i) + '.jpg')


# 从Kaggle表情数据集已有的划分读取测试集数据及其标签
test_raw_data = data[data[' Usage'] == 'PublicTest']
test_image_label = np.array(list(map(int, test_raw_data['emotion'])))
# Kaggle表情数据集中的一张图片由每个像素的取值表示（灰度图），共计2304（48*48）个值（灰度图是单通道）
# 因此，需要将其转换成48*48的数组
# 此外，由于本项目采用了ResNet50网络，其输入要求为3通道，因此我们还需要将灰度图转换为3通道的图片
# 需要注意的是，如果采用其他网络结构，且其接受1通道的输入，则可以直接使用灰度图
# 最后保存图片为jpg格式（也可以选择其他格式）
for i, row in enumerate(test_raw_data.index):
    image = np.fromstring(test_raw_data.loc[row, ' pixels'], dtype=int, sep=' ')
    image = np.reshape(image, (48, 48))
    image = Image.fromarray(np.uint8(image)).convert('RGB')
    image.save(test_dir + '/' + str(test_image_label[i]) + '/' + str(i) + '.jpg')


# 返回本项目训练集路径、验证集路径、测试集路径
return train_dir, validation_dir, test_dir
```

图11-52　dataset_construction函数的代码（第二部分）

data_generator函数的代码如图11-53和图11-54所示。

```python
def data_generator(train_dir, validation_dir, target_size, batch_size, class_mode, augmentation):
    """ 按config.py中设置的配置读取数据及预处理，然后返回训练集数据生成器和验证集数据生成器

    :param train_dir: 训练集路径
    :param validation_dir: 验证集路径
    :param target_size: 原始图片缩放后的大小
    :param batch_size: 批次大小
    :param class_mode: 数据标签的类型
    :param augmentation: 是否对训练集进行数据增强
    :return:
        train_gen: ImageDataGenerator对象，训练集数据生成器
        validation_gen: ImageDataGenerator对象，验证集数据生成器
    """

    # 如果对训练集进行数据增强
    if augmentation:
        # 定义ImageDataGenerator对象，该对象用于获得训练集数据生成器，并设置：
        #   rescale: 对图片的每一个像素进行缩放，将其值乘以1./255。其中1.可以将像素值的数据类型转换为浮点型
        #   rotation_range: 图片旋转角度的范围
        #   width_shift_range: 图片水平偏移的幅度
        #   height_shift_range: 图片竖直偏移的幅度
        #   shear_range: 图片剪切变换的程度
        #   zoom_range: 图片缩放的幅度
        #   horizontal_flip: 是否对图片进行水平翻转
        train_data_gen = ImageDataGenerator(
            rescale=1. / 255,
            rotation_range=40,
            width_shift_range=0.2,
            height_shift_range=0.2,
            shear_range=0.2,
            zoom_range=0.2,
            horizontal_flip=True
        )
```

图11-53　data_generator函数的代码（第一部分）

```python
    # 如果不对训练集进行数据增强
    else:
        # 定义ImageDataGenerator对象，该对象用于获得训练集数据生成器，并设置：
        #   rescale: 对图片的每一个像素进行缩放，将其值乘以1./255。其中1.可以将像素值的数据类型转换为浮点型
        train_data_gen = ImageDataGenerator(rescale=1. / 255)
    # 调用flow_from_directory方法，返回一个DirectoryIterator对象，以获得训练集数据生成器
    # 该对象生成(x, y)元组。
    #   其中x是一个NumPy数组，其形状为(batch_size, *target_size, channels)，包含了一个批次中的图片信息
    #   y是一组NumPy数组，包含了一个批次中图片对应的标签
    train_gen = train_data_gen.flow_from_directory(
        train_dir,
        target_size=target_size,
        batch_size=batch_size,
        class_mode=class_mode)

    # 定义ImageDataGenerator对象，该对象用于获得验证集数据生成器，并设置：
    #   rescale: 对图片的每一个像素进行缩放，将其值乘以1./255。其中1.可以将像素值的数据类型转换为浮点型
    # 注意：验证集不应进行数据增强
    validation_data_gen = ImageDataGenerator(rescale=1. / 255)
    # 调用flow_from_directory方法，返回一个DirectoryIterator对象，以获得验证集数据生成器
    # 该对象生成(x, y)元组。
    #   其中x是一个NumPy数组，其形状为(batch_size, *target_size, channels)，包含了一个批次中的图片信息
    #   y是一组NumPy数组，包含了一个批次中图片对应的标签
    validation_gen = validation_data_gen.flow_from_directory(
        validation_dir,
        target_size=target_size,
        batch_size=batch_size,
        class_mode=class_mode)

    # 返回训练集数据生成器，验证集数据生成器
    return train_gen, validation_gen
```

图11-54　data_generator函数的代码（第二部分）

test_data_generator函数的代码如图11-55所示。

```python
def test_data_generator(test_dir, target_size, batch_size, class_mode):
    """ 按config.py中设置的配置读取数据及预处理, 然后返回测试集数据生成器

    :param test_dir: 测试集路径
    :param target_size: 原始图片缩放后的大小
    :param batch_size: 批次大小
    :param class_mode: 数据标签的类型
    :return:
        test_gen: ImageDataGenerator对象, 测试集数据生成器
    """

    # 定义ImageDataGenerator对象, 该对象用于获得测试集数据生成器, 并设置:
    #   rescale: 对图片的每一个像素进行缩放, 将其值乘以1./255. 其中1.可以将像素值的数据类型转换为浮点型
    # 注意: 测试集不应进行数据增强
    test_data_gen = ImageDataGenerator(rescale=1. / 255)
    # 调用flow_from_directory方法, 返回一个DirectoryIterator对象, 以获得测试集数据生成器
    # 该对象生成(x, y)元组.
    #   其中x是一个NumPy数组, 其形状为(batch_size, *target_size, channels), 包含了一个批次中的图片信息
    #   y是一组NumPy数组, 包含了一个批次中图片对应的标签
    test_gen = test_data_gen.flow_from_directory(
        test_dir,
        target_size=target_size,
        batch_size=batch_size,
        class_mode=class_mode)

    # 返回测试集数据生成器
    return test_gen
```

图11-55　test_data_generator函数的代码

get_image_tensor函数的代码如图11-56所示。

```python
def get_image_tensor(img_path, target_size):
    """

    :param img_path: 图片路径
    :param target_size: 原始图片缩放后的大小
    :return:
        img_tensor: 原始图片处理后得到的NumPy数组
    """

    # 从图片路径加载图片
    img = image.load_img(img_path, target_size=target_size)
    # 将图片转化为一个NumPy数组
    img_tensor = image.img_to_array(img)
    # 改变该数组的形状, 增加一个维度, 则第0维即为原始的图片数组
    img_tensor = np.expand_dims(img_tensor, axis=0)
    # 对数组中的每个元素, 将其除以255.
    img_tensor /= 255.

    # 返回处理后的数组
    return img_tensor
```

图11-56　get_image_tensor函数的代码

10. 步骤 9：模型构建、训练、评价和保存

模型构建、模型训练、模型评价和模型保存的方式与第9章相同，包括Model类、TrainingEndCallback类和model_training函数，如图11-57所示。其中Model类定义了__init__方法、model_construction方法和model_construction_with_pretrained_weights方法，而TrainingEndCallback类定义了__init__方法、set_model方法和on_train_end方法。上述方法的功能均与第9章相同。

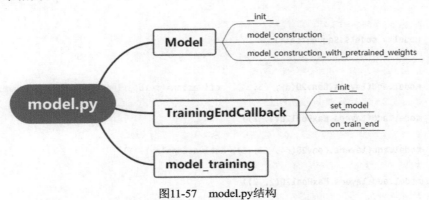

图11-57　model.py结构

Model类中__init__方法的代码如图11-58所示。

```python
def __init__(self, input_shape, dropout, loss, learning_rate, optimizer, metrics):
    """ 初始化

    :param input_shape: 模型输入尺寸
    :param dropout: dropout取值
    :param loss: 损失函数
    :param learning_rate: 学习率
    :param optimizer: 优化器
    :param metrics: 评价指标
    """

    # 模型输入尺寸
    self.input_shape = input_shape
    # dropout取值
    self.dropout = dropout
    # 损失函数
    self.loss = loss
    # 学习率
    self.learning_rate = learning_rate
    # 优化器
    # 本项目只给两种：RMSprop和Adam
    self.optimizer = optimizers.RMSprop(lr=self.learning_rate) \
        if optimizer == 'RMSprop' \
        else optimizers.Adam(lr=self.learning_rate)
    # 评价指标
    self.metrics = metrics
```

图11-58　Model类中__init__方法的代码

Model类中model_construction方法的代码如图11-59所示。

```python
def model_construction(self):
    """ 构建模型

    :return:
        model: 构建好的模型
    """

    # 定义一个Sequential对象
    model = models.Sequential()
    # 增加卷积层, 其过滤器数量为32, 卷积核大小为3*3, 激活函数为relu
    # 因为是第一层, 所以需要约定输入形状
    model.add(layers.Conv2D(32, (3, 3), activation='relu', input_shape=self.input_shape))
    # 增加最大池化层, 卷积核大小为2*2
    model.add(layers.MaxPool2D(2, 2))
    # 增加卷积层, 其过滤器数量为64, 卷积核大小为3*3, 激活函数为relu
    model.add(layers.Conv2D(64, (3, 3), activation='relu'))
    # 增加最大池化层, 卷积核大小为2*2
    model.add(layers.MaxPool2D(2, 2))
    # 增加卷积层, 其过滤器数量为128, 卷积核大小为3*3, 激活函数为relu
    model.add(layers.Conv2D(128, (3, 3), activation='relu'))
    # 增加最大池化层, 卷积核大小为2*2
    model.add(layers.MaxPool2D(2, 2))
    # 增加卷积层, 其过滤器数量为128, 卷积核大小为3*3, 激活函数为relu
    model.add(layers.Conv2D(128, (3, 3), activation='relu'))
    # 增加最大池化层, 卷积核大小为2*2
    model.add(layers.MaxPool2D(2, 2))
    # 增加Flatten层, 用于将上一层的输出压平为一维
    model.add(layers.Flatten())

    # 增加全连接层, 该层有256个神经元, 激活函数为relu
    model.add(layers.Dense(256, activation='relu'))
    # 增加Dropout层, 用于随机丢弃部分神经元
    model.add(layers.Dropout(self.dropout))
    # 增加全连接层, 因为本项目是一个多分类任务, 共有7种表情
    # 因此该层有7个神经元, 激活函数为softmax
    model.add(layers.Dense(7, activation='softmax'))

    # 编译模型
    model.compile(loss=self.loss,
                  optimizer=self.optimizer,
                  metrics=self.metrics)

    # 返回模型
    return model
```

图11-59　Model类中model_construction方法的代码

Model类中model_construction_with_pretrained_weights方法的代码如图11-60所示。

```
def model_construction_with_pretrained_weights(self):
    """ 基于预训练模型构建

    :return:
        model：构建好的模型
    """

    # 定义一个Sequential对象
    model = models.Sequential()
    # 定义VGGFace网络
    conv_base = VGGFace(model='resnet50', include_top=False, input_shape=self.input_shape)
    # 是否对网络的参数重新训练
    conv_base.trainable = True
    # 将网络加入模型
    model.add(conv_base)

    # 增加Flatten层，用于将上一层的输出压平为一维
    model.add(layers.Flatten())

    # 增加Dropout层，用于随机丢弃部分神经元
    model.add(layers.Dropout(self.dropout))
    # 增加全连接层，该层有2048个神经元，激活函数为relu
    model.add(layers.Dense(2048, activation='relu'))

    # 增加全连接层，该层有1024个神经元，激活函数为relu
    model.add(layers.Dense(1024, activation='relu'))
    # 增加BatchNormalization层，对输出进行批归一化
    model.add(layers.BatchNormalization())

    # 增加全连接层，因为本项目是一个多分类任务，共有7种表情
    # 因此该层有7个神经元，激活函数为softmax
    model.add(layers.Dense(7, activation='softmax'))

    # 编译模型
    model.compile(loss=self.loss,
                  optimizer=self.optimizer,
                  metrics=self.metrics)

    # 返回模型
    return model
```

图11-60 Model类中model_construction_with_pretrained_weights方法的代码

TrainingEndCallback类中__init__方法的代码如图11-61所示。

```
def __init__(self, test_images, test_steps):
    """ 初始化

    :param test_images: 测试集数据生成器
    :param test_steps: 测试集每个迭代的步数
    """

    # 如果没有显式调用父类的__init__()方法，虽然代码不会报错，但会有一个警告
    super().__init__()
    # 测试集数据生成器
    self.test_images = test_images
    # 测试集一个迭代的步数
    self.test_steps = test_steps
```

图11-61　TrainingEndCallback类中__init__方法的代码

TrainingEndCallback类中set_model方法的代码如图11-62所示。

```
def set_model(self, model):
    """ 设置模型

    :param model: 训练的模型
    :return: 无
    """

    self.model = model
```

图11-62　TrainingEndCallback类中set_model方法的代码

TrainingEndCallback类中on_train_end方法的代码如图11-63所示。

```
def on_train_end(self, logs=None):
    """ 训练结束时执行

    :param logs: 包含模型评价信息，如准确率
    :return: 无
    """

    # 在测试集上测试模型，并返回测试结果
    test_loss, test_acc = self.model.evaluate_generator(self.test_images, self.test_steps)
    # 打印测试集损失
    print('测试集损失: %s' % test_loss)
    # 打印测试集准确率
    print('测试集准确率: %s' % test_acc)
```

图11-63　TrainingEndCallback类中on_train_end方法的代码

model_training函数的代码如图11-64和图11-65所示。

```
def model_training(fer_model,
                   train_gen,
                   steps_per_epoch,
                   epochs,
                   validation_gen,
                   validation_steps,
                   test_gen,
                   test_steps):
    """ 模型训练

    :param fer_model: 构建好的猫狗分类模型
    :param train_gen: 训练集数据生成器
    :param steps_per_epoch: 训练集一个迭代的步数
    :param epochs: 训练集迭代次数
    :param validation_gen: 验证集数据生成器
    :param validation_steps: 验证集一个迭代的步数，注意：验证集只有一个迭代
    :param test_gen: 测试集数据生成器
    :param test_steps: 测试集一个迭代的步数，注意：测试集只有一个迭代
    :return:
        history: History对象，该对象存储了模型训练过程中的信息
    """

    # 自定义回调函数
    training_end_callback = TrainingEndCallback(test_gen, test_steps)
    # 回调函数的集合
    callbacks_list = [
        # 早停函数，监控指标为准确率，即当准确率在10次迭代中没有提升，则停止训练。
        keras.callbacks.EarlyStopping(
            monitor='acc',
            min_delta=0.001,
            patience=10),
        # 模型检查点，监控指标为验证集损失，即保存使得验证集损失最小的模型
        keras.callbacks.ModelCheckpoint(
            filepath='fer_model.h5',
            monitor='val_loss',
            save_best_only=True),
        # 动态学习率，监控指标为验证集损失，即当验证集损失在5次迭代中没有下降，则调整学习率为原来的90%
        keras.callbacks.ReduceLROnPlateau(
            monitor='val_loss',
            factor=0.1,
            patience=5),
        training_end_callback
    ]
```

图11-64　model_training函数的代码（第一部分）

```
    # 模型训练，并返回History对象，该对象存储了模型训练过程中的信息
    history = fer_model.fit_generator(
        train_gen,
        steps_per_epoch=steps_per_epoch,
        epochs=epochs,
        validation_data=validation_gen,
        validation_steps=validation_steps,
        callbacks=callbacks_list)

    # 返回History对象，该对象存储了模型训练过程中的信息
    return history
```

图11-65　model_training函数的代码（第二部分）

11. 步骤 10：表情识别子项目程序执行及结果

main.py中包含了表情识别子项目程序的主函数，是表情识别子项目程序执行的唯一入口，如图11-66所示。表情识别子项目无须单独执行其他Python文件。

```python
if __name__ == '__main__':
    # 构建训练集、验证集和测试集，返回训练集路径、验证集路径、测试集路径
    train_dir, validation_dir, test_dir = dataset.dataset_construction(config.d
                                                                       config.o

    # 构建并返回训练集、验证集数据生成器
    train_gen, validation_gen = dataset.data_generator(
        train_dir,
        validation_dir,
        config.target_size,
        config.batch_size,
        config.class_mode,
        config.augmentation)
    # 构建并返回测试集数据生成器
    test_gen = dataset.test_data_generator(
        test_dir,
        config.target_size,
        config.batch_size,
        config.class_mode)

    # 定义Model类对象
    fer_model = model.Model(
        config.input_shape,
        config.dropout,
        config.loss,
        config.learning_rate,
        config.optimizer,
        config.metrics)
    # 基于预训练模型构建模型
    fer_model = fer_model.model_construction_with_pretrained_weights()
    # 打印模型结构
    fer_model.summary()

    # 模型训练并返回训练结果
    history = model.model_training(
        fer_model=fer_model,
        train_gen=train_gen,
        steps_per_epoch=config.steps_per_epoch,
        epochs=config.epochs,
        validation_gen=validation_gen,
        validation_steps=config.validation_steps,
        test_gen=test_gen,
        test_steps=config.test_steps)

    # 选取一张图片，将其转化为NumPy数组并返回
    img_tensor = dataset.get_image_tensor(config.img_path, config.target_size)
    # 使用训练好的模型进行分类，获得各类表情的概率值并打印
    print(fer_model.predict(img_tensor))
```

图11-66　main函数的代码

开始训练之前会打印模型体系结构，如图11-67所示。

```
Model: "sequential_1"

Layer (type)                   Output Shape          Param #
=================================================================
vggface_resnet50 (Model)       (None, 1, 1, 2048)    23561152

flatten_1 (Flatten)            (None, 2048)          0

dropout_1 (Dropout)            (None, 2048)          0

dense_1 (Dense)                (None, 2048)          4196352

dense_2 (Dense)                (None, 1024)          2098176

batch_normalization_1 (Batch   (None, 1024)          4096

dense_3 (Dense)                (None, 7)             7175
=================================================================
Total params: 29,866,951
Trainable params: 29,811,783
Non-trainable params: 55,168
```

图11-67　表情识别子项目模型体系结构

训练结果如图11-68和图11-69所示。此外，训练得到的模型在测试集的准确率为0.5854，损失为2.6074。可以看出，该模型出现了过拟合的情形。

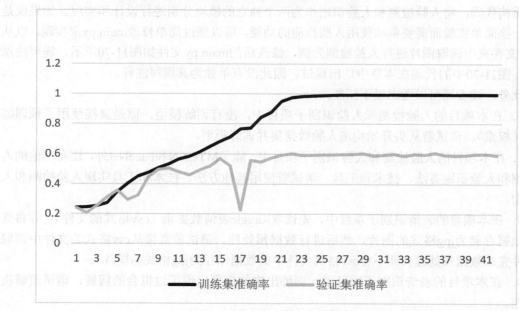

图11-68　训练结果（准确率）

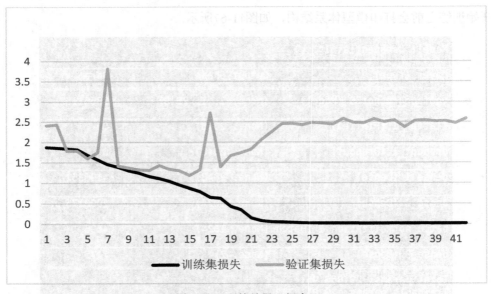

图11-69　训练结果（损失）

【任务拓展】

本项目将人脸检测和人脸识别作为一个任务，因此人脸检测和人脸识别被作为一个整体模块进行设计和实现。如果读者需要将人脸检测和人脸识别作为两个独立的任务，正确的方式是重构代码，将人脸检测和人脸识别作为两个独立的模块分别进行设计和实现。如果仅是进行一些简单实验而需要单独使用人脸检测的功能，可以通过简单修改main.py来实现。以从testset文件夹中读取图片进行人脸检测为例，修改后的main.py文件如图11-70所示。需要注意的是，图11-70中的代码在本章中均出现过，因此没有单独为其撰写注释。

此外，读者还可以考虑以下拓展：

1．在本项目的人脸检测和人脸识别子项目中，没有训练模型，而是直接使用了预训练模型（权重）。请试着从头开始构造人脸数据集并训练模型。

2．在本项目的人脸检测和人脸识别子项目中，除了MTCNN和FaceNet外，还有其他的人脸检测和人脸识别方法、技术和工具。请试着使用其他方法、技术和工具实现人脸检测和人脸识别。

3．在本项目的表情识别子项目中，先读取Kaggle表情数据集（csv格式的文件），并将其中的数据存储为jpg格式的图片，然后进行数据预处理。请试着直接从csv格式的文件中读取数据并完成数据预处理（即不将csv格式文件中的数据保存为jpg格式的图片）。

4．在本项目的表情识别子项目中，训练出来的模型出现了过拟合的问题，请试着解决该问题。

5．在本项目的表情识别子项目中，使用的是端到端的思想，即输入一张图片，则输出一个分类结果。请试着在人脸检测结果的基础上进行表情识别。

```
import os
import numpy as np
import cv2

import config
from face_detection import FaceDetection
import utils

if __name__ == "__main__":
    face_detection_model = FaceDetection(config.pnet_path,
                                         config.rnet_path,
                                         config.onet_path,
                                         config.face_detection_threshold,
                                         config.img_max_size,
                                         config.img_min_size,
                                         config.scale_factor,
                                         config.npm_threshold)

    img_list = os.listdir(config.testset)
    for img_name in img_list:
        img_path = os.path.join(config.testset, img_name)
        img = cv2.imread(img_path, cv2.IMREAD_UNCHANGED)
        height, width, _ = np.shape(img)
        img_rgb = cv2.cvtColor(img, cv2.COLOR_BGR2RGB)
        rectangles = face_detection_model.detect(img_rgb)
        if len(rectangles) == 0:
            continue
        rectangles = utils.rect2square(np.array(rectangles, dtype=np.int32))
        rectangles[:, [0, 2]] = np.clip(rectangles[:, [0, 2]], 0, width)
        rectangles[:, [1, 3]] = np.clip(rectangles[:, [1, 3]], 0, height)
        rectangles = rectangles[:, 0:4]
        for (left, top, right, bottom) in rectangles:
            cv2.rectangle(img, (left, top), (right, bottom), (0, 0, 255), 2)
        cv2.imshow('Image', img)
        cv2.waitKey(0)
```

图11-70　单独实现人脸检测功能的代码

【项目小结】

通过本章项目的学习和训练，学生应学会基于MTCNN进行人脸检测、基于FaceNet进行人脸识别，以及基于ResNet进行表情识别。

11.2　课后习题

一、多选题

基于MTCNN做人脸检测包括以下哪些步骤？（　　）

　　A、获取图片金字塔

B、图片金字塔输入 P-Net，得到大量的候选框

C、使用 R-Net 对候选框进行精调

D、经过 R-Net 筛掉很多候选框后的图片输入 O-Net，输出准确的 bbox 坐标和 landmark 坐标

二、判断题

1．Kaggle ICML表情数据集以csv格式文件提供，该数据集较难完全拟合。（　　）

2．FaceNet模型将人脸图像映射到一个紧凑的欧氏空间。在这个空间中，距离直接对应人脸相似度的度量。（　　）

11.3　本 章 小 结

MTCNN是一种基于多任务深度学习的算法，能够准确地检测不同尺寸和方向的人脸。FaceNet是一个流行的人脸识别模型，它使用三重损失函数来学习人脸的高维映射，能够在各种场合准确识别个人。卷积神经网络（CNN）等深度学习模型已被用于表情识别，从面部图像中对情绪或表情进行高准确度的分类。这些模型在医疗保健领域中有实际应用，可以用来分析病人的情绪和精神状态，也可以用于安保和娱乐行业。总的来说，深度学习技术大大推进了与人脸有关的任务，并成为计算机视觉应用中不可或缺的一部分。图11-71所示是第11章的思维导图。

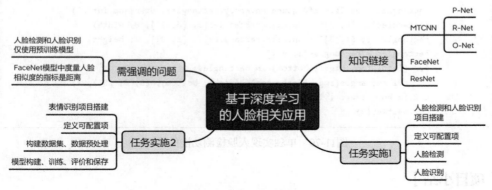

图11-71　第11章的思维导图

附录A：术语表

表 A-1　术语表

英文名称	英文缩写	中文解释
Activation Function	无	激活函数
Anchor	无	锚框
Artificial Intelligence	AI	人工智能
Augmented Reality	AR	增强现实
Backend Engine	无	后端引擎
Bag of Word	BoW	词袋
BatchNormalization	无	批量规范化
Binary Robust Independent Elementary Features	BRIEF	二进制稳健独立基本特征（一种特征提取方法）
Brute-force	无	暴力匹配（一种特征匹配方法）
Centroid	无	质心，给定范围中的平均像素强度的位置
Charge-coupled Device	CCD	电荷耦合器件
Cluster	无	簇
Compute Unified Device Architecture	CUDA	英伟达公司推出的通用并行计算架构
Computed Tomography	CT	计算机断层扫描
Computer Science & Artificial Intelligence Lab	CSAIL	计算机科学和人工智能实验室（MIT）
Conference on Computer Vision and Pattern Recognition	CVPR	计算机视觉和模式识别的会议
Convolution	无	卷积
CUDA Deep Neural Network library	cuDNN	CUDA 深度神经网络库
CUDA Toolkit	无	CUDA 工具包
Difference of Gaussian	DoG	高斯差异
Fast Library for Approximate Nearest Neighbors	FLANN	快速近似最近邻算法库
Features from Accelerated Segment Test	FAST	加速分段测试特征（一种特征提取方法）
Filter	无	滤波器、过滤器
Flow	无	流
Four-Character Codes	Fourcc	四字符代码
Fovea	无	中心凹（也叫中央凹），人类眼球中的区域
General Public License	GPL	通用公共许可证

（续表）

英文名称	英文缩写	中文解释
Generalized Linear Classifier	无	广义线性分类器
Generative Adversarial Network	GAN	生成式对抗网络
Generator	无	生成器
GNU's Not Unix!	GNU	一种以 GPL 方式发布的操作系统
Gradient	无	梯度
Graphics Processing Unit	GPU	图形处理器
Hessian Matrix	无	海森矩阵
Hue, Saturation, Brightness	HSB	色相、饱和度和亮度
Hue, Saturation, Value	HSV	色相、饱和度和亮度
Hyperbolic Tangent	Tanh	双曲正切函数
Image Binarization	无	图像二值化
Integrated Development Environment	IDE	集成开发环境
Intensity	无	强度
Intersection over Union	IoU	交并比
K-Means	无	K 均值（一种聚类算法）
K-Nearest Neighbors	KNN	K 最近邻算法
Kernel	无	卷积核
Leaky Rectified Linear Unit	Leaky ReLU	一种改进的 ReLU 激活函数
Macintosh	MAC	麦金塔系列计算机
Magnetic Resonance Imaging	MRI	磁共振成像
Magnitude	无	幅度
Margin	无	间隔
Maximum-margin Hyperplane	无	最大边距超平面
Mean Square Error	MSE	均方误差
Microsoft cognitive toolkit	CNTK	微软认知工具包
Microsoft Disk Operating System	MS-DOS	微软磁盘操作系统
Model-level	无	模型级
Monty Python's Flying Circus	无	蒙提·派森的飞行马戏团
Multi-task Convolutional Neural Network	MTCNN	多任务卷积神经网络
Neuron	无	神经元
Non-Maximal Suppression	NMS	非极大抑制
NVIDIA	无	英伟达公司

（续表）

英文名称	英文缩写	中文解释
Object Detection	无	目标检测
Object Recognition	无	目标识别
Optical Character Recognition	OCR	光学字符识别
Oriented FAST and Rotated BRIEF	ORB	一种特征提取方法
Pattern Analysis, Statistical Modeling and Computational Learning Visual Object Classes	PASCAL VOC	一般指 PASCAL VOC 挑战赛
Phase	无	相位
Pixel	无	像素
Pooling	无	池化
Ramp Edge	无	斜坡边缘
Rectified Linear Unit	ReLU	线性整流函数
Region of Interest	ROI	感兴趣区域
Ridge Edge	无	山脊边缘
Roof Edge	无	屋顶边缘
Scale-invariant feature transform	SIFT	尺度不变特征变换
Single Shot MultiBox Detector	SSD	一种目标检测算法
Speed-Up Robust Feature	SURF	一种特征提取方法
Step Edge	无	阶梯边缘
Stochastic Gradient Descent	SGD	随机梯度下降
Stride	无	步长
Supervised Learning	无	监督学习
Support Vector Machine	SVM	支持向量机
Tensor	无	张量
Tensor Processing Unit	TPU	张量处理器
Ubuntu	无	一种 Linux 操作系统
Unified Modeling Language	UML	统一建模语言
Video Processing Unit	VPU	视频处理单元
Virtual Reality	VR	虚拟现实
Worldwide Developers Conference	WWDC	苹果全球开发者大会

附录 B：基于 Ubuntu 操作系统和 CPU 的系统环境搭建

附录B主要描述如何在Ubuntu 18.04 LTS操作系统中下载、安装和使用Anaconda。关于PyCharm的下载、安装和使用与Anaconda类似，此处不再赘述。

1. 下载 Anaconda

打开浏览器，进入Anaconda官方网站，下载Linux操作系统对应的版本。下载得到的文件的后缀为".sh"。

2. 安装 Anaconda

执行下载的Anaconda安装文件，如图B-1所示。

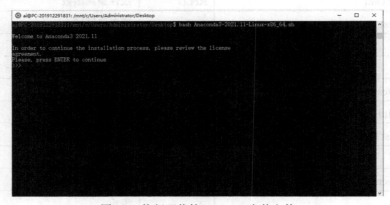

图B-1　执行下载的Anaconda安装文件

按下回车键，显示Anaconda相关的用户协议，如图B-2所示。

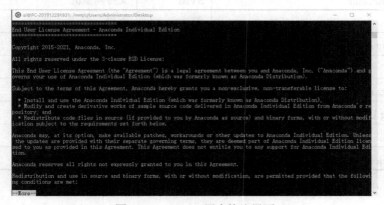

图B-2　Anaconda用户协议界面

按下空格键或者回车键，直到浏览完协议的所有部分，安装程序提示"是否接受协议条款"。在">>>"符号后输入"yes"，如图B-3所示。

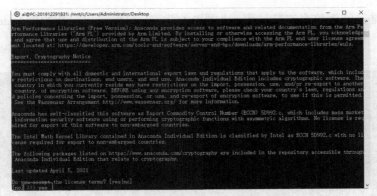

图B-3　Anaconda用户协议接受或拒绝界面

　　按下回车键，安装程序提示需要设置路径。其中"/home/ai/anaconda3"是系统默认安装的路径。如果按下回车键，则安装程序以默认路径安装；如果同时按下Ctrl和C键，则退出安装程序；如果希望自定义安装路径，则在">>>"符号后输入路径，如图B-4所示。

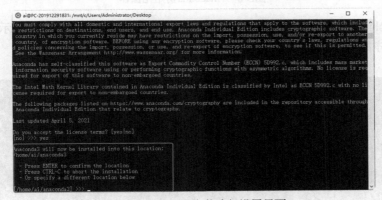

图B-4　Anaconda安装路径设置界面

　　本项目采用默认安装的路径，因此按下回车键，安装程序开始安装。出现"installation finished"表示安装完成。此时，安装程序提示 "是否需要初始化Anaconda3"。该初始化操作用于配置环境变量，在">>>"符号后输入"yes"，如图B-5所示。

图B-5　Anaconda安装完成后是否初始化界面

按下回车键，结束整个安装过程。如图B-6所示，可以看出，初始化Anaconda实际是修改了".bashrc"文件，使得用户可以使用"conda"相关的命令。

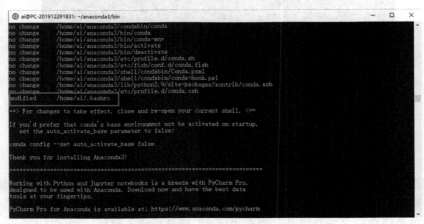

图B-6　Anaconda初始化操作

打开".bashrc"文件，可以看到增加了对于Anaconda的配置，如图B-7所示。读者也可以不使用安装程序的初始化操作，而自行配置Anaconda环境变量。

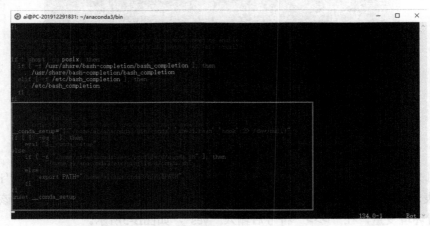

图B-7　Anaconda初始化操作在".bashrc"文件中增加的内容

使用"source"命令使Anaconda环境变量配置生效，如"source ~/.bashrc"。

3. 使用 Anaconda

不同于Windows操作系统，安装完成Anaconda后无须启动其他程序，可以直接在终端里进行操作，如第2章讲到的"conda info -e"、"conda create -n 环境名 python==版本号"、"conda activate 环境名"、"pip list"、"pip install包名"。

附录 C：基于 Ubuntu 操作系统和 GPU 的系统环境搭建

附录C主要描述如何在Ubuntu 18.04 LTS操作系统中，基于英伟达公司的GPU，下载和安装CUDA Toolkit（CUDA工具包）和cuDNN。本章节假设显卡驱动已完成安装。严格说来，GPU并不等于显卡，而是显卡上的一块芯片，但本文的描述中不对这两个概念加以区分。

CUDA（Compute Unified Device Architecture）是英伟达公司推出的并行计算平台和编程模型。CUDA通过使用英伟达公司GPU产品中的并行计算引擎来高效地解决复杂的计算问题。CUDA工具包提供了开发环境，可供创建经GPU加速的高性能应用。借助CUDA工具包，可以在经GPU加速的嵌入式系统、台式工作站、企业数据中心、基于云的平台和HPC超级计算机中开发、优化和部署应用。此工具包中包含多个GPU加速库、多种调试和优化工具、一个C/C++编译器以及一个用于在主要架构（包括x86、Arm和PowerPC）上构建和部署应用的运行时库。安装CUDA工具包有两种方式：①通过"conda"命令安装；②通过英伟达公司网站上的安装文件安装[3]。通过"conda"命令安装的CUDA工具包是英伟达公司官方提供的CUDA工具包的子集，只包含了用于TensorFlow、PyTorch等深度学习框架所需要的库文件。需要说明的是，在大多数需要使用GPU的情况下，只需要使用CUDA的库支持程序的运行，而不需要重新编译CUDA的相关程序，这种情况下通过"conda"命令安装CUDA工具包是可行的，否则应通过英伟达公司网站上的安装文件安装CUDA工具包。cuDNN（CUDA Deep Neural Network Library）是英伟达公司打造的针对深度神经网络的加速库。如果要用GPU来训练模型，cuDNN不是必需的，但是一般都会采用这个加速库。与CUDA工具包类似，cuDNN也可以采用两种方式安装：①通过"conda"命令安装；②通过英伟达公司网站上的安装文件安装[4]。需要注意的是，在英伟达公司网站上下载cuDNN安装文件时需注册账号并登录。本书采用通过英伟达公司网站上的安装文件安装CUDA工具包和cuDNN的方式。

此外，关于Anaconda、PyCharm的下载、安装和使用请见附录B，此处不再赘述。

1. 下载 CUDA 工具包

打开浏览器，进入英伟达公司开发者网站[5]，单击"下载"，如图C-1所示。需要注意的是，英伟达公司开发者网站提供多种语言版本，如果是英文版本，则应该单击"DOWNLOADS"。本书中，关于CUDA工具包的下载均

图C-1　英伟达公司开发者网站

基于英伟达公司开发者网站的中文版本进行讲解。此外，英伟达公司开发者网站的中文版本

3　https://developer.nvidia.com/cuda-downloads

4　https://developer.nvidia.com/cudnn

5　https://developer.nvidia.com/zh-cn

中，仍存在部分模块使用全英文描述。

　　在下载中心中，单击"CUDA Toolkit"，然后单击"立即下载"按钮，如图C-2和图C-3所示。

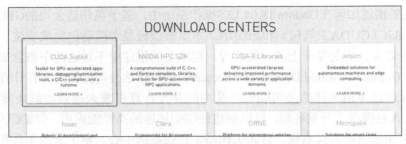

图C-2　英伟达公司开发者网站下载中心

图C-3　CUDA工具包介绍

　　该网站会推荐相应的版本。如果版本正确，可以单击相应的操作系统进行选择，如图C-4所示。

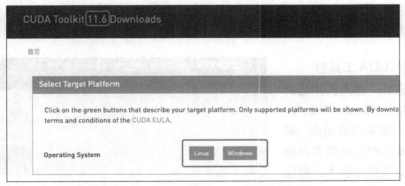

图C-4　CUDA工具包默认版本操作系统选择

　　如果想下载CUDA工具包的历史版本，则单击"Archive of Previous CUDA Releases"，如图C-5所示。需要注意的是，GPU下的TensorFlow、Python、CUDA和cuDNN版本之间存在对应关系，具体请参见附录E。

　　此处以CUDA工具包10.0为例进行讲解。单击"Archive of Previous CUDA Releases"，显示CUDA工具包10.0版本，如图C-6所示。

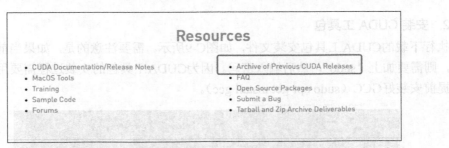

图C-5　CUDA工具包资源列表

图C-6　CUDA工具包10.0版本（部分）

选择"Linux"、"x86_64"、"Ubuntu"、"18.04"、"runfile"，如图C-7所示。

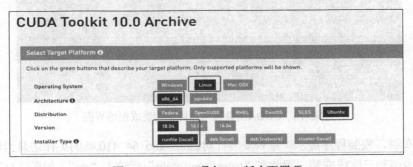

图C-7　CUDA工具包10.0版本配置项

单击"Download"按钮进行下载，如图C-8所示。需要注意的是，该网站上的"Installation Instructions"里已经给出了如何执行下载文件的命令。

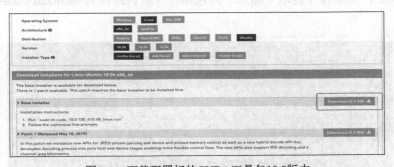

图C-8　下载配置好的CUDA工具包10.0版本

2. 安装 CUDA 工具包

执行下载的CUDA工具包安装文件，如图C-9所示。需要注意的是，如果当前不是"root"用户，则需要加上"sudo"，然后输入密码。因为CUDA工具包的安装过程需要用到GCC，因此应提前安装好GCC（sudo apt-get install gcc）。

图C-9　执行下载的CUDA工具包安装文件

按下空格键或者回车键，直到浏览完协议的所有部分，安装程序提示"是否接受协议条款"。在"accept/decline/quit:"后输入"accept"，如图C-10所示。

图C-10　CUDA工具包用户协议接受或拒绝界面

按下回车键，安装程序提示"是否安装针对Linux-x86_64 410.48的英伟达显卡驱动"。由于本书假设显卡驱动已完成安装，因此在"(y)es/(n)o/(q)uit:"后输入"no"，如图C-11所示。

按下回车键，安装程序提示"是否安装CUDA 10.0工具包"，在"(y)es/(n)o/(q)uit:"后输入"yes"，如图C-12所示。

按下回车键，安装程序提示"输入工具包路径（默认路径为/usr/local/cuda-10.0）"，如图C-13所示。

图C-11　CUDA工具包是否安装英伟达显卡驱动界面

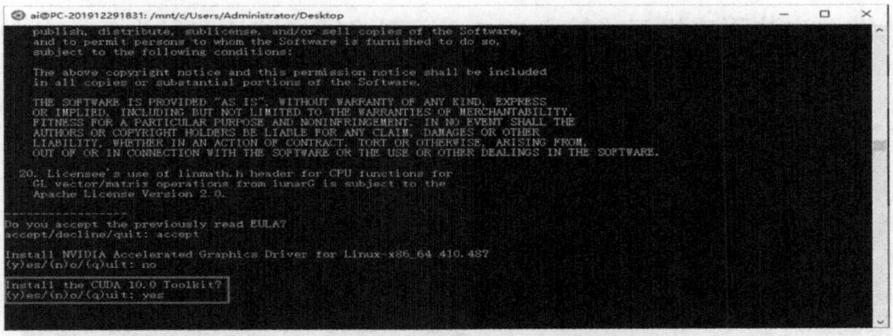

图C-12　CUDA工具包安装确认界面

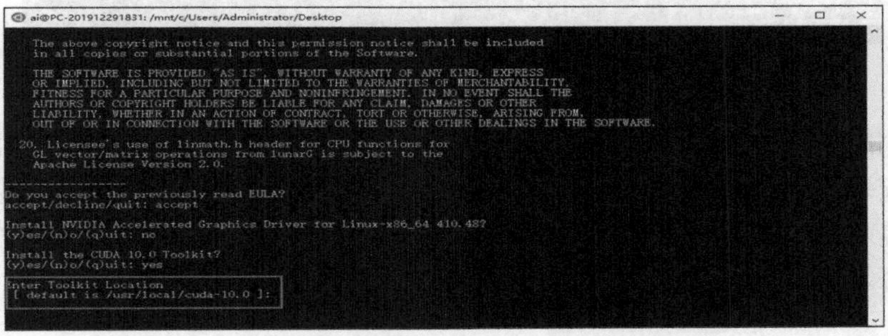

图C-13　CUDA工具包安装路径设置界面

此处采用默认路径，因此按下回车键，安装程序提示"是否要安装一个在/usr/local/cuda的符号链接"，在"(y)es/(n)o/(q)uit:"后输入"yes"，如图C-14所示。

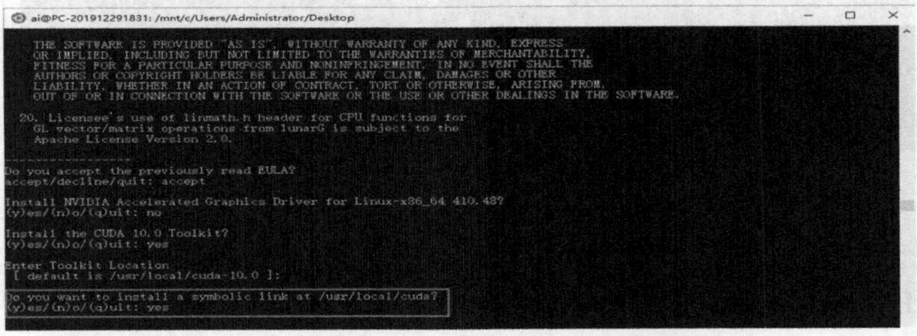

图C-14　CUDA工具包是否安装符号链接界面

按下回车键，安装程序提示"是否安装CUDA 10.0示例"，在"(y)es/(n)o/(q)uit:"后输入"yes"，如图C-15所示。

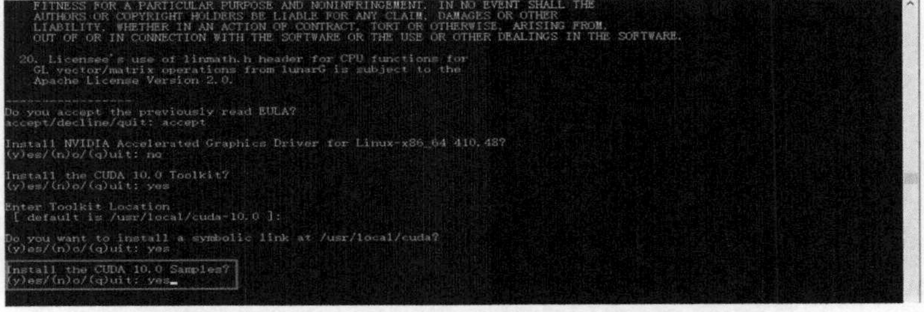

图C-15　CUDA工具包是否安装CUDA 10.0示例界面

按下回车键，安装程序提示"输入CUDA示例路径（默认路径为/home/ai）"，如图C-16所示。

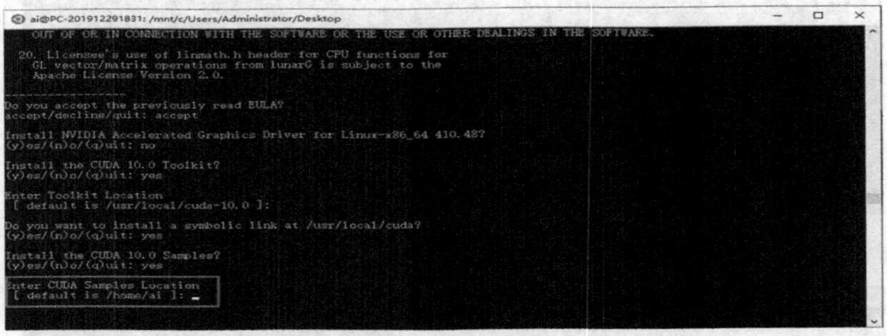

图C-16　CUDA工具包CUDA 10.0示例路径设置界面

此处采用默认路径，因此按下回车键，安装程序开始安装，完成后的界面如图C-17所示。可以看出，安装程序提示需要配置环境变量。此外，由于上述安装过程并未安装显卡驱动，安装程序会提示这个问题。但因为安装程序本身不会去验证显卡驱动是否已存在，所以如果事先已安装好显卡驱动（也是本章节假设的情境），则可以忽视这个问题。

图C-17　CUDA工具包安装完成界面

安装程序执行完成后，需要配置环境变量，在终端中分别执行以下代码：

- export PATH=/usr/local/cuda-10.0/bin:$PATH
- export LD_LIBRARY_PATH=/usr/local/cuda-10.0/lib64:$LD_LIBRARY_PATH

需要注意的是，如果在安装过程中自定义了路径，则上述代码也需要同步修改。输入"nvcc --version"，验证是否安装成功，如出现如图C-18所示的界面，则表示安装成功。

图C-18　CUDA工具包安装验证界面

3. 下载 cuDNN

下载cuDNN需要具有会员资格，因此需要进行登录。如果没有账号，需要首先进行注册。与下载CUDA工具包类似，打开浏览器，进入英伟达公司开发者网站，单击"下载"，然后在下载中心中，单击"CUDA-X Libraries"，如图C-19所示。

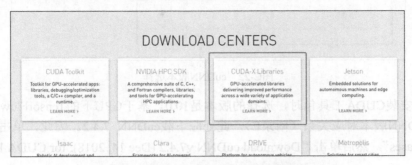

图C-19　英伟达公司开发者网站下载中心

在跳转的页面中，找到"Deep Learning Libraries"，然后单击"NVIDIA cuDNN"下方的"Learn More"，然后单击"下载cuDNN"按钮，如图C-20和图C-21所示。

图C-20　英伟达公司开发者网站深度学习库一览

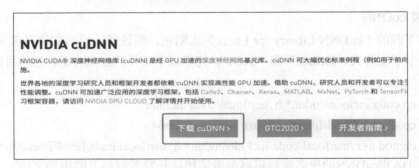

图C-21　cuDNN介绍

勾选cuDNN的用户协议，该网站会推荐相应的版本。如果想下载cuDNN的历史版本，则单击"Archived cuDNN Releases"，如图C-22所示。

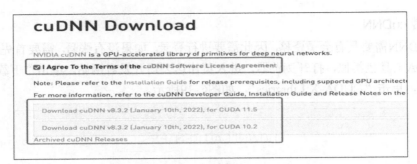

图C-22　cuDNN版本选择

因为在安装CUDA工具包时，选择的版本是10.0，基于GPU下的TensorFlow、Python、CUDA和cuDNN版本对应关系（附录E），此处应下载cuDNN 7.4.2。因此，单击"Archived cuDNN Releases"，然后单击"Download cuDNN v7.4.2 (Dec 14, 2018), for CUDA 10.0"，如图C-23所示。

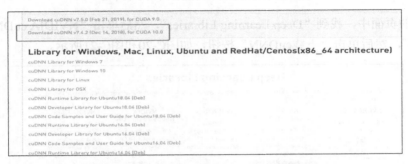

图C-23　cuDNN v7.4.2可下载资源列表

在下载列表中，有多种类型的资源，这里下载"cuDNN Library for Linux"即可。

4. 安装 cuDNN

解压缩下载的"cuDNN Library for Linux"压缩包，假设解压后的文件夹名为"cuda"，其中包含两个子文件夹"include"和"lib64"。拷贝以下文件到CUDA工具包的目录下并赋予权限：

- sudo cp cuda/include/cudnn*.h /usr/local/cuda/include
- sudo cp -P cuda/lib64/libcudnn* /usr/local/cuda/lib64
- sudo chmod a+r /usr/local/cuda/include/cudnn*.h /usr/local/cuda/lib64/libcudnn*

关于CUDA和cuDNN的更多资料可以参考英伟达开发者网站上的相关文档[6]。

---

[6] https://docs.nvidia.com

附录 D：CPU 下的 TensorFlow 和 Python 版本对应关系

CPU下的TensorFlow和Python版本对应关系如表D-1所示。需要注意的是，这些对应关系来自于TensorFlow官方网站[7]，而非英伟达公司官方网站。

表 D-1　CPU 下的 TensorFlow 和 Python 版本对应关系

操作系统	TensorFlow 版本	Python 版本
Windows	tensorflow-2.6.0	3.6-3.9
Windows	tensorflow-2.5.0	3.6-3.9
Windows	tensorflow-2.4.0	3.6-3.8
Windows	tensorflow-2.3.0	3.5-3.8
Windows	tensorflow-2.2.0	3.5-3.8
Windows	tensorflow-2.1.0	3.5-3.7
Windows	tensorflow-2.0.0	3.5-3.7
Windows	tensorflow-1.15.0	3.5-3.7
Windows	tensorflow-1.14.0	3.5-3.7
Windows	tensorflow-1.13.0	3.5-3.7
Windows	tensorflow-1.12.0	3.5-3.6
Windows	tensorflow-1.11.0	3.5-3.6
Windows	tensorflow-1.10.0	3.5-3.6
Windows	tensorflow-1.9.0	3.5-3.6
Windows	tensorflow-1.8.0	3.5-3.6
Windows	tensorflow-1.7.0	3.5-3.6
Windows	tensorflow-1.6.0	3.5-3.6
Windows	tensorflow-1.5.0	3.5-3.6
Windows	tensorflow-1.4.0	3.5-3.6
Windows	tensorflow-1.3.0	3.5-3.6
Windows	tensorflow-1.2.0	3.5-3.6
Windows	tensorflow-1.1.0	3.5
Windows	tensorflow-1.0.0	3.5
Linux、macOS	tensorflow-2.6.0	3.6-3.9

---

[7] https://www.tensorflow.org/install/source_windows

（续表）

操作系统	TensorFlow 版本	Python 版本
Linux、macOS	tensorflow-2.5.0	3.6-3.9
Linux、macOS	tensorflow-2.4.0	3.6-3.8
Linux、macOS	tensorflow-2.3.0	3.5-3.8
Linux、macOS	tensorflow-2.2.0	3.5-3.8
Linux、macOS	tensorflow-2.1.0	2.7、3.5-3.7
Linux、macOS	tensorflow-2.0.0	2.7、3.3-3.7
Linux、macOS	tensorflow-1.15.0	2.7、3.3-3.7
Linux、macOS	tensorflow-1.14.0	2.7、3.3-3.7
Linux、macOS	tensorflow-1.13.1	2.7、3.3-3.7
Linux、macOS	tensorflow-1.12.0	2.7、3.3-3.6
Linux、macOS	tensorflow-1.11.0	2.7、3.3-3.6
Linux、macOS	tensorflow-1.10.0	2.7、3.3-3.6
Linux、macOS	tensorflow-1.9.0	2.7、3.3-3.6
Linux、macOS	tensorflow-1.8.0	2.7、3.3-3.6
Linux、macOS	tensorflow-1.7.0	2.7、3.3-3.6
Linux、macOS	tensorflow-1.6.0	2.7、3.3-3.6
Linux、macOS	tensorflow-1.5.0	2.7、3.3-3.6
Linux、macOS	tensorflow-1.4.0	2.7、3.3-3.6
Linux、macOS	tensorflow-1.3.0	2.7、3.3-3.6
Linux、macOS	tensorflow-1.2.0	2.7、3.3-3.6
Linux、macOS	tensorflow-1.1.0	2.7、3.3-3.6
Linux、macOS	tensorflow-1.0.0	2.7、3.3-3.6

附录 E：GPU 下的 TensorFlow、Python、CUDA 和 cuDNN 版本对应关系

GPU下的TensorFlow、Python、CUDA和cuDNN版本对应关系如表E-1所示。需要注意的是，这些对应关系来自于TensorFlow官方网站[8]，而非英伟达公司开发者网站。例如在英伟达公司开发者网站中[9]，一个CUDA版本可以对应多个cuDNN版本。

表 E-1　GPU 下的 TensorFlow、Python、CUDA 工具包和 cuDNN 版本对应关系

操作系统	TensorFlow 版本	Python 版本	CUDA 版本	cuDNN
Windows	tensorflow-gpu-2.6.0	3.6-3.9	11.2	8.1
Windows	tensorflow-gpu-2.5.0	3.6-3.9	11.2	8.1
Windows	tensorflow-gpu-2.4.0	3.6-3.8	11.0	8.0
Windows	tensorflow-gpu-2.3.0	3.5-3.8	10.1	7.6
Windows	tensorflow-gpu-2.2.0	3.5-3.8	10.1	7.6
Windows	tensorflow-gpu-2.1.0	3.5-3.7	10.1	7.6
Windows	tensorflow-gpu-2.0.0	3.5-3.7	10	7.4
Windows	tensorflow-gpu-1.15.0	3.5-3.7	10	7.4
Windows	tensorflow-gpu-1.14.0	3.5-3.7	10	7.4
Windows	tensorflow-gpu-1.13.0	3.5-3.7	10	7.4
Windows	tensorflow-gpu-1.12.0	3.5-3.6	9	7.2
Windows	tensorflow-gpu-1.11.0	3.5-3.6	9	7
Windows	tensorflow-gpu-1.10.0	3.5-3.6	9	7
Windows	tensorflow-gpu-1.9.0	3.5-3.6	9	7
Windows	tensorflow-gpu-1.8.0	3.5-3.6	9	7
Windows	tensorflow-gpu-1.7.0	3.5-3.6	9	7
Windows	tensorflow-gpu-1.6.0	3.5-3.6	9	7
Windows	tensorflow-gpu-1.5.0	3.5-3.6	9	7
Windows	tensorflow-gpu-1.4.0	3.5-3.6	8	6
Windows	tensorflow-gpu-1.3.0	3.5-3.6	8	6
Windows	tensorflow-gpu-1.2.0	3.5-3.6	8	5.1

---

[8] https://www.tensorflow.org/install/source

[9] https://developer.nvidia.com/rdp/cudnn-archive

（续表）

操作系统	TensorFlow 版本	Python 版本	CUDA 版本	cuDNN
Windows	tensorflow-gpu-1.1.0	3.5	8	5.1
Windows	tensorflow-gpu-1.0.0	3.5	8	5.1
Linux	tensorflow-gpu-2.6.0	3.6-3.9	11.2	8.1
Linux	tensorflow-gpu-2.5.0	3.6-3.9	11.2	8.1
Linux	tensorflow-gpu-2.4.0	3.6-3.8	11.0	8.0
Linux	tensorflow-gpu-2.3.0	3.5-3.8	10.1	7.6
Linux	tensorflow-gpu-2.2.0	3.5-3.8	10.1	7.6
Linux	tensorflow-gpu-2.1.0	2.7、3.5-3.7	10.1	7.6
Linux	tensorflow-gpu-2.0.0	2.7、3.3-3.7	10	7.4
Linux	tensorflow-gpu-1.15.0	2.7、3.3-3.7	10	7.4
Linux	tensorflow-gpu-1.14.0	2.7、3.3-3.7	10	7.4
Linux	tensorflow-gpu-1.13.1	2.7、3.3-3.7	10	7.4
Linux	tensorflow-gpu-1.12.0	2.7、3.3-3.6	9	7
Linux	tensorflow-gpu-1.11.0	2.7、3.3-3.6	9	7
Linux	tensorflow-gpu-1.10.0	2.7、3.3-3.6	9	7
Linux	tensorflow-gpu-1.9.0	2.7、3.3-3.6	9	7
Linux	tensorflow-gpu-1.8.0	2.7、3.3-3.6	9	7
Linux	tensorflow-gpu-1.7.0	2.7、3.3-3.6	9	7
Linux	tensorflow-gpu-1.6.0	2.7、3.3-3.6	9	7
Linux	tensorflow-gpu-1.5.0	2.7、3.3-3.6	9	7
Linux	tensorflow-gpu-1.4.0	2.7、3.3-3.6	8	6
Linux	tensorflow-gpu-1.3.0	2.7、3.3-3.6	8	6
Linux	tensorflow-gpu-1.2.0	2.7、3.3-3.6	8	5.1
Linux、macOS	tensorflow-gpu-1.1.0	2.7、3.3-3.6	8	5.1
Linux、macOS	tensorflow-gpu-1.0.0	2.7、3.3-3.6	8	5.1